# 『她』的力量

# BITCH

## A Revolutionary Guide to Sex, Evolution and the Female Animal

## 性别、性和雌性动物掀起的演化生物学变革

[英] 露西·库克（Lucy Cooke）—— 著
吴倩 —— 译

中信出版集团 | 北京

图书在版编目（CIP）数据

"她"的力量 /（英）露西 · 库克著；吴倩译 . --
北京：中信出版社，2023.9（2024.4 重印）
书名原文：BITCH:A Revolutionary Guide to Sex, Evolution and the Female Animal
ISBN 978-7-5217-5893-1

I. ①她… II. ①露… ②吴… III. ①雌性－动物行为 IV. ① Q958.12

中国国家版本馆 CIP 数据核字（2023）第 135074 号



"她"的力量
著者：[英] 露西 · 库克
译者：吴倩
出版发行：中信出版集团股份有限公司
（北京市朝阳区东三环北路 27 号嘉铭中心 邮编 100020）
承印者：北京通州皇家印刷厂

开本：880mm×1230mm 1/32 印张：11.5 字数：234 千字
版次：2023 年 9 月第 1 版 印次：2024 年 4 月第 2 次印刷
京权图字：01–2023–3159 书号：ISBN 978–7–5217–5893–1
定价：69.00 元

献给我生命中所有的“她”
谢谢你们给的爱和灵感

# 作者语言注解

人类语言演变迅速，目前已有许多关于性（sex）和性别（gender）术语合并的讨论。恰当地应用这些术语并避免混淆是关键。许多科学家都认为非人类动物并不具有性别（gender）。在本书中，术语“雌性”和“雄性”代表动物的生理性别。我确实也用了一些拟人手法，有时候是出于传统习惯的用法。例如，我可能会说动物的外生殖器发生了“雄性化”，或大脑变得“雌性化”，因为其原始科学描述就是如此。而在当今学术领域，这些性别术语不需要或不应该用于描述动物的性别特征或行为。我还使用了“母亲”或“父亲”等性别术语来描述动物，尽管科学界仍在考虑这些术语的适用范围，但使用这些术语可以让多数读者更容易理解所指的对象——例如，“母亲”可能指动物双亲中产卵的一方。其他情况下，我也会使用美女、女王、女同性恋、姐妹、女士或荡妇等拟人词语，方便叙述，但读者不必在学术工作中使用这些名词。我意识到了这些拟人的表述可能在无意间产生性别影响。本书旨在阐明：性别具有广泛的变化范围，基于二分法假设的性别观点是荒谬的。我真诚地希望能够达成所愿。

# 目录 | CONTENTS

# 序言

## 谁在驾驶演化的大巴车？

研究动物学总让我觉得自己很不合群。这并不是因为我喜欢蜘蛛，沉迷于解剖路边捡到的动物尸体，又或者开心地翻看动物的粪便来试图搞清楚它吃了什么。我所有的同学都有这样奇怪的癖好，所以这没什么好羞耻的。我的忧虑源自我的性别。作为女性（雌性）只意味着一件事：我曾经是个失败者。

“雌性个体受到剥削，这种剥削行为在演化上的主要基础是卵子比精子大。”[1] 我大学时的导师理查德·道金斯在他最为畅销的演化论圣经《自私的基因》中如是写道。

根据动物学法则，我们这些制造卵子的雌性动物被自己所制造的笨重的配子背叛了。通过将自己的遗传基因投入少数富含营养的卵子，而不是数以百万计的精子，我们的雌性祖先在原始生命的博彩中抽中了短签。现在，我们注定只能屈居雄性之下：世界由雄性主导，雌性只是个小小的脚注。

我受到的教导告诉我，这个看起来微不足道的生殖细胞差异为性别不平等奠定了铁打的生物学基础。“两性之间所有的不同都可以归结于这一基本差异，”道金斯告诉我们，“对雌性的剥削就源于此。”[2]

雄性动物就像是浮夸的交配机器。他们互相打斗，争夺领导位置或者雌性的所有权。受到本能的驱使，他们随意交配，拼命散播“种子”。他们主导了社交生活：雄性领路，雌性温顺地跟随。雌性的角色仿佛天然就是无私的母亲，而母亲做的事情也被认为是千篇一律的：我们没有任何竞争优势。性不是一种欲望，而是一种责任。

一直以来，就演化而言，人们认为变化的大巴车由雄性掌控着方向盘。多亏了有一样的DNA（脱氧核糖核酸），我们雌性才能搭车兜风，还得保持温柔安静。

作为一名研究演化的女性，50多岁的我却完全不是这样。难道我是什么女奇葩吗？

谢天谢地，答案是否定的。

性别歧视的谬论被糅进了生物学，还扭曲了我们对雌性动物的认知。在自然界中，雌性动物的外形和角色变化多样，她们有着丰富又迷人的形态结构与行为。其中固然有溺爱孩子的母亲，但也有给一群雄鸟戴上绿帽还把蛋扔给他们养的雌水雉。雌性可以是忠贞的，但世界上只有7%的物种是单配制，剩下的大量雌性都放纵地与多个配偶交配。无论从什么角度讲，都不能说所有的动物社会均由雄性主导。多个不同的动物类群中都演化出了“阿尔法雌性”（处于领导位置的雌性），其中既有温和仁慈的倭黑猩猩，也有残忍的蜜蜂。雌性之间也会像雄性一样残忍地互相竞争。为了争夺最优秀的雄性个体，雌性转角牛羚会利用巨大的角互相打斗；狐獴的雌性首领是地球上最为凶残的哺乳动物，会杀死竞争者的幼崽，并禁止她们繁殖。还有一些“蛇蝎美人”：一些同类相食的雌性蜘蛛会把爱人当成交配后甚至交配前的甜点。一些“同性恋”的雌蜥蜴已经不再需要雄性，可以通过孤雌生殖来实现自我繁衍。

在过去的几十年中，我们对作为雌性的意义的理解发生了革命性变化。本书讲述的正是这场变革。在这本书中，我将会为大家呈现一群非凡的雌性动物，以及研究她们的科学家。这些动物与科学家不仅重新定义了雌性，还重新审视了塑造演化的那股神秘力量。

雄性主导，雌性跟随，这种荒唐的自然观是如何形成的？为了解决这个问题，我们需要回溯到维多利亚时代的英格兰，见一见我的科学偶像查尔斯·达尔文。达尔文的自然选择演化论观点解释了如何从一个共同祖先衍生出如此丰富多样的生命。更适应环境的生物更有可能生存下来，并将助其成功适应的基因传递下去。在这一过程中，物种逐渐变得多样化。这一过程经常被误引为“适者生存”——一个由哲学家赫伯特·斯宾塞创造的术语。直到1869年《物种起源》第五版出版时，达尔文才被迫纳入这个概念。[3] 这个概念简单又巧妙，被誉为有史以来最伟大的智力突破之一。

自然选择很巧妙，却并不能解释自然界中的一切。达尔文的演化论中存在一些漏洞，比如它难以解释鹿的大角和孔雀的尾巴等复杂性状的形成。这些奢华的性状不仅对日常生存绝无好处，还会带来不少麻烦。因此，这些性状不可能来自追求实用的自然选择之力。达尔文也认识到了这一点，并在很长一段时间内为之头疼。他意识到，一定还有另一种目标截然不同的演化机制在起作用。达尔文最终想到，那就是对异性的追求，并将它命名为“性选择”。

对达尔文来说，这种新的演化动力能够解释这些夸张的性状，因为它们唯一的用处就是吸引或者赢得异性。为了显示这些性状在生存中的不必要性，达尔文将之命名为“第二性征”，与“第一性征”（如外生殖器等生殖器官）区别开来，第一性征对于延续生命是不可或缺的。

在自然选择演化论问世 10 多年后，达尔文又发表了第二部伟大的理论著作《人类的由来及性选择》（1871）。这部厚重的续作概括了他关于性选择的新理论，解释了他所观察到的两性之间的巨大差异。如果自然选择是生存竞争，性选择本质上就是交配竞争。在达尔文看来，这种竞争主要存在于雄性个体之间。

“几乎所有动物的雄性个体都比雌性更强壮。因此，雄性会互相打斗，不知疲倦地在雌性面前展示他们的魅力。”达尔文解释说，“另一方面，除了极少数的情况，雌性通常没有雄性那样急切……她通常‘等待被追求’；她是矜持的。”[4]

因此，在达尔文眼里，两性异形也包括雌雄两性的行为差异。这些性别角色像生理性状一样可以预知。雄性借助专门演化出来的“武器”或者“魅力”互相竞争，从而赢得雌性的所有权，引领演化的车轮前进。[5]竞争是如此激烈，以致雄性之间的繁殖成效差异非常大，这种性选择驱动了优势性状的演化。而雌性则少有变化的需求，她们只不过是雄性的附属物和雄性特征的传递者。达尔文并不确定这种差异为什么会存在，但他假设，这也许可以归结到生殖细胞——雌性被她们的生殖投资榨干了能量。[6]

达尔文知道，除了雄性竞争，性选择还需要一些雌性选择才能发挥作用。这不太好解释，因为这种机制让雌性承担了主动塑造雄性的作用——这在维多利亚时期的英国会令人感到不自在，所以并不受欢迎，而且正如第 2 章中将要讲述的，这最终使得达尔文的性选择理论不受科学界的父权主义者欢迎。[7]因此，达尔文不得不努力贬低雌性的能力，将雌性选择描述成以一种“相对被动”和不具威胁性的方式实现，[8]让雌性“站在一边作为观众”[9]来应和雄性的夸张表演。

达尔文这种将两性定义为主动（雄性）和被动（雌性）的做法，如果是由一家市值数百万美元、预算不受限的营销公司设计提出的，那么效果再好不过了。它赞同简洁的二元论（比如对和错，黑人和白人，朋友和敌人），而人类的大脑非常喜欢这种分类方式，会凭直觉判定它正确。

但达尔文多半不是第一个采用这种简单分类方式的人，他很有可能是从“动物学之父”亚里士多德那里借鉴的。公元前 4 世纪，这位古希腊哲学家写了史上第一本动物年鉴《论动物的生成》，这是他关于繁殖的专著。达尔文一定读过这部重要的学术著作，这很可能解释了为什么亚里士多德对性别角色的区分让人觉得如此熟悉：

> 在这些具有两性的动物中，雄性代表了效率和主动，而雌性代表了被动。[10]

这些认为雌性被动而雄性主动的成见，与动物学自身一样古老。这种历久弥新暗示着一代又一代的科学家都觉得这种观点是对的，但是这不代表它真的正确。在所有领域中，科学都教导我们，直觉常会将我们引入歧途。这种简洁的分类方式的主要问题在于：它是错误的。

如果你尝试教育居于优势地位的雌性斑鬣狗应该更被动一些，她会一口吞掉你的头，然后嘲笑你余下的身体。雌性动物像雄性一样滥交、凶猛、主动、充满活力。她们有同等的权利去驱动生命的演化。只不过达尔文及支持他观点的其他绅士动物学家，不能或者说不会这样看待雌性。生物学上最大的一次飞跃——可能是所有科学领域最大的一次飞跃——是由一群维多利亚时期的男人在 19 世纪中叶的社会背景下促成的，其中还夹带了一些关于性别和性的本质的假设。

公平地说，如果达尔文去参加《智多星》（*Mastermind*）电视答题节目，他擅长的主题一定与异性无关。他仅仅简单地列出了一些结婚的利弊，就娶了自己的表姐艾玛。也许达尔文会感到羞耻，这份透露浪漫背后事情的清单潦草地写在一封给朋友的书信背面，并成功地保存至今，将他隐秘的想法公之于众，供世人永久评判。

“结婚”和“不结”对应的两列优劣势表达了达尔文内心对婚姻的彷徨。他主要的顾虑是，结婚将让他错过“俱乐部里聪明男人们的交谈”，而且可能因此变得“肥胖又懒散”，甚至更糟糕，变成一个“放纵懒惰的傻瓜”（艾玛大概不会这么描述她心爱的未婚夫）。不过，结婚的好处是，他将有个“贤内助”，而且温柔的“美娇妻”再怎么说也“比宠物狗强”。[11] 所以，达尔文勇敢地踏入了围城。

在他人看来，尽管达尔文有了 10 个孩子，但他人生的动力可能更多地来自精神而非肉体的欲望。他可能对女性并不熟悉，甚至不好奇。所以，即使不考虑他所在的社会环境，他也不太可能从雌性和雄性两种视角质疑演化论。

即使是最有独创性、最严肃认真的科学家，也无法脱离时代文化的影响。在当时盛行的大男子主义影响下，达尔文的两性思想也是以雄性为中心的。[12] 对维多利亚时代上流社会的女性来说，生活中只有一个主要任务：相夫教子。这在很大程度上是一种支持性的家庭角色，因为她们在身体和智力上都被定义为“弱势”的性别。当时女性全方面服从于男性权威，无论是父亲、丈夫还是兄弟，甚至是成年的儿子。

这种社会偏见很容易得到当时科学思想的支持。维多利亚时代的主要学术思想认为两性是截然不同的生物，就好像本质上截然相反的两极。人们认为女性会经历发育停滞，她们矮小、瘦弱、苍白，形似人类的幼年阶段。男性的能量被用于生长，而女性的能量则需要用来滋养卵子和生育后代。男性通常体格较大，因此被认为比女性更复杂多变，心智能力也更胜一筹。当时人们认为，女性统统智力一般，但男性的智力则差异很大，不乏一些天才——这在女性中不存在。从本质上讲，男性被认为比女性演化得更高等。[13]

这些观点都被达尔文纳入了《人类的由来及性选择》一书，正如书名所暗示的那样，该书用性选择和自然选择来解释人类演化，以及维多利亚时代社会所坚持的性别差异观点。

“两性在智力上的主要区别表现在，不管从事什么工作，男性都能比女性获得更高的地位——无论是需要动脑的，还是需要动手的工作,”达尔文解释道，“因此男性最终超越了女性。”[14]

达尔文的性选择理论是在厌女症思想中孕育的，所以雌性动物的形象出现畸形也不足为奇，就像维多利亚时代的家庭主妇一样被边缘化和误解。或许更令人惊讶和难过的是，要从科学中冲刷掉这种性别歧视的污点是多么困难，以及这种观点已经对女性造成了多少伤害。

达尔文的天资对此并无助益。由于他所具备的上帝一般的声誉，继他之后的生物学家都长期困于证真偏差。他们寻找支持雌性被动特征的证据，并且只关注他们想看到的东西。当面对异常情况的时候，例如母狮在发情期每天热情地与多只雄性交配数十次，他们会刻意地视而不见。或者更糟糕的是，正如你将在第 3 章中所见，不符合预期的实验结果还会被统计手段操纵，以获得“正确”科学模型的侧面支持。

科学的一个核心原则是简约，也叫奥卡姆剃刀原理，它教导科学家相信证据并为其选择最简单的解释，因为这多半是最好的解释。达尔文的严格性别二元论迫使人们背离了这一基本科学过程，因为研究人员被迫想出越来越曲折的借口，来解释偏离标准刻板印象的雌性行为。

以蓝头鸦（*Gymnorhinus cyanocephalus*）为例。这种钴蓝色的鸦科鸟类生活在北美西部各州，50~500 只一群。拥有如此活跃社交生活的高智商生物很可能会用某种方式管理它们复杂的社会——一种支配性社会等级，否则就会出现混乱。鸟类学家约翰·马兹卢夫和拉塞尔·巴尔达对蓝头鸦进行了 20 多年的研究，并在 20 世纪 90 年代出版了一本相关的权威图书。他们对破译蓝头鸦的社会等级制度很感兴趣，所以试图寻找蓝头鸦群里的“阿尔法雄性”。[15]

这需要一些聪明才智。事实表明，雄性蓝头鸦是坚定的和平主义者，很少打架。因此，富有进取精神的鸟类学家建造了喂食站，里面装满了美味的爆米花和粉虱等食物，试图挑起领地争斗。但蓝头鸦群中并未爆发战争。研究人员被迫将打斗标准建立在一些相当隐晦的线索上，比如侧身一瞥。如果占优势地位的雄性向从属雄性投来不悦的眼神，从属雄性就会离开喂食器。这并不是《权力的游戏》的情节，但研究人员勤奋地记录了大约 2 500 次这样的“攻击性”遭遇。

当研究人员对观察结果进行统计时，他们更加困惑了。鸦群的200只成员中只有14只在支配性社会等级中占有一席之地，而且鸦群中并不存在线性的社会等级。雄性的统治地位时而被颠覆，从属个体会“攻击”上级。尽管结果令人费解，而且普遍缺乏典型的雄性打斗，但科学家仍然自信地宣布，“毫无疑问，成年雄性处于攻击性控制之下”。[16]

奇怪的是，研究人员在蓝头鸦中也见过远比一个眼神更具有敌意的行为。他们记录了个体之间激烈的空中打斗，两只蓝头鸦在空中缠斗在一起，“互相猛啄以至于双双摔向地面”。这是“一年中所见最为激烈的打斗”，但这些个体并未被纳入任何支配性社会等级网络，因为这些个体并不是雄性，而是雌性。研究人员总结说这些“暴躁”的雌性行为一定是受到了激素的驱动。他们提出，春季的激素激增让这些雌性松鸦陷入了“繁殖前综合征”，就像人类的“经期前综合征”！[17]

但实际上，并没有鸟类繁殖前综合征一说。如果马兹卢夫和巴尔达能够打开思维，想象雌性鸟类的攻击行为，并运用奥卡姆剃刀原则剔除他们的主观臆测，他们距离揭示蓝头鸦复杂的社会系统就更近了一步。雌性实际上很有竞争欲，并在蓝头鸦的社会等级中承担了重要角色，这些线索就在他们详细记录的数据中，但他们选择视而不见。相反，他们武断地努力寻找“新领袖加冕仪式”，用来支持他们深信不疑的观点，而这实际上从未发生过。[18]

其中并没有什么阴谋论，只有狭隘的思想。[19]马兹卢夫和巴尔达的做法表明，优秀的科学家也会被偏见所累。面对令人困惑的新行为，这两位鸟类学家在虚假的框架下进行了一番解释。犯下此类错误的也绝不只是他们。这表明，科学陷入了性别偏见的泥潭。

学术机构曾经由男性主导，并且在许多领域至今仍然是这样。这些男性自然而然地从自己的角度看待动物界，这对于纠正科学中的性别偏见毫无帮助；[20]推动研究进步的问题也都是从雄性的角度出发提出的。许多人对雌性动物压根儿就没什么兴趣。雄性是关注的重点，并成为科学研究的模式动物——作为参照的标准。雌性动物与其混乱的激素一起，成了异常值，偏离了叙事主线，甚至被认为不值得投以同等的科学关注。没人研究她们的身体和行为。由此导致的数据空白成了自证预言。雌性被视为雄性一成不变的被动伴侣，因为数据的缺失导致无法提出其他的解释。

关于性别偏见，最为危险的事情是它会让我们自食恶果。[21]始于维多利亚时期大男子主义文化的东西，经过一个多世纪的孵化，现在作为政治武器返回社会，并加盖了达尔文的印章。它给了演化心理学这门新科学的一小部分研究者（尤其是男性）意识形态上的权威，来宣称一系列冷酷的男性行为——从强奸到性骚扰再到男权至上——对人类来说是“自然的”，因为达尔文是这么说的。他们告诉女性，她们的性高潮是不正常的，而且由于天生缺乏野心，她们永远无法突破职场上的玻璃天花板，她们应该回家相夫教子。[22]

20与21世纪之交，新一代男性杂志吸纳了这套演化心理学话术，将这种带有性别歧视的“科学”推向了主流。在畅销书和大众媒体的高调专栏中，罗伯特·赖特等记者大肆宣扬女性主义注定要失败，因为它拒绝承认这些科学真理。赖特在他的意识形态基础上撰写了专横的文章，标题为《女性主义者，认识一下达尔文先生》，并说他的批评者是“演化生物学导论课不及格”，声称“没有一个著名的女性主义者对现代达尔文主义有足够的了解以做出评判”。[23]

但女性主义者们做到了。第二波女性主义浪潮打开了一度紧闭的实验室大门，女性走进顶尖大学的大讲堂，自己研究达尔文的学说。她们来到野外，以同等的好奇心观察雌性和雄性动物。她们发现了性早熟的雌性猴子，并且没有像男性前辈那样忽视这些雌性，而是好奇这些雌性为什么表现出这种行为。她们开发了标准化的技术来量化动物的行为，对两性给予同等关注。她们利用新技术来监视雌性鸟类，揭示出雌鸟远非雄性占优势的社会中的受害者，实际上是主导者。她们重复了一些为达尔文的性刻板印象提供实证证据的实验，发现结果是有偏差的。

挑战达尔文需要莫大的勇气。他不只是一个标志性的天才学者，还是英国的国宝。一位经验丰富的老教授曾经跟我说，反对达尔文等同于学术异端，这也导致了诞生自英国的演化科学具有独特的保守性。也许是出于这个原因，反叛的种子最先在大西洋的彼岸发芽。一些美国科学家争相提出关于演化、性别和性行为的新学说。

在这本书中，你将会遇到这些聪明的斗士。我曾在美国加州的一座核桃农场见过其中一些人，我们一起讨论达尔文、性高潮和秃鹫，以及其他一些事情。萨拉·布拉弗·赫尔迪、珍妮·阿尔特曼、玛丽·简·韦斯特–埃伯哈德和帕特里夏·戈瓦蒂是现代达尔文主义的女性先锋，敢于用数据和逻辑来反抗科学界的男权主义。她们自称“婆娘们”，过去的30年中，她们每年都在赫尔迪家中见面，闲谈演化论。我有幸收到了她们的聚会邀请，尽管现在这些做出开拓性研究的专家处于半退休状态，但她们仍然团结合作，互相支持，并讨论新的想法，保证演化生物学沿着平坦的道路向前发展。她们当然是女性主义者，但她们也很清楚这意味着相信两性平等，而不是由其中一方占据优势地位。

她们的科学研究成就了一批新的生物学家，这些生物学家认为雌性本身就很迷人，他们可以研究雌性的身体和行为，从女儿、姐妹、母亲和竞争对手的角度思考选择如何发挥作用。这些科学家愿意超越文化规范，接受关于性别角色变化的新观点，摒弃演化生物学研究领域的大男子主义行为（不论有意还是无意）。你将会发现，这批科学家中有许多是女性，但这场科学反叛并不是女性的专场——所有的性别都参与其中。在本书中，你将会见到许多男性科学家。比如，弗朗斯·德瓦尔、威廉·埃伯哈德和戴维·克鲁斯的开创性工作，证实了女性主义科学家不必是女性。来自科学界LGBTQ（性少数群体）的新观点，在挑战动物学领域的异性恋霸权和二元教条主义方面至关重要。安妮·福斯托–斯特林和琼·拉夫加登等人以及其他动物学家，已经让大家开始关注动物界令人惊奇的性别表达多样性，以及这些多样性在驱动演化方面的根本性作用。

这些变化不仅使得雌性动物的形象更加丰富和生动，还带来了关于复杂演化机制的许多惊人的新观点。其中不乏令演化生物学家激动的时刻：性选择正在经历重大的范式转变带来的阵痛。实验证据正在颠覆公认的事实，概念的转变正在将长期以来的传统假设抛诸脑后。总之，达尔文并不全错，雄性竞争和雌性选择确实驱动了性选择，但这只是演化图景的一部分。达尔文只是以维多利亚时期的针孔摄像机窥视自然界。理解雌性让我们看到了地球生命更广阔的图景，充满了技术色彩的荣耀，这个故事也因此更加迷人。

在本书中，我将展开一场全球探险，遇见各种动物和科学家，她们和他们共同改写了雄性主导的陈旧演化观点，重新定义了雌性。

我造访了马达加斯加岛，探索雌性狐猴（与我们亲缘关系最远的灵长类动物）如何在身体上和社会性上拿捏雄性。在加利福尼亚的雪山之中，我发现了人造的机械雌性艾草松鸡如何挑战达尔文关于“被动的雌性”的迷思。在夏威夷岛，我遇见了恩爱长久的雌性信天翁伴侣，她们突破了传统的性别角色，共同抚养后代。沿华盛顿海岸巡游途中，我与一只雌性虎鲸首领建立了亲密的联系，她是群体中最年长的个体，虎鲸也是地球上包括人类在内仅有的5种具有更年期的雌性动物之一。

通过探索雌性群体中的新故事，我希望描绘出全新的、多样的雌性动物特征，并试图了解这些特征能够为理解我们人类自身提供什么样的启示。

从伊索寓言的时代起，人们就认为动物可以体现人类行为的模式。具有一定误导性的是，许多人相信，人类社会能够从自然中学会辨别好坏——这显然是一种自然主义的谬误。但生存是不讲感情的，动物行为中包含丰富的雌性行为，从惊人的权力到骇人的压迫。关于雌性动物的科学发现可以为女权之争中的双方提供依据。将动物作为意识形态武器是非常危险的行为，但理解身为雌性动物的意义，有助于反驳被动雌性的论点和男性中心主义的陈词滥调，这会挑战我们对自然、常规甚至可能性的假设。如果排除严格的、过时的规则和期望，来给雌性下一个定义，那就是“动态变化的多样性”。

本书中的雌性将展示她们是如何为生存而战，而不只是作为被动的伴侣存在。达尔文的性选择理论重点关注两性之间的差异，这将两性割裂开来。但这些差异更多的是文化上的，而非生物学的。动物的特征，不论是生理还是行为特征，总是灵活多变的。它们能够依据个体的选择做出改变，这让性别性状具有一定的可塑性。雌性特征并不完全由性别决定，环境、时间和机遇都对特征具有重要的影响。正如我们将在第 1 章中所见，实际上，雌性和雄性之间的相似性远大于差异。因此，有时候甚至难以划定两性之间的界限。

第 1 章

# 到底什么是雌性？

让我们首先来到地下，见见一种特别神秘的雌性动物：园丁的头号敌人，贪婪的蠕虫捕食者。对，我说的就是鼹鼠（欧鼹，*Talpa europaea*）。

大多数人即便不熟悉鼹鼠，也对关于鼹鼠的作品不陌生。鼹鼠们把翻起来的泥土堆成圆锥形的小丘，让新修剪的草坪上仿佛长了永远也治不好的青春痘。

20 世纪 70 年代，我的父亲对这些入侵草地的鼹鼠丘很生气。让我沮丧的是，他会放置残忍的捕兽夹来捕捉鼹鼠。每当一只鼹鼠被捕兽夹抓住，在它被埋掉之前，我都会坚持让父亲把尸体举到我的头顶，这样我就能摸一摸它绸缎般柔软的银灰色毛皮，惊叹于它奇异的长相——炯炯有神的小绿豆眼（尽管流行的错误说法认为它们看不见，但它们只是视力不佳，并不是全盲）、滑稽的粉嫩大爪子。最后，它回到了地下，那个属于它们的地方。

雌性鼹鼠是非常奇妙的动物。这些以蠕虫为食的独行侠，将四通八达的地下通道网络用作捕食陷阱。当蠕虫爬过隧道的天花板时，她会用粉红色的长鼻子迅速地嗅探到虫子的存在。她的鼻子非常灵敏，具有立体的嗅觉——每一个鼻孔都具有独立的嗅觉，让她的大脑能够在一片漆黑中准确地计算出食物的位置。抓住猎物后，她并不会马上把它杀死，而是先用自己有毒的唾液将猎物麻醉，然后把还活着的虫子放在专门建造的储藏室中，这样食物就能保存一段时间而不会腐坏。人们曾经在一只幸运的雌性鼹鼠的食物储藏室中发现了 470 多条蠕动的虫子。雌性鼹鼠每天需要吃下超过体重一半重量的蠕虫，[1] 如此大量的食物储备对她来说非常有用。

地下的生活非常艰难。挖掘土壤是很辛苦的体力劳动，而地下又缺乏氧气。为了在这种严酷的环境下生存，鼹鼠演化出了一些巧妙的特征。她血液中的血红蛋白经过改造，增强了结合氧气和忍受有毒废气的能力。[2] 她还具有一根额外的"拇指"。[3] 正如熊猫一样，在鼹鼠类的演化历程中，腕部的一根骨头伸长后形成了一根新的指头，用于在挖掘时帮助推开多余的泥土。但在众多特征中，最为惊人的也许当属雌性鼹鼠的睾丸。

鼹鼠的生殖腺被称为两性腺，一端有卵巢组织，另一端具有睾丸组织。卵巢一端可以产生卵子，并在短暂的繁殖季节内体积增大。然而，一旦繁殖功能完成，这个产生卵子的组织就会萎缩，另一端的睾丸组织则会膨胀到比卵巢还大。[4]

雌性鼹鼠的睾丸组织中富含睾丸间质细胞，这种细胞能够分泌睾酮，但并不产生精子。这种类固醇激素通常会被认为与雄性相关，它能够增加身体的肌肉含量，提高攻击性。在雌性鼹鼠体内，睾酮也发挥着同样的作用，使之在地下生活中具有演化优势：增强挖掘力量，增加攻击性，以保护幼崽和储藏的食物。

同时，体内较高的睾酮水平也使得雌性鼹鼠的外生殖器呈现出类似雄性的形态：阴蒂增大（被称为"假阴茎"或"阴茎型阴蒂"[5]），而其阴道在繁殖期之外都是封闭的。

雌性鼹鼠让我们再次面对一个由来已久的问题：区分两性的特征到底是什么？一年中的大部分时间，在生殖器、性腺和性激素水平方面，雌性鼹鼠都与雄性难以区分。所以，如何知道一只鼹鼠是不是雌性呢？

本书是关于人类之外的动物的，所以在一开始对生理性别和社会性别进行区分是很重要的。多数生物学家都赞同，动物并不具有社会性别，这一社会性的、心理学的以及文化上的概念被认为是人类所独有的。[6] 生物学家讨论的雌性指的只是生理性别，那生理性别的意义又是什么呢？

在生命出现伊始，繁殖是很简单的。最早的生命形式只是通过简单的分裂、融合、出芽①或自我克隆等方式增加数量。后来，性别分化出现了，让情况变得复杂了一些。现在，生命个体需要将不同的性细胞（配子）相结合来进行繁殖。在整个动物界，配子分为两种：大的和小的。这一基本的配子差别，为生物学性别提供了基本的定义：雌性产生大型的、富含营养物质的卵子，而雄性产生小的、可移动的精子。[7]

到目前为止，性别都是非此即彼的。事实真的如此吗？

当然不是。性别是一件复杂的事情。正如你将在本章中发现的，古老的基因和性激素相互作用机制能够决定并分化性别，也会产生配子、性腺、生殖器、躯体和行为等方面漠视两性差异的特征，让我们难以直截了当地区分两个性别。

从最浅表的层面来说，许多人会认为生殖器是性别的简单标

① 出芽生殖是酵母菌等单细胞生物的一种生殖方式。——译者注

志，但是雌性鼹鼠的“假阴茎”将这一概念彻底打破。雌性鼹鼠并不是怪物。从微小的洞穴啮虫[①]到大型的非洲象，有几十种雌性动物都难以通过生殖器解剖结构辨认性别。

在亚马孙第一次见到雌性蜘蛛猴的时候，我以为那是一只雄性个体，胯下悬挂着巨大的“第五条腿”在树冠之间跳跃，夸张的尺寸让我看着都担心。与我同行的灵长类动物学家礼貌地纠正了我。雄性蜘蛛猴并不具有明显的阴茎，其阴茎是折叠收拢在体内的；而雌性个体则具有悬垂的明显的阴蒂，生物学界称之为“假阴茎”。这种以男性为中心的术语令人不适，尤其是考虑到雌性蜘蛛猴的“假阴茎”比雄性的真阴茎还长。

最为奇怪的例子可能是马岛獴，又称隐肛狸。这种马达加斯加最大的捕食动物是獴类中体形最大的成员，看起来有点儿像美洲狮，只不过头部稍微缩短。它的学名是*Cryptoprocta ferox*，翻译过来就是“极其隐匿的肛门”。分类学家选择强调马岛獴肛门的隐匿有些舍本逐末，因为真正神秘的是雌性马岛獴的外生殖器。

雌性马岛獴出生的时候，她们的阴蒂和阴唇都很小，这并不出人意料。但后来，在她们大约 7 个月大的时候，一些奇怪的事情发生了。雌性马岛獴的阴蒂开始增大，内部出现一块骨头并长出小刺，变得跟雄性的阴茎一模一样。雌性的阴蒂下部甚至还会流出黄

---

① 有两种独特的啮虫属动物——南美洲的新穴虫（*Neotrogla*）和非洲南部的非洲穴虫（*Afrotrogla*），其雌性演化出了完全可勃起的“阴茎”，而雄性演化出了“阴道”。这些穴居昆虫的雌性个体性生活混乱，富有攻击性。她们的体形近似跳蚤，交配时，她们用自己小巧的、带刺的阴茎将身体固定在雄性身上。这一过程可能持续 40~70 个小时，在此期间，精子囊从雄性传递到雌性体内。鉴于这两个物种之间的地理距离如此之远，她们可能是在演化中分别获得了这种独有的特征，而非继承自一个共同祖先。[8]

色的液体，[9]跟成年雄性一样。雌性马岛獴增大的假阴茎会悬垂胯间大约一两年的时间，直到性成熟，突出的阴蒂就神秘消失了。一项已经发表的研究提出假设，称这种增大的阴蒂可能是为了保护未成年的雌性免受饥渴的雄性强行交配，或来自保卫领地的凶猛的雌性马岛獴的攻击。[10]

当然，雌性马岛獴的假阴茎并没有交配功能。并不是所有的性状都具备实际功能，正如人类多余的阑尾一样，它可能只是雌性马岛獴演化中的残余器官，因为对身体无害而被保留下来，也可能是另一个性状的副产物。解释一个新特征的最终演化原因通常靠推测。但是，对马岛獴近亲几十年的研究为这种生殖器"雄性化"的机制提供了有价值的证据。这些见解挑战了长期以来关于雌性性发育的"被动"性质和相关激素的性别刻板印象等科学偏见。

自亚里士多德时期，斑鬣狗（*Crocuta crocuta*）的外生殖器就颇具争议。在所有哺乳动物中，斑鬣狗是最难以根据外阴形态辨识性别的，古代博物学家们也因此认为斑鬣狗是雌雄同体。雌性斑鬣狗不仅具有8英寸①长的阴蒂，其阴蒂还能够勃起。雌雄两性斑鬣狗会在"欢迎仪式"上互相查看对方膨胀的"阴茎"。[11]此外，这些雌性斑鬣狗最具"男子气概"的是一对显眼的毛茸茸的睾丸状部位。

雌性斑鬣狗的阴囊其实是假的：她们两侧的阴唇连接在一起，内部充满脂肪组织，外形极像雄性的阴囊。这意味着雌性斑鬣狗是唯一没有外阴道口的雌性哺乳动物。相应地，她们排尿、交配和生殖都是通过多功能的阴蒂来完成的——所以才有了雌雄同体的古老

① 1英寸=2.54厘米。——编者注

谣言。近年来，科学家注意到雄性和雌性斑鬣狗是如此相似，以致只能通过“阴囊触诊”[12]来区分。可想而知，这是辨别一种以嚼碎骨头著称的食肉动物的性别时，不得已才会采取的终极手段。

雌性斑鬣狗的跨性别特征不只体现在外生殖器上。她们雄性化的体形和行为同样让科学家震惊。在野外环境中，雌性斑鬣狗的体形可以比雄性大10%（饲养环境下可达到20%）。这是非常罕见的，因为雄性哺乳动物通常比雌性体形更大。①不过，在大部分动物中，两性的体形差异都与哺乳动物相反。更丰满、生殖力更旺盛的雌性可以产下更多的卵，所以几乎所有的无脊椎动物和许多鱼类、两栖动物和爬行动物的雌性都比雄性体形更大。②

雌性斑鬣狗也比雄性更具有攻击性。这些非常聪明的社会性食肉动物组成了母系族群，一群大约有80只个体，由一只“阿尔法雌性”带领。雄性是斑鬣狗族群中地位最低的，倾向于离开出生的

---

① 哺乳动物中也有其他雌性比雄性体形大的例子。最为极端的是南美的一种蝙蝠：掠果蝠（*Ametrida centurio*）雄性体形非常小，以至于被认为是另一个物种。[13]这种体形方面的二态“反转”现象可能与飞行相关，因为这种现象在鸟类中也很常见：对飞行的动物来说，在雄性竞争中灵巧比强壮更有利，因此雄性的体形演化得比雌性更小。另一种极端的体形差异是许多须鲸的雌性也比雄性大很多，包括蓝鲸在内。人们曾在南乔治亚岛沿岸捕获一头雌性蓝鲸，体长接近30米，重达173吨（相当于一辆双层巴士的3倍长，13倍重）。[14]这意味地球上曾经存活过的最大的动物是雌性个体。

② 深海的密棘鮟鱇（*Ceratias holboelli*）达到了这一体形差异的极限。雄性的体长是雌性的1/60，体重是其1/500 000，他们也就比一个游动的精囊大一点儿。在黑暗的深海中，一旦雄性密棘鮟鱇根据外激素（信息素）发现了一条雌性，就会用嘴将自己附着在雌性身上，与其融为一体，终生不再分开，简直是“上门女婿”的代表。自此，雌性个体也掌控了雄性的后半生，包括他该在什么时候射精。丹麦渔民在1925年发现了这种亲密的接触关系，他们称“夫妻双方的结合是如此完美和彻底，以至于其性腺将会同时成熟”。[15]他们还说，浪漫已死。

族群，成为一群被驱逐的流浪者，乞求被接纳，获得食物和交配机会。雌性在多数情况下都处于优势地位，[16]她们互相打斗，用气味标记所有权，甚至带领族群守卫领地——这些行为通常是由雄性哺乳动物完成的。

最初，人们认为雌性斑鬣狗出现这种性别反转是由于体内过高的睾酮水平。包括睾酮在内的雄激素（androgen）是与性别相关的一组类固醇激素的统称，被打上了明确的雄性标签：*andro*在拉丁语中意为"男人"，*gen*的意思是"产生或导致……的东西"。因此，显而易见的假设是，这些巨大的、好斗的雌性斑鬣狗，正如我们前面所提到的鼹鼠一样，体内一定具有大量的睾酮。然而，令人惊讶的是，成年雌性斑鬣狗体内的睾酮水平并不比雄性高到哪里去。

所以，雌性斑鬣狗的这些雄性特征是从何而来的呢？她们的假阴茎提供了线索，这可能源自胚胎发育时期的睾酮激素影响。

性别分化的标准模式是由法国胚胎学家阿尔弗雷德·若斯特在20世纪四五十年代提出的。他对子宫内处于不同发育阶段的兔子胚胎进行了一系列开创性（尽管有些野蛮）的实验之后，提出了这一发育模式。

哺乳动物胚胎，无论是雌性还是雄性，在发育早期都拥有雌雄通用的器官原型：各种管道，以及能够发育成卵巢或睾丸的原始组织。因此，发育中的胚胎被认为是"中性"的，直到这个原始混合体开始沿着发育出卵巢或睾丸的路径前进。

若斯特关于兔子发育的实验并没有搞清楚是什么触发了最初的分化（稍后会详细介绍），但他证实了睾酮在促使胚胎的性腺发育成睾丸，以及随后的雄性外生殖器发育过程中起到了主要作用。

若斯特发现，如果在发育早期移除雄性胚胎的性腺，胚胎就不会长出阴茎和阴囊，而是发育出阴道和阴蒂。另一方面，移除发育中的雌性胚胎的卵巢并不会影响其性发育。输卵管、子宫、子宫颈和阴道都以一种看似自动的方式进行发育，不需要胚胎的卵巢或其产生的激素指挥。相比之下，只需要“一块雄激素①晶体就可以抵消睾丸缺失的影响”，[17]并确保雄性特征的发育，预示这种性类固醇对雄性来说是灵丹妙药。

若斯特进行了几十次实验，排除了其他可能性，最终确定了是雄性胚胎体内发育的睾丸细胞产生了高浓度睾酮，促使胚胎发育成雄性。相反，雌性的产生则是个被动的过程，是因缺乏来自性腺的睾酮而产生的默认结果。

若斯特的理论很好地契合了一个由达尔文普及而广为人知的概念：雌性通常是被动的，而雄性则是主动的一方。这个理论是其他人建立的，并被（不公正地）称为组织概念。这是关于性别分化的公认模型，不只是身体上的性别分化，还有行为上的。这个理论将雄性生殖腺和雄激素放在了非常重要的位置，视其为性别模式的大救星，以及所有雄性生物的总设计师。

睾丸及其产生睾酮的能力不仅带来了胚胎的性腺和外生殖器的差别，还带来了胚胎神经内分泌系统和大脑发育的差异。这又编码了身体和行为上的性别分化，并在随后的一生中被性激素激活（第二性征）。[18]因此，睾酮成为两性异形的“执行董事”；从雄鹿粗壮的鹿角，到公象狂躁的发情期，再到雄性海象骇人的巨大身躯和脾气，都是睾酮带来的后果。

---

① 下文会出现雄激素、睾酮、“雄性”激素三种表述，在此加以区分：雄激素指具有雄性化作用的一类类固醇激素，包括睾酮、雄烯二酮和双氢睾酮等；“雄性”激素则指科学家的一种误解性分类。——编者注

当时，关于男子气概和女性气质的激素来源的争论持久不休，若斯特的发现为这一争论带来了彻底的改变。在1969年的一次学术会议上，若斯特解释道："成为雄性是一场漫长、动荡且危险的冒险，是对成为雌性的固有趋势的斗争。"[19]

成为雄性的过程被看作值得深入研究的英勇探险。相比之下，这位著名的法国胚胎学家将雌性简单地描述为"中性的"或"无激素的"性别。卵巢和雌激素被认为与人类发育无关，它们是惰性的，也无足轻重。雌性的发育是不活跃的，在科学上微不足道。雌性只是因为缺乏雄性胚胎的睾丸而"自然形成"。[20]

这种偏见旷日持久且害人不浅。这一组织概念的影响是对雌性的研究不足，以及对性别分化的固执的二元论偏见——由睾酮在性发育中的重要作用所驱动。但后来，人们发现了长有巨大假阴茎的雌性斑鬣狗，这意味着原有的发育理论存在问题。

实际上，睾酮确实是一种非常有效的激素。如果在正确的时间产生，睾酮就能够反转雌性鱼类、两栖动物和爬行动物的性别。就哺乳动物而言，尽管睾酮无法完全反转胚胎的性别，但用雄激素浸泡雌性胚胎会彻底改变其外生殖器的形成。20世纪80年代，通过让恒河猴在妊娠的关键时期接触睾酮，人们创造出了长有阴茎和阴囊的雌性恒河猴，其外生殖器"与雄性个体几乎无法区分"。[21]

可以肯定的是，实验中发现，雌性斑鬣狗在妊娠期间体内睾酮水平飙升。但是，雌性斑鬣狗看起来并没有睾丸，那么她们的雄激素是从何而来的呢？发育中的雌性胚胎又是如何在雄激素的沐浴中存活下来，并发育出具有功能的雌性生殖系统呢？

答案就藏在睾酮的合成过程中。所有的性激素（雌激素、孕酮和睾酮）都是由胆固醇合成的。这种甾族化合物被酶转化成孕酮，这是一种通常与妊娠相关的激素，同时也是雄激素的前体，而雄激素又是雌激素的前体。这些打上“雄性”和“雌性”标签的性激素可以互相转化，共同存在于两性体内。

因此，并不存在“雄性”激素或“雌性”激素这种东西。这是一个常见的误解。“我们体内都有同样的激素，”克里斯蒂娜·德雷亚通过Skype（一款即时通信软件，中文名为“讯佳普”）告诉我，“雄性和雌性之间的所有差别只是参与性激素转变的酶的相对含量不同，以及激素受体的分布和敏感性差异。”

德雷亚是杜克大学的一名教授，比大多数人更了解与雌性性别分化有关的激素调节。她毕生致力于研究一系列“雄性化”的雌性动物，包括斑鬣狗、狐獴和环尾狐猴等。

正是德雷亚所在的团队确定了斑鬣狗妊娠期间的睾酮来源。它源自一种鲜为人知的雄激素，被称为雄烯二酮（简称A4），是由妊娠期雌性的卵巢分泌的。这种雄激素是一种前体激素，在胎盘中酶的作用下，它既可以转变为睾酮，也可以转变为雌激素。

在多数怀有雌性胚胎的雌性哺乳动物体内，A4优先转化为雌激素，而在斑鬣狗体内则优先转化成睾酮。随后，这种“雄性”激素会影响雌性胚胎的外生殖器和大脑发育过程，改变了她的外生殖器形态，也改变了她出生后的行为。[22]

历史上，A4作为一种性激素，极少引起人们的兴趣；它不与已知的雄激素受体结合，因而被认为是“无效的”。但现在，人们定位了A4的受体，表明它确实能直接发挥作用，而更关键的是，它在两性胚胎中可能发挥不同的作用。

德雷亚表示：“越来越多的文献表明，激素可以对不同的动物产生不同的性别影响。差别在于含量、持续时长和时机。”

德雷亚的工作明确显示，雌性的产生绝不是一个“被动”的过程，雄激素可能在其中发挥了积极的作用。她反复强调：“睾酮并非一种‘雄性’激素，只是它在雄性体内的含量比雌性体内更多。”

德雷亚很清楚，雌性斑鬣狗的性发育过程也一定受到了动态的基因调控，才能抵抗过量雄激素的压倒性影响，创造出一个古怪但具有功能的生殖系统。但其具体过程仍然成谜。与雄性相比，我们对调控雌性生殖器官发育的功能性遗传步骤仍然知之甚少。

这种偏见来自若斯特提出的有缺陷的著名性别分化理论，该理论只解释了雄性分化出来，却并未探询雌性是如何被创造出来的。某个发育过程是“被动”的，这种想法显然非常荒谬——卵巢和睾丸一样需要主动形成。然而，50 年来雌性生殖系统的发育一直被看作“默认设置”，没有得到深入的研究。

德雷亚称：“性别分化并没有描述雌性和雄性如何形成，只描述了雄性如何形成。几十年来，人们满足于忽视雌性的发育过程，只是简单地说‘嗯，这是被动的过程’。”

2007 年，一份关于哺乳动物性发育的基础出版物将卵巢的发育称为“未知领域”。它声称，将卵巢发育视为“默认设置”状态的普遍观点导致了“学界普遍认为不需要采取积极的遗传步骤来指定或创建卵巢等雌性生殖器官”。[23] 作者挖苦地指出，“考虑到该器官对于雌性正常发育和繁殖的重要性，这是相当惊人的情况”。

情况正在好转。卵巢发育这个未知领域现在已经得到了部分探索，但它的遗传图谱仍然要比睾丸的空洞得多。组织概念的大男子主义后遗症，使得性别决定相关的基因研究牢牢地集中在雄性身上，其核心是寻找令人难以捉摸的“睾丸决定因子”，这种遗传因子将胚胎的性腺细胞从中性状态唤醒，使其转化为睾丸（并开始分泌睾酮）。

然而，实际上决定性别的遗传配方本身是复杂又神秘的，它的特点是古老的雌雄同体基因，这着实令人惊讶。

## 混乱的染色体

你可能会认为，决定动物是雌性的终极答案是一对XX染色体。毕竟，我们都在学校里学到过，这对独特的性染色体决定了性别：雄性是XY，而雌性是XX。但性别从来都不是这么简单的事情。

XY性别决定机制广为人知，因为它适用于哺乳动物，还有一些其他脊椎动物和昆虫也是如此。在这种决定机制下，雌性有两条一样的性染色体（XX），而雄性则有两条不一样的性染色体（XY）。第一种错误的理解是，字母X和Y分别代表两种染色体的形状。其实，所有的染色体都是香肠状的，它们两两配对的时候相似与否只是巧合。

1891年，年轻的德国动物学家赫尔曼·亨金在检查火蜂（更让人困惑的是，这其实是一种甲虫，而非黄蜂）睾丸的时候注意到了一些奇怪的东西，从而最早发现了X染色体。染色体成对分布在细胞中，但亨金注意到，在他研究的所有标本中，都有一条染色体没有配对，始终独立存在。根据该染色体这种神秘的特征，他将其命名为X——代表未解之谜的数学符号。遗憾的是，亨金并没有将这条标志性的、神秘的DNA链与性别决定联系起来，而这本可以让他声名鹊起。相反，一年后他放弃了细胞学研究，[24]转而从事渔业，这个新职业在经济上回报更高，但在科学上出名的机会要少得多。

大约14年后，也就是1905年，美国女性遗传学先驱内蒂·史蒂文斯最终发现了潜伏在粉虱生殖器官中的Y染色体。史蒂文斯认识到了它在性别决定中的关键作用，但她的史诗般突破也没有给她带来什么名气。同样的染色体被一位名叫埃德蒙·威尔逊的男性科学家在几乎同时发现，但威尔逊获得了大部分的名声。这条染色体最终被命名为Y，以延续亨金开创的字母系统命名。由于其特殊的矮小尺寸，当它与较长的X染色体配对时，形状也很像字母Y。

与X染色体相比，Y染色体本质上是染色体中的“小不点儿”：发育不良，遗传物质显著减少。然而，对于染色体，大小并不重要，重要的是你用它编码了什么。Y染色体上确实有一个非常重要的性别决定基因，叫作*SRY*（“Y染色体性别决定区域”的缩写）。

20世纪80年代，在彼得·古德费洛位于伦敦的实验室里，这块不起眼的遗传“拼图”的秘密终于被揭开了，它是人类的睾丸决定因子。他的研究小组证实，*SRY*基因的开启是触发中性的胎儿性腺细胞发育成睾丸，并使之开始分泌睾酮的关键性第一步。在没有*SRY*基因的情况下，胚胎中原本中性的生殖器官会以较为缓慢的速度发育为卵巢。[25]

这一发现引起了轰动。决定哺乳动物性别的总开关终于找到了，“雄性的本质”[26]也找到了。*SRY*正是科学家寻找已久的编码睾丸发育通路的一系列级联基因的开关。

我采访了澳大利亚著名的演化遗传学教授珍妮弗·马歇尔·格雷夫斯，她是寻找这种关键的雄性性别决定基因的国际科学家团队的一员。她对有袋类动物染色体的研究让人们注意到Y染色体的一个新部分，*SRY*基因最终就被定位在那里。格雷夫斯解释了为什么他们解开性别之谜的胜利实际上是短暂的。

“我们以为这个发现就是我们找寻已久的圣杯，”她在墨尔本的家中通过Zoom（多人手机云视频会议软件）向我承认，“当我的学生发现*SRY*基因时，我们以为一切都会很简单，这就是一个开关。但事实证明，性别决定机制比我们想象的要复杂得多。”

根据大家所接受的性教育，你会假设发育睾丸的基因在Y染色体上，而发育卵巢的基因在X染色体上，这是可以理解的。但是演化并没有使遗传学家的工作变得容易。

决定性器官发育的整个过程涉及约60个基因的协同工作。这些性别决定基因并不都位于性染色体上，更不用说有规律地分别存在于X或Y染色体上了。实际上，它们随意地分散在整个基因组中。

*SRY*就像这些基因的指挥家。如果这个决定睾丸发育的关键开关存在，它就会指示这些性别决定基因开启睾丸的发育过程。如果*SRY*缺失，它就将调控卵巢的发育。长期以来，遗传学家认为一定存在两条完全独立的线性通路，一条用于雄性发育（由*SRY*的存在触发），另一条用于雌性发育（由*SRY*的缺失触发）。但是，认为演化会产生如此简单的性别决定机制，这种想法无疑太天真了。

这就是性别决定机制变得极其复杂的地方。除了*SRY*，这60个决定性别的基因在雄性和雌性中基本相同。这些基因组成的“管弦乐队”有能力控制卵巢或睾丸产生，但究竟产生哪一种性腺取决于一张复杂的基因间协调网络。

这让我大吃一惊。但格雷夫斯耐心地做出解释：“很多基因既不是‘睾丸’基因，也不是‘卵巢’基因。它们是一种‘兼而有之’的基因，其效果取决于基因的数量，以及它们驱动生化反应的方式。我们总是发现，其中一些基因在多个阶段具有多种功能。”

更重要的是，通往睾丸或卵巢的两条通路既不是线性的，也不是分开的，而是相互纠缠的。例如，雄性通路上的一些基因会促进原始的性腺发育成睾丸，而另一些基因则会抑制性腺发育成卵巢。

“认为产生睾丸只有一条通路，这太简单了，因为同时也需要有一条通路抑制性腺发育成卵巢。”这是一大堆互相矛盾的反应，有太多的基因处于中间状态——抑制一种途径的同时强化另一种途径。格雷夫斯解释说：“所以，这两条性别‘通路’是紧密相连的。”

为了厘清这种复杂机制，格雷夫斯给我发了一个关于疯狂机器的动画片，上面有几十个相互连接的棘轮和齿轮，它们都在旋转，中间有一些小蓝球，这些球偶尔会被压扁，然后被重新制造出来。蓝球穿过这堆乱七八糟的齿轮的过程，就是她眼中性别决定机制的真实作用方式。

这些两性都有的基因之间复杂的相互关联解释了性别的可塑性。任何相关基因表达的细微差别都将产生新的变化，成为推动演化车轮前进的沙砾，使得动物可以适应并利用具有挑战性的新环境。

我们在本章开始时遇到的雌鼹鼠为我们提供了一个方便的例子。最近，一个全球科学家团体对伊比利亚鼹鼠（*Talpa occidentalis*）的整个基因组进行了测序，并与其他哺乳动物的基因组进行了比较，结果发现性别决定相关基因所编码的蛋白质并没有差异。然而，他们确实发现了一些突变，它们改变的是对两个性别决定基因的调控。这些突变激活了一种对睾丸发育来说至关重要的基因，使其在雌性中保持活性，而不是被抑制。这就是雌鼹鼠卵巢中睾丸组织增生的原因。此外，另一种编码参与雄激素分泌的酶的基因有两个额外的拷贝，增加了雌鼹鼠的睾酮产量，使她能够从“适应性中间性别”中获益。[27]

还有进一步的变化。*SRY*这个性别决定基因组合的开关，并不是所有动物的性别决定万能开关，甚至不是所有哺乳动物的性别决定开关。

这里就要讲到鸭嘴兽了。这种来自澳大利亚的卵生哺乳动物擅长唱反调，它的性染色体也是一样。[28] 格雷夫斯所在的研究团队发现了鸭嘴兽拥有5对性染色体：雌性为XXXXXXXXXX，雄性为XXXXXYYYYY。[29] 尽管有这么多条Y染色体，但其中任何一条上都没有*SRY*主开关。

"真是令人震惊。"格雷夫斯回忆道。

鸭嘴兽是一种古老的哺乳动物，所属的单孔类动物大约在1.66亿年前与人类的祖先分道扬镳。它古怪的性染色体为格雷夫斯提供了对性染色体演化和Y染色体的不明朗未来的宝贵见解。

事实证明，鸭嘴兽的性别决定基因组合与其他哺乳动物的基本相同。格雷夫斯发现这60多个基因实际上在所有脊椎动物中都差不太多。鸟类、爬行动物、两栖动物和鱼类都拥有与哺乳动物控制睾丸或卵巢的发育差不多相同的一组基因。然而，不同的是启动发育路径的主开关。在鸭嘴兽中，这种基因是性别决定基因"管弦乐队"中的一员，它演化成了触发整个性发育过程的开关。

"*SRY*只是启动生殖器发育通路的其中一种方式，其实这些性别决定基因中的任何一个几乎都可以实现这种功能，"格雷夫斯的解释让我更加震惊，"这是性别最奇怪的地方。有很多方法可行，它们看起来很不一样，但实际上并非如此。这些方法都与这条由60个基因组成的通路有关。所以，路径是相似的，只是触发器完全不同。"

鸭嘴兽的基因组还向格雷夫斯透露了一些信息：Y染色体正在丢失遗传物质。这条残缺的染色体正在缩小。格雷夫斯研究了鸭嘴兽的Y染色体与人类的Y染色体的差异，并计算了自这两个物种分化以来丢失了多少遗传物质，进而估计出了人类的Y染色体距离完全消失还有多久。[30]

“事实证明，人类的Y染色体每100万年丢失大约10个基因，现在只剩下45个基因了。因此，不需要爱因斯坦来也能计算出，依照目前的速度，我们人类将在450万年后失去整条Y染色体。”

某些备受瞩目的遗传学家，尤其是男性，发现他们的“雄性”染色体正在逐渐萎缩，走向灭绝，一定很难接受吧。

“我认为这很有趣。但戴维·佩奇（麻省理工学院著名的遗传学教授，对格雷夫斯的预测提出异议）并不认为这很有趣。他显然遭到了女性主义者的攻击，对方说：‘嘿，你们都完蛋了！’直到今天，世人对于这个观点仍然保有令人毛骨悚然的敌意。他不顾一切地试图挽救Y染色体，展示它的稳定性。而我认为，这又是何必呢？”

格雷夫斯相信，她悲观的预言并不会预示着人类的终结。她确信人类男性会演化出新的遗传调控开关。这种情况在其他哺乳动物中已经出现过了。来自日本的刺鼠（*Tokudaia osimensis*）和外高加索鼹形田鼠（*Ellobius lutescens*）是已知完全失去Y染色体但仍保留睾丸的两种哺乳动物。雄性和雌性都只有一条单独的X染色体，其性发育是由一个完全不同的、至今尚未确定的主控基因触发的。[31]

鲜为人知的棕色小型啮齿动物中不断出现新的染色体异常。在南美洲，有9种来自南美原鼠属的田鼠，其中有1/4的雌性的性染色体是XY，而不是XX。她们的Y染色体带有*SRY*基因，但仍然发育出了卵巢并产生了有活力的卵子，这表明她们一定有一个全新的主开关基因来抑制专横的*SRY*基因。[32]

这些携带异常性染色体的奇特啮齿动物似乎是演化的拙劣作品。格雷夫斯同意这种看法：基本上可以这样说。

“如果让你我设计一个生物，我们永远不会想出这么愚蠢的东西，”她解释道，“但这就是演化带来的结果。唯一的解释是，这种机制是从另一个系统演变而来的，并且具有一定的优势，即使我们不知道这些优势是什么。”

格雷夫斯现在已经80多岁了，她整个职业生涯都在研究各种动物的性别演化遗传学（研究对象种类繁多，令人惊叹），并且至今仍然对这项工作充满热情。她现在正在“退回演化尺度”来研究一些古老的生物，如文昌鱼（*Amphioxus*）这种没有脊椎的原始鱼类[①]，甚至是线虫。研究过程中，她不断发现相同的古老基因出现在相似的性别决定通路中，尽管触发因素不同。这令她感到惊讶。“这些基因已经存在了很长时间。它们的功能一直与性别相关，并不一定是同一项功能，但它们仍在发挥作用。我觉得这还挺吓人的。”她坦言道，眼睛闪闪发光。

性别是自我重塑的大师，而且它必须如此。毕竟，为了使有性繁殖的物种能够持续存在，性别是必不可少的。数亿年前，在性别分化开始时，性别基因可能还不是这种共用基因的混乱状态，它们可能更符合逻辑，关系也更直接。但是亿万年的演化时间留下了印记，在这个不断演化的混乱的性别定义中，创造了一系列看似荒谬但不知何故能起作用的拙劣系统。

“不从演化的角度来看，一切都毫无意义。”格雷夫斯机智地引用了生理生态学之父费奥多西·杜布赞斯基的名言，“你必须克服认为这是命中注定的想法。没有什么是注定的。我们一直都受到演化力量的冲击。”

---

① 严格来讲，文昌鱼属于头索动物，不是鱼类。——译者注

在哺乳动物身上看到的性染色体的混乱情况，只是自然界中令人眼花缭乱的系统多样性的冰山一角。首先，并非所有性别决定过程都遵循XY型遗传系统。鸟类、许多爬行动物和蝴蝶的性别决定基因基本相同，但位于不同的性染色体——一条巨大的Z染色体和一条萎缩的W染色体。在这个系统中，与XY型相反的模式是常态：雌性是ZW，雄性是ZZ。在这个ZW系统中，主控开关基因可能是高度保守的，正如大多数哺乳动物中的*SRY*基因一样；也可能在亲缘的类群之间就存在差异。

在一些爬行动物、鱼类和两栖动物中，性别分化可能根本不是由一个掌管一切的性别决定基因触发的，而是由外部因素刺激的。例如，海龟将卵埋在热带海滩的沙子里。在31摄氏度以上环境下孵化的卵会激活产生卵巢相关的基因，而低于27.87摄氏度环境下孵化的卵会产生睾丸。在这两个极端之间波动的温度下，既会产生雄性小海龟，也会产生雌性小海龟。

温度只是几种已知的性别决定外部刺激之一。暴露在阳光下、寄生虫感染、pH值（氢离子浓度指数）、盐度、水质、营养状况、氧气压力、种群密度和社会环境（附近有多少异性）[33]，都可能会影响动物的性别决定过程。

在某些动物中，性别决定过程可以由上述任何一个或多个条件控制。也就是说，如果你是一只青蛙，性别会变得非常混乱。

尼古拉斯·罗德里格斯可能拥有世界上最好的工作。春天，他在瑞士阿尔卑斯山区的高海拔湖泊周围闲逛，四周环绕着白雪皑皑的山脉和青翠的牧场，野花散落，偶尔还有山羊群出现。这简直就是一首直接摘自《海蒂》的田园诗。这位演化生物学家的工作是捕捉青蛙——林蛙（*Rana temporaria*）幼体，它们刚刚完成变态发育，从池塘“学前班”毕业，开始陆地上的成年生活。有时他不得不等上好几天，在美丽风景中小酌，直到突然之间，一大群小林蛙蹦蹦跳跳地蜂拥而至，他就该抓起网子忙活了。

如果他需要助手，我可以胜任。我最快乐的童年时光中有一段也是在父母家附近的池塘里捕捉林蛙。和罗德里格斯一样，我对这些从池塘里蹦出来的可爱的小变形者很着迷。对我来说，它们代表了大约4亿年前实现了从水到陆地的伟大飞跃的开拓性演化探索者。在这些新出现的青蛙体内，组织和器官重构的全面剧变意味着，它们必须转而通过新生的肺部呼吸空气来获取氧气，而不再是用鳃从水中获取。许多个体上岸的时候还保留着幼年水生生活的痕迹，比如还未完全吸收的蝌蚪尾巴尖。这对我来说意味着，它们离开池塘时肺可能还没有完全成熟。

事实证明，这些青春期的两栖动物比我想象中更跨越界限。我捕捉到的大约一半的林蛙也处于另一个主要器官的转变中：从水生雌性蝌蚪转变为陆生雄性林蛙时，卵巢会转变为精巢。

如果你是一只林蛙，那么性别分化并不是一个无懈可击的过程。事实上，根据罗德里格斯的说法，“漏洞”可不少。他所在的团队发现，调控林蛙发育精巢还是卵巢的总开关，有时是遗传因素，有时是环境因素，有时两者兼而有之。这完全取决于研究的林蛙来自哪里。

林蛙广泛分布在欧洲，从西班牙到挪威都有它们的身影。这些常见的棕色两栖小动物都属于同一物种，但按照罗德里格斯的说法，林蛙可以根据性别决定方式分为三个不同的“性别族群”。[34]

分布范围在最北端的林蛙具有我们熟悉的XY型性别决定机制，

有XY染色体的个体发育出精巢，而XX个体发育出卵巢，这正如我们所料。

我小时候抓的林蛙分布在南边那一段，其性别决定方式要更灵活。所有的蝌蚪都具有XX染色体，表现为雌性。然而，等到走出池塘时，其中大约一半在基因上为雌性的个体的性别发育会反转，其卵巢会转变为精巢，这些蝌蚪成了带有XX染色体的雄性。

转换性别似乎是一件大事，但林蛙果断得眼皮都不眨一下（或者应该更确切地说“眼皮们”，因为林蛙的每只眼睛都有三重眼皮）。其潜在的机制我们尚未完全厘清，据说与温度有关。在实验室中，通过接触模拟雌激素的化学物质，雄性林蛙可以转变为雌性。这些化学物质存在于一些除草剂中，比如阿特拉津（又称莠去津），这种除草剂在美国很受草坪种植者的欢迎。[35] 大量使用这些除草剂会迫使雄性林蛙变成雌性。

来自中间地区的林蛙在各个方面都是中等水平。一些雄性的性别受温度控制，刚上岸时还具有卵巢；还有一些个体的性别转变是由基因调控的。因此，在一些林蛙群中，XY型性别决定机制正常，XY是雄性，而XX是雌性；但罗德里格斯也记录了具有XY染色体的雌性和XX染色体的雄性。从外表上看，这些青蛙不是雄性就是雌性，但它们的性腺讲述了一个不同的故事。有些个体具有混合的卵巢和精巢组织，这使得我们无法将其性别简单地一分为二。

“在性腺水平和基因水平上，雄性和雌性之间存在连续统一体，但如果你去一个随机的池塘，随便抓一只青蛙，它看起来仍然要么像雄性，要么像雌性。”罗德里格斯告诉我。

人们很容易将这种性别混乱视为不完美、演化程度较低的性别决定系统出现的故障。许多科学家都持有这种观点。但这是一种以哺乳动物为中心的陈旧观点。现在，这种惊人的性别可塑性被认为存在于许多爬行动物、鱼类和两栖动物中。这种情况在不同物种中持续存在了数亿年，表明它一定有一些演化优势。

最近对鬃狮蜥（*Pogona vitticeps*）的一项研究为人们了解这种演化优势提供了一些线索，这种澳大利亚的沙漠爬行动物脖子上布满尖刺，令人一见难忘。研究人员发现，环境引发的性别反转和遗传性别决定机制的结合，能够创造出两种截然不同的雌性。

大多数鬃狮蜥遵循遗传性别决定机制：雌性具有ZW性染色体，而雄性则为ZZ。但是这种遗传性别决定机制会被过热的环境破坏。如果在发育过程中，一窝具有ZZ染色体的雄性卵受到阳光的过度烘烤，高温的影响就会超过性染色体，导致具有ZZ性染色体的胚胎发育成雌性。

这些变性而来的ZZ雌性具有一系列独特的性状，结合了雄性和雌性的生理和性格特征。她们产卵的数量是普通雌性的两倍，但她们的行为更像雄性——更大胆、更活跃，而且体温更高。面对快速变化的环境压力，这种新颖的变异允许基因决定或性别反转的雌性鬃狮蜥做出不同反应，从而赋予她们演化优势。

这项研究背后的研究人员指出，尽管一些鬃狮蜥的性腺可能是雌性的，但她们的行为和形态具有更多的雄性特征。[36] 这促使研究人员提出，这些性别反转的超级鬃狮蜥或许应该被视为独立的第三性，[37] 可以为该物种提供独特的适应性优势。这种性别决定系统的混乱，以及由此产生的性别反转的雌性，与其被视为“异常”，不如说实际上可能成为演化变化的强大驱动力。[38]

这些性别反转的鬃狮蜥混合了雌性性腺和雄性行为，也给组织概念理论带来了麻烦。她们那“类似雄性”的大脑似乎是由其基因组成驱动的，而不是由性别决定机制引发的一系列激素变化驱动的。[39] 鬃狮蜥并不是唯一具有这种机制的动物。在过去的几十年里，对其他性别模糊的动物的研究挑战了基本的性别二元论，并开始揭示性别的异乎寻常的复杂性，以及这种复杂性在整个动物界的性腺、身体和大脑中的表现。

2008 年，一位名叫罗伯特·莫茨的退休高中教师凝视着窗外的后院，发现了一只相当奇怪的鸟。这只鸟身体的一侧覆盖着醒目的猩红色羽毛，头顶具有显眼的红色羽冠，而另一侧则是暗淡的浅褐色。这只鸟看起来好像两只鸟各一半从中间粘在一起，在某种程度上来说确实如此。

这只鸟是雌雄嵌合体，一种特殊的雌雄同体现象。沿着身体的中心线直直地分开，艳丽的红色一侧是雄性北美红雀，体内有独立的睾丸，而棕色一侧则有一个卵巢。这种两侧整齐分开的雌雄嵌合体很少见，但在许多鸟类、蝴蝶、昆虫和甲壳动物中都有记载——这些动物都具有ZW型性别决定系统。这种雌雄嵌合体的情况在北美红雀等两性差异较大的物种中尤其引人注目。当受精的双胞胎胚胎在早期发育过程（介于 2 个细胞与 64 个细胞阶段之间）相互融合时，就会出现这种情况，形成一侧具有ZW性染色体（雌性）、另一侧是ZZ性染色体（雄性）的嵌合体。

这些“半边动物”提供了一个独特的机会，来研究性激素在塑造大脑和行为方面的作用。雌雄嵌合体的两侧身体可能具有两种性别，但会共享同样的血液，这意味着两半身体沐浴在相同的激素环境中。是否如组织概念理论所预测的那样，单侧的睾丸及其强力的雄激素控制着嵌合体整个大脑的性别，还是说“被动”的雌性一面会以某种方式占上风？

20世纪20年代，加拿大的一位医生在家禽养殖场中发现了第一只“半边鸡”。谢夫医生注意到，有一只鸡从一侧看像母鸡，从另一侧看像公鸡。这只时髦的鸡的行为同样令人困惑：它试图与母鸡交配，但也下了蛋。

不幸的是，在对这只鸟的大脑和行为进行全面检查之前，这位好医生采取了非常规的举动：杀死了这只无价的异常鸡，并烤成了晚餐。谢夫将这只鸡的骨头和去除内脏时拿出来的性腺赠给了一位解剖学家朋友，这位朋友详细地指出了这只鸡一侧的骨骼更大、更像公鸡，而它的卵巢虽然有功能，但也包含一些睾丸组织。她想象着这种雌雄混合的身体是由同时存在的两性器官产生的雄性和雌性激素造就的，但由于大部分的研究对象都被谢夫医生吃掉了，[40]因此她无法做出进一步的推测。

将近一个世纪后，加利福尼亚大学洛杉矶分校的研究教授阿瑟·阿诺德亲手研究了斑胸草雀的雌雄嵌合体。他没有选择吃掉它，而是急切地检查了这只鸟的大脑。斑胸草雀是鸣禽，但只有雄性会鸣唱，因此雄鸟的神经回路通常比雌鸟更发达。人们观察到了这只斑胸草雀的鸣唱行为，所以阿诺德认为它会有一个统一的“雄性”大脑。然而，当他解剖这只鸟时，他发现雌性一侧的大脑确实比正常情况更雄性化，但重要的是，这只鸟的鸣唱神经回路只在雄性一侧发育。

“这让我大吃一惊。”[41]阿诺德当时告诉《科学美国人》。雌雄嵌合体的雌性大脑半球让人质疑鸟类性别决定机制中性腺分泌激素的全面作用。换句话说，这只双性鸟给了组织概念理论一记暴击。有证据表明，雄激素并不是塑造鸟类身体、大脑和行为等性别特征的唯一力量，神经细胞内的性染色体一定也发挥了重要作用。[42]

雌雄嵌合体也可以发展为性嵌合体，分别具有ZZ和ZW染色体的细胞在整个身体中混合分布，而不是分成整齐的雌雄双侧。后来一项针对三只这种雌雄嵌合体鸡的研究发现，它们整个身体内的细胞都遵循自己的遗传指令，并不一定受所接触的性激素调控。因此，至少在鸟类中，单个细胞的遗传性别认同在驱动身体和大脑的两性异形方面起着重要作用。[43]

“性别不是一个整齐划一的现象。”戴维·克鲁斯在电话中向我解释道。这位刚退休的得克萨斯大学动物学和心理学教授应该有发言权。克鲁斯花了40年的时间在一些独特的野生动物身上，揭示了性别决定和性别分化的机制。他解码了参与海龟性腺发育的具体基因，促使鞭尾蜥改变性别，并观察到孵化温度不仅影响了豹纹守宫的性别，还影响了其性吸引力。

根据克鲁斯的说法，动物有5种性别类型：染色体、性腺、激素、形态和行为。这5个方面不一定一致，甚至不一定终生保持不变。这些不同的性别分类在动物演化过程中不断涌现和积累，并会受到基因、激素及环境，甚至是动物生活经历的影响。这种可塑性使得我们可以见到物种内部和物种之间多种多样的性别及性表达方式。

“差异是演化的素材。如果没有变化，就无法拥有一个不断发展的系统。因此，我们在性别特征上存在差异是很重要的。”

克鲁斯承认自己是一位自由思想家，他的新鲜观点来自研究野生爬行动物、鸟类和鱼类，而不是实验室培育的小鼠——性发育研究的标准动物模型。他告诉我，这些非常规的模式生物是“真实的”，而不仅仅是“现实的”，它们的自然本能并没有因为几十年的近亲繁殖而减弱。它们的性发育是由一系列因素调控的——遗传、温度或环境，这让他有机会超越标准的实验室小鼠模型，回溯动物的演化史，研究在哺乳动物性发育之前就存在并为其奠基的系统。

克鲁斯指责，组织概念理论促进了一种僵化的性别决定观点。这种观点侧重两性之间的差异，强化了性别二元论，并忽视了自然界中性别特征的多样性。

“这很冒犯。”我们就此进行了许多次漫长又有趣的谈话，其中一次，他在奥斯汀附近的家中对着电话吐槽道。在他看来，标准模型已经过时了。它以哺乳动物为中心，过于简化，并且低估了雌激素的组织和激活作用。“雌性的多样性（和活跃度）与雄性一样，这一点我已经几次努力阐明了。我得出了结论：雌性是原始性别。我认为有很多证据可以证明这一点。”

克鲁斯将他整个职业生涯的研究重点放在多样性本身，以及多样性如何被共同机制实际调控。研究在这些一团糟的混乱现象中守恒的东西，是发现根本所在的关键。这种方法使克鲁斯得以发展出另一种演化视角来思考性别差异——一种植根于性的起源的视角。

“毫无疑问，第一批生物是通过复制进行繁殖的，”他告诉我，“最早的生物必须能够产卵，也就是雌性。”

克鲁斯的研究估计，在6亿~8亿年前，地球上存在的唯一生物就是这些自我复制的生物。直到性别产生的黎明时分，雄性才出现在演化的舞台上，当时配子的大小出现了差异，克鲁斯估计大约是在2.5亿~3.5亿年前。伴随这种差异而来的是对互补行为的需求，以便促进这些不同大小的配子结合；个体必须寻找异性，产生性吸引并进行繁殖。因此，由雄激素激活的两性异形就演化而来。

“雄性是作为对雌性的适应演化而来的，”克鲁斯继续说道，“当雄性出现时，他们的功能就是辅助雌性繁殖，刺激并协调产生配子的基本神经内分泌过程。雄性是行为协理员。”

如果雄性是从原始雌性演化而来的衍生性别，那么可以合理地假设，他们体内必然残留着原始雌性的演化痕迹。事实证明确实如此。克鲁斯在雄性气质的代表（睾丸）处发现了原始雌性气质的活动痕迹。

“我们发布了第一张显示睾丸中具有雌激素受体的显微照片。”他告诉我。雌激素是主要的“雌性”性类固醇激素，事实证明它在雄性的睾丸和精子发育中也发挥着重要作用。

克鲁斯与芝加哥大学遗传学教授乔·桑顿合作，进行了一些分子层面的时间旅行，并从一种古老的软体动物中挖掘出了雌激素的祖先受体。桑顿的这一工作，以及后续对七鳃鳗等其他原始动物的研究表明，雌激素受体是脊椎动物中最古老的转录因子（一种蛋白质，其作用是打开或关闭基因），比我们以前认为的要古老得多，起源于 6 亿~12 亿年前。[44] 而雄激素受体对应的基因要到 3.5 亿年之后才演化出来。

“雌激素必然是类固醇激素的源头，因为祖先动物只能产生卵子，而卵子会产生雌激素，”克鲁斯解释道，“雌激素受体几乎在身体的每个组织中都很重要。我想不出身体中哪个组织没有任何雌激素受体。”

组织概念可能关注的是万能的睾酮，但事实证明雌激素也同样强大。它甚至被证明在早期发育中具有与睾酮相同的调控作用，正如我们所见，它可以促使林蛙的性别反转。克鲁斯还使用雌激素阻滞剂反转了正在发育的雌性蜥蜴的性别。[45] 雌激素显然在控制雌性和雄性的性发育方面都发挥着基础性作用，还激活了生命后期的性行为。“雌性”性激素不仅是制造睾丸和精子所必需的，而且被认为可以刺激某些物种的雄性交配行为。

“‘雌性’性类固醇甚至在雄性身上也起着至关重要的作用，因为雄性是由雌性演化而来的。”克鲁斯解释道。

因此，按照克鲁斯的“福音书”：不是用亚当的肋骨创造了夏娃，而是恰恰相反。生命的初始是雌性的，而后从中诞生了雄性。从这种另类的演化观点来看，“什么是雌性”这个问题的最终答案是：她是原始性别。这个原始产卵者的痕迹存在于我们所有人体内。这扭转了我们对雄性的看法，他们也有雌性化的一面。

第 2 章

# 雄性迷惑行为，谁在操纵？

很少有动物的求偶行为像艾草松鸡（*Centrocercus urophasianus*）那样奇怪，或者坦率地说，如此愚蠢。这种北美鸟类体形类似家鸡，在西部大平原上过着节俭的生活，吃的是三齿蒿。在早春，有尖尖的华丽扇尾的单身雄性艾草松鸡成群结队地聚集在草原上的特定地区，为了争夺配偶而展开竞争。动物学界将这些活动地点称为求偶场，本质上就是艾草松鸡的迪斯科舞厅。在这里，舞蹈成为同性竞争的表现方式，雄性昂首阔步地走来走去，通过“口技”发出就他们的嗓子而言难以完成的配乐。

雄性艾草松鸡有一条扩张的巨大食道，可以通过吞咽空气使食道膨胀，在喉部形成一个巨大的、摇摇晃晃的白色“气球”，当它完全膨胀时，会短暂地露出两块球状的橄榄绿色皮肤，就像一对没有乳头的假乳房。这已经是一个非常引人注目的形象了，而这些雄鸡还要用胸部的肌肉拍打胸前橄榄绿色的气囊，产生更引人注意的声音：一种响亮、高亢的扑通声，听起来像在水上弹橡皮筋。

这场表演的整体效果堪比巨蟒剧团，所以现在的问题是：演化，你当时在想什么？是什么反常的力量塑造了这种荒谬的行为？答案是雌性选择。

雌性动物要对很多事情负责。为什么雄性长鼻猴有着长而下垂的大鼻子？当然是因为雌性喜欢。突眼蝇笨拙的水平长眼柄（展开后甚至比身体还宽）也是一样，当然，还有艾草松鸡昂首阔步的“机械舞”。雌性选择是最为离奇的演化动力，参与了自然界中一些最为奢侈的创造。科学家试图准确了解雌性选择的对象以及进行选择的方式，这成为近年来演化生物学领域的研究热点，为了获得结论，他们所采用的方法有时候比艾草松鸡的舞蹈还离谱。

盖尔·帕特里切利是该领域的领军人物之一，这位加州大学戴维斯分校的年轻教授把生命中最美好的 10 年献给了对艾草松鸡的研究。在我拜访她的实验室之前，盖尔慷慨地送给我一张我梦寐以求的艾草松鸡求偶表演“门票”。她让她的研究生、协助她进行对加州东部山脉中艾草松鸡的长期研究的埃里克·泰姆斯特拉联系我。埃里克通过电子邮件与我取得联系，安排在附近的猛犸约塞米蒂机场会合。

“我怎么才能认出你呢？”我有点儿焦急地问道。但我的担心是多余的。“我穿蓝绿色衣服，留着莫西干头。”埃里克直截了当地回答。

果不其然，埃里克和他的研究对象一样精力充沛：在人群中张扬显眼，性格也十分幽默，很招人喜欢。在去野外地点的路上，他列出了两个方案供我选择。我可以选择在半夜 1 点起床，和他一起捕捉和标记艾草松鸡；或者选择“睡懒觉”到凌晨 4 点再起床，直接去看雄鸡们在求偶场上跳舞。

我问他：“标记是要做些什么？”埃里克解释说，首先要找到艾草松鸡，具体来说就是拿手电筒扫视三尺蒿丛，寻找一对在黑暗中反光的眼睛。艾草松鸡“很笨”，光线会让它暂时眩晕，埃里克和他的同事就走近并网住它。“大多数人在接近艾草松鸡的时候都会用白噪声来掩盖自己的脚步声，”埃里克告诉我，“但我使用的是AC/DC[①]。”这让我怎么拒绝？

所以来到山里的第一晚，我在零摄氏度以下的气温中蹚过数英里[②]厚厚的积雪，努力跟上埃里克和他同样身手矫健的同事，在草丛中寻找闪亮的小眼睛。我行动迟缓，穿着十几层借来的衣服，仿佛一个保温人肉包裹。不适应的高海拔（约 2 700 米）与不合脚的雪鞋让我不断摔倒，一头扎进大腿深的积雪中——这个季节本不该有这么厚的雪。那一夜因为带着我这个累赘，大家一只鸟都没抓到，这不足为奇。不过埃里克人很好，没让我因此感到难受。

凌晨 5 点钟左右，天色还一片漆黑，为了有所收获，我们三个人挤进了狭小的双人观鸟隐蔽屋，架起所有的镜头：双筒望远镜、单筒望远镜，还有好几台摄像机，用于观察和记录求偶场上的动静。“我们都是色情片专家，”埃里克开玩笑说，“记录鸟类的性行为是我们的工作。”

黎明前，当漆黑的天空透出蓝色时，鸟类管弦乐队开始热身，用怪异的回声戏弄观众。当初升的太阳将周围山上的皑皑白雪染成粉红时，我开始辨认出远处有一团黑色的斑点动来动去。演出已经开始，它不会让人失望。

不出所料，眼前的场景令人啧啧称奇。在一块大约有两个英式篮球场那么大的求偶场上，约有 30 只雄性艾草松鸡在地上扑腾。朝霞染红了周围的山峦，给他们提供了天然的圆形剧场，声音能够传到 3 千米之外，吸引周围的异性前来。一开始，求偶场上并没有雌

---

① 此处应为双关，指交流电/直流电转换声用于掩盖脚步声，也指同名乐队。——编者注

② 1 英里≈1.61 千米。——编者注

性，但这完全没有影响跳舞的雄性，他们不顾一切，沉迷在自己的表演当中。这样一场没有观众的演出貌似得不偿失，但其实他们非常关注自己的对手们。争斗不时就会爆发：他们会突然猛烈地连续拍打翅膀，之后其中一只雄性甘拜下风，而获胜者则在他面前骄傲地抖动身体炫耀自己。

不光我在欣赏这些鸟类荒谬的行为。“我喜欢研究这些鸟类的一个原因是，艾草松鸡非常认真，”在加州大学戴维斯分校的实验室中，盖尔向我承认，“艾草松鸡的行为荒唐又下流，但对自己来说是非常重要的。这是演化的关键，是将自己的基因传递给下一代的时刻。从演化的角度看，如果不能交配并产生后代，再怎么挣扎求生、躲避捕食者都没有任何意义，这真的是演化的起始点。”

当雌性出现时，场面只会变得更加搞笑。看到娇小而显得很寒酸的雌性到来，雄性们的炫耀欲望一下子蹿升数倍。然而，雌性看起来对雄性的表演并没有什么兴趣。她们松散地聚集成群，偶尔随意地啄食地面，似乎对周围狂热的炫耀和舞蹈视而不见。雄性们一边跳舞，一边混入雌性群体。而让这个乱糟糟的场景变得更加复杂的是，雄性有时会停止表演，背向雌性，让自己性感的气囊远离看似无聊的雌性。

“艾草松鸡让我感兴趣的原因之一，就是关于维多利亚时代的刻板印象复活了，对吧？”盖尔说，“浮夸好斗的雄性互相争斗，在台上尽情展现自己，而雌性则被动地表演害羞。”

对艾草松鸡求偶行为的描述习惯性地遵循着男性中心主义的套路。1932 年，雄性艾草松鸡带着完全膨胀的气囊出现在《自然》期刊的封面，完成了他们在鸟类学世界的首次亮相。该论文的作者R. 布鲁斯·霍斯福尔愉快地描述了雄性艾草松鸡的“滑稽动作”[1]，但认为他们炫耀的对象是其他雄性，而非雌性。在20世纪的大部分时间里，这一观点都得到支持，科学论文对“雄性首领”的社会等级制度进行了冗长的讨论，而雌性“不起眼又被动”[2]的行为则被认为几乎不值得关注。

盖尔解释说：“这确实反映了一种必须以雄性为中心的观点。这种观点认为雄性艾草松鸡的所有互动都只是关乎雄性互相威胁，并非由雌性选择驱动。”

雌性选择可能是当今演化生物学领域最热门的话题之一，但曾经并非如此。达尔文首先提出雌性偏好这种演化力量，作为他的性选择理论的一部分，他在《人类的由来及性选择》一书中对此进行了详细阐述。这是达尔文的第二大演化理论，旨在填补他的自然选择理论中的一些棘手的漏洞，即某些雄性动物难以解释的奇异装饰和性展示行为。

1860年，即《物种起源》出版的次年，在写给阿萨·格雷的一封著名信件中，达尔文承认：“很奇怪，我清楚地记得那时候，一想到眼睛我就全身发冷。但是我已经跨过了抱怨的阶段，现在动物生理结构上的琐碎细节只是常常让我感到难受。每次看到孔雀尾巴上的羽毛，都会让我觉得恶心！”[3]

让达尔文难受的是孔雀过分浮夸的尾羽，这对孔雀的生存似乎毫无益处。事实上，过长的尾羽更有可能阻碍孔雀躲藏或飞离危险，对生存产生负面影响。那么，以有用为核心的自然选择是如何产生这种夸张特征的呢？又是为什么会产生呢？

达尔文的革命性观点是，这种“第二性征”可以用两种力量来解释：雄性之间为了获得雌性而竞争，产生了象鼻虫特大号的角等打斗武器；雌性择偶，塑造了孔雀尾巴那样的装饰品。

“许多事实表明，雌性虽然相对被动，但通常会做出某种选择，优先接受一个雄性。”[4] 后来，达尔文继续概述了这种新颖观点带来的结果：“雌性偏爱更有吸引力的雄性，几乎肯定会导致雄性特征的变化；并且随着时间推移，这种变化可能会无限制地发展，成为该物种不可或缺的一部分。”[5]

维多利亚时代的父权制社会毫不费力地接受了雄性间为了获得与雌性交配的权利而竞争是一种强大的演化力量的想法，尽管大多数人认为这只是隶属于自然选择的一种方式。达尔文有争议的观点是，雌性不仅在性生活方面拥有自主权，而且有能力做出影响雄性演化的决定。这让“窈窕淑女”（雌性）扮演了一个非常强大的角色，因而让大多数（男性）生物学家深感不安。在维多利亚时代的英格兰，是男人控制着女人，而不是反过来。

达尔文的新理论所具有的惊人的独创性并没有获得文化和科学上的认可。虽然自然选择演化论已被 18 世纪和 19 世纪的多名思想家所预见，并由达尔文和阿尔弗雷德·拉塞尔·华莱士共同提出，但将性选择视作一种演化力量的概念在科学上没有先例。[6] 更糟糕的是，达尔文并未对雌性的择偶偏好提出任何适应性的解释。相反，他将雌性的偏好归因于“对美的品味”。[7] 尽管他对哪些动物具有足够的认知能力来做出这样的决定进行了冗长的分析（昆虫可以，而蠕虫不行），但达尔文给人留下的印象是动物需要具备像人类一样的审美意识才能进行性选择。[8]

这给了维多利亚时代的当权派一个现成的武器，来击败达尔文的新理论。按照当时的观念，只有上层阶级才能欣赏艺术或音乐，所以一个女性被赋予审美能力都似乎荒谬透顶，更不用说一只卑微的雌孔雀了。美丽在当时被认为是上帝赐予的，因此认为雌性偏好是演化的主要动力的观点无异于异端邪说。

达尔文大胆的新理论遭到公开嘲笑和驳斥。最有影响力的批评者是阿尔弗雷德·拉塞尔·华莱士，他认为没有必要用一个虚假的新演化理论来解释雄性的求偶装饰特征和展示行为——这些只被他视作雄性“力量、活力和生长能力过剩”[9]的结果。达尔文于1881年去世，几年后华莱士出版了自己那部书名直白的演化论巨著《达尔文主义》(1889)，在其中大胆地审查了达尔文的理论遗产。“在拒绝……雌性选择方面，我坚持认为自然选择的作用更大。这是卓越的达尔文主义信条，因此我在书中称自己是纯粹的达尔文主义拥护者。”[10]

在确立自然选择演化论方面，华莱士可能未能获得与达尔文同等的荣誉，但在建立20世纪的达尔文主义思想这一方面，他成功了。[11]他对雌性选择的抨击意味着达尔文的第二个伟大理论（性选择理论）沦为“达尔文演化理论阁楼上的疯女人”。[12]100多年来，除了少数例外，性选择的作用都被无视了。当20世纪的大部分演化生物学家讨论奢侈的雄性特征时，他们通常认为这是为了吓跑捕食者或帮助雌性找到正确的同类。

但是，情况发生了改变。20世纪70年代的性别革命和女性主义对演化生物学的影响，将达尔文大胆的想法从长达一个世纪的沉睡中唤醒。从鸟类到鱼类，从青蛙到飞蛾，雌性能够进行感官评估并践行择偶偏好的想法已经得到科学证明和接受。大量研究表明，不同物种的雌性可能具有不同的偏好，比如更鲜艳的颜色、更响亮的叫声、更强烈的气味和更快节奏的舞蹈。在过去的30年里，雌性选择已经成为演化研究中“最具活力的领域”[13]之一，艾草松鸡等会炫耀求偶的物种为雄性竞争和雌性选择提供了范例。

求偶场是最极端的诱惑性市场。这是一个胜者为王的地方，少数脱颖而出的雄性主导了交配的权力：有 10%~20% 的雄性会与 70%~80% 的雌性交配，从昆虫到哺乳动物都是如此。[14]

在我访问实验室期间，盖尔向我解释道："在交配的高峰期，艾草松鸡的求偶场就是个精神病院。"大部分的交配活动在短短三天内完成，雌性相互争斗，挤占雄性"花魁"周围的有利位置。盖尔给我讲了"迪克"的传奇故事：2014 年的繁殖季，怀俄明州的一只优势雄性艾草松鸡交配了 137 次，其中 23 次发生在连续的 23 分钟之内。①

对研究性选择的人来说，求偶场的独特之处在于雌性会独立养育后代。所以她们对交配对象的选择并非基于雄性领地中资源的丰富程度，也不在乎其可能的育幼能力；她们只是单纯地追求这些雄性的基因。鉴于赢得交配的雄性会将展现出这些特征的基因传递给多数雌性的后代，雌性的选择对于造就雄性这些奇怪的装饰特征和展示行为是非常重要的。

"那个繁殖季，几乎所有的幼鸟都是迪克的后代，让幼鸟长成他那副样子的选择作用是很强的。"盖尔解释道，"通过求偶场来繁殖的动物会做出自然界中最疯狂的行为，因为选择的影响压倒了一切。这就解释了为什么你会看到极乐鸟、孔雀和艾草松鸡这种夸张

---

① 盖尔和她的研究团队根据艾草松鸡尾部白色尖端的图案追踪个体，并据此给它们起名。每只松鸡尾巴尖端的图案都是独一无二的，就像指纹一样。迪克尾羽上的图案看起来就像个阴茎，所以他们为之取名"迪克"（Dick，"dick"在英文中是阴茎的意思）。但当时他们并不知道"迪克"是否名副其实。

的动物。”

但至关重要的问题是，迪克的迷人之处到底是什么呢?

盖尔告诉我：“迪克真的很厉害，他一直昂首挺立，仿佛永远不知疲倦。”

艾草松鸡的鸣叫炫耀行为既费力又奇怪，很难计算雄性要为此消耗多少能量。不过，最近一项关于另一种求偶场动物的研究发现，在终日炫耀不停的求偶期结束后，雄性斑腹沙锥会失去近 7% 的体重。[15] 因此，雄性艾草松鸡可能也会为此消耗大量的能量，尤其是考虑到他们的食物三齿蒿所能提供的能量非常少。最重要的是，埃里克告诉我，三齿蒿的叶子含有剧毒，所以基本上可以理解为雄性艾草松鸡在宿醉的状态下尽情跳舞。

盖尔认为，通过要求雄性进行这种繁重的体力活动，雌性艾草松鸡可以确保自己能挑选到一只具有优秀基因的高贵雄性。“同样一个体系，没道理只把一个人训练成顶级运动员，对吧？这种活动需要考验你的有氧运动能力、新陈代谢效率、免疫系统、觅食能力、消化食物并将其转化为能量的能力等。所以艾草松鸡正在竭尽全力完成的这项考验，只有在身体状况良好的情况下才能做到。”

人们很容易认为这就是故事的结局：最闪亮的雄性赢得了雌性。许多科学家也是这么想的。但盖尔对雌性看似矜持的本性很感兴趣。她们真的像看起来的那么被动吗?

为了找到答案，盖尔从康奈尔鸟类学实验室的同事马克·丹茨克和杰克·布拉德伯里那里获得了灵感。丹茨克和布拉德伯里有了一个惊人的发现：雄性艾草松鸡的叫声在不同方向上的传播存在差异，正前方的声音反而是最小的，两侧及后方则相对响亮。[16] 因此，尽管这只骄傲的雄性看起来是背对着雌性，但实际上他是直接冲着雌性发出强烈的扑通声。这让盖尔想到，如果雄性的炫耀行为不像看起来的那样简单，那么也许雌性也不像她们看起来那么被动。

通过将注意力从引人注目的雄性身上转移到矜持的雌性身上，盖尔发现了一些更具启发性的现象。像迪克这样的优势雄性不仅是求偶场上最闪亮的舞者，还需要对雌性给出的微妙暗示做出反应。也就是说，他们要能够做到边跳边“听”。

“我一直在关注雄性和雌性之间的交流互动方式。雌性其实非常积极主动，要么引出她看上的雄性展示他们自己，要么塑造雄性的展示行为——雄性必须做出回应才能有吸引力，华而不实是没用的。这时候我就用到了机器人。”

为了真正理解雌性艾草松鸡的想法，搞清楚她们到底如何选择雄性，盖尔制造出了大概是世界上唯一一只比雄性艾草松鸡更离谱的鸟：一只机器雌性艾草松鸡。盖尔把一只雌性艾草松鸡标本、一个遥控坦克套件和在网上购买的一些机器人零件用一条紧身打底裤固定在一起，制作了一只机器鸟，她亲切地称之为“雌机”。多亏了盖尔的一双巧手，做出来的手工机器鸟非常逼真，除了脚下踩着一双轮子外，和真鸟没什么两样。[①]雄性艾草松鸡似乎完全没看出来差别，当然他们也确实是一群饥不择食的傻小子。盖尔曾见过，在

---

① 盖尔有一年半的时间没有工作，专门在科罗拉多州滑雪，她把制造机器鸟的灵感归功于这段经历。为了维持生计，她兼职组织会议，而神经形态工程学（所有关于人工智能和机器人的技术）是她的最爱。因此，有了制作机器鸟的想法，她就联系到了她的会议伙伴，其中一位刚好负责为美国国家航空航天局（NASA）设计控制系统，并且很乐意将她的机器鸟作为一个小项目来完成。她告诉我，“第一代机器鸟可复杂了”，不过也是用紧身打底裤绑在一起的。“这就是为什么我总是告诉学生们，在开始读研之前先出去转转，因为你永远不知道你会看到或学到什么。”

周围没有雌性的情况下，雄性艾草松鸡试图与干牛粪堆交配——显然，他们找对象的门槛很低。不过，第一次把可爱的“雌机”开到求偶场里时，盖尔还是很紧张，怕这群傻小子会不喜欢这个钢铁女友。“搞得跟第一次约会似的。”她对我说。

我遥控着盖尔的雌机在实验室转了转。这只“鸟”可以做出走近、转头、凝视或低头觅食等动作，来表达调情或害羞——就像一只真正的雌鸟。在实验室光滑开阔的地板上遥控雌机，比在凹凸不平又拥挤的求偶场上容易得多。在野外通常需要两个人操作：盖尔藏在隐蔽观鸟屋里遥控，她的一名博士生则坐在山上，带着双筒望远镜和无线电通信仪器，帮助她进行导航。盖尔坦承：“就像在玩真实版的‘青蛙过河’游戏，我特别紧张。真正的鸟类会到处走动，你要在其间穿行，既不能被撞倒，也不能撞到别的鸟。”

盖尔的雌机必须是最迷人的。她必须引起雄性的兴趣，但又要及时抽身。“曾经有雄性试图与机器鸟交配，但并不顺利。”然而，意外还是时有发生。有一次，一个雌机在调情过程中头掉了，这着实很尴尬。好在那只蠢钝的雄性并没有介意。“雄性不知道该做何反应，因为他们不认识这是什么东西，我就把没头的雌机开回来了。”

在这种复杂的求爱活动中控制雌性一方，使盖尔得以观察到雌性的行为变化对雄性表现的影响。“我们看到，雄性会根据雌性的接近程度来调整自己炫耀的速度。实际上，他们会把宝贵的能量用在最重要的时刻。不成功的个体一上来就持续活跃、不断炫耀，结果在紧要关头却没了力气。因此，成功的表演可能要兼顾社交技能和自身健康状况。”

盖尔首先在一些最老练的求偶场雄性身上发现了这些“社交技能”的重要性，那就是澳大利亚东部的缎蓝园丁鸟（*Ptilonorhynchus violaceus* )，她在读博士期间曾经研究过这种鸟类。雄性园丁鸟是动物王国中最接近萨尔瓦多·达利的动物，他们用树枝搭建出奇特的凉亭，然后会竭尽全力，到处搜集颜色鲜艳的物品来装饰这些凉亭，以取悦雌性。装饰的风格和颜色因物种而异，有些凉亭会比其他凉亭更精致。

例如，大亭鸟的凉亭就像一座错觉屋：物体按照大小排列，让人产生错觉，使凉亭看起来更小，而雄鸟看起来比实际更大。[①]

雌性缎蓝园丁鸟不太在意雄鸟的体形大小，而是更关心雄鸟获得蓝色饰品的能力。雄性四处搜寻，将他们能用嘴叼动的所有蓝色东西撒在凉亭的地板上——从鲜花到羽毛，再到塑料瓶盖和衣夹。更加离奇的是，他们甚至知道把浆果咬碎后涂在树皮上，再叼着树皮粉刷墙壁。达利知道了也会为他们自豪的。

一旦蓝色的装饰吸引了雌鸟的注意，雄鸟就会膨起闪亮的天蓝色羽毛，跳起精心编排的怪异舞蹈，来炫耀自己的体力。这与雄性之间的恐吓性打斗并没有什么本质上的不同，所以雌性在求爱初期常常有点儿神经质也就不足为奇了。盖尔注意到，更有把握的雌性会做出一种下蹲的动作，盖尔想知道雄性是否会注意到雌性的这个动作并对此做出反应。因此，她又制造了一只可以模仿这个动作的机器园丁鸟。她发现，成功的雄性确实是最有策略和最体贴的：只有当雌性蹲下并示意自己已经准备好时，他们才会加大舞蹈的强度。

以前，科学家已经注意到，雄性动物在求偶过程中会注意雌性

---

① 大亭鸟可能是魔术大师，但鹦鹉、画眉、鸽子甚至鸡都被证明对各种视觉错觉很敏感。许多物种的雄性个体会以特定的角度和距离向雌性展示自己，这表明错觉的使用在鸟类中可能很普遍。

发出的信号。但盖尔首先证明，倾听并回应雌性的暗示与雄性交配成功有关。不仅如此，盖尔还计算出，至少在园丁鸟中，对雄性交配成功来说，这些社交技能与炫耀行为同等重要。

雌性艾草松鸡可能也在互相关注。众所周知，年轻的雌性孔雀鱼会效仿年长的（也许更聪明的）雌鱼的择偶决定。[17] 盖尔认为，这种“偷听”可能是迪克这样的雄性极具吸引力的原因之一。“如果 80 只雌性都围着 1 只雄性，那么很难想象她们没有互相影响彼此的选择。”早在 2014 年，盖尔就试图让真正的雌鸟效仿她的雌机，对非优势的雄性表现出兴趣。但那一年，她败给了优势雄性的非凡魅力：“最终，我们还是无法抵挡迪克的吸引力。”

盖尔并没有放弃。虽然她承认制造一只雄性艾草松鸡超出了她造机器人的能力，但她想制造更多的雌机，来帮助梳理求偶场上雄性和雌性的动态求偶策略。传统观点将求偶视为一个“黑匣子”，雄性和雌性根据雄性特征的质量和雌性偏好的强度对自己进行分类，而这个过程本身被视为晦涩费解或无关紧要的。但盖尔认为，求偶场更像是一个开放的集市，到处都是在购买和讲价的卖家和买家。正如达尔文在提出自然选择理论时，曾受到经济学家托马斯·马尔萨斯①的影响一样，盖尔转而使用谈判的经济模型来搭建概念框架，强调求偶是雌雄两性之间通过谈判达成交易的过程，在此

---

① 托马斯·马尔萨斯，英国社会经济学家，以其关于人口增长的论文广为人知。该论文指出，除非生殖受到抑制，否则人们早晚会面临粮食短缺的威胁。当达尔文形成自己关于演化动力来自何处的观点时，这个观点对达尔文产生了巨大的影响。在阅读马尔萨斯的论文之前，达尔文认为生物的繁殖刚好足以保持种群数量稳定。但在阅读了这位经济学家的著作后，他开始意识到，就像在人类社会中一样，生物的繁殖也超出了它们的能力范围，在生存竞争中既有幸存者，也有失败者。于是，这种生存竞争成了他的自然选择演化论中的驱动力。

过程中难免受到市场上其他参与者的影响。

“性选择可以推动这些华丽特征的演化，也可以推动这种社交技能的演化，而这些求偶策略也是为了获得配偶而展开的竞争的重要组成部分。所以，性选择的力量可能比我们最初假设的要强大得多。”盖尔解释道。

所有这些战术谈判都需要具备认知能力。与雌鸟相比，雄性缎蓝园丁鸟的大脑相对较大，寿命更长，并且具有奇怪的长达 7 年的青春期，这段时间被他们用来模仿雌性。未成年雄性与雌性有着相同的绿色羽毛，盖尔认为，这种漫长的异装发育期或许是为了学习复杂的调情技巧，在这段时间里未成年雄性不仅会练习建造凉亭，还受到成年雄性的积极追求。“年轻的雄性以雌性的身份学习如何求偶，他们经常会做出和雌性一样的蹲伏动作。他们尽管不会真的进行‘交配’，但基本上会以雌性的身份参与整个求偶过程，然后如果雄性看起来快要扑上身了，他们就会飞走。”

2009 年，一项测试雄性缎蓝园丁鸟解决问题的能力的研究首次表明，认知能力与交配成功率有关，而且雌性偏爱思维最敏捷的雄性。[18] 展示出解决问题的能力的雄性鹦鹉也被证明对雌性更具吸引力。因此，雌性的选择不仅可以塑造雄性的身体和行为，还可以塑造雄性的大脑。

这个想法并不新鲜。达尔文本人就曾提出，性选择可能是人类的认知能力（尤其是人类行为中更侧重“自我表达”的方面，如艺术、道德、语言和创造方面的能力）异常演化的原因。人类的大脑变得如此聪明可能是雌性选择的结果，这一想法给维多利亚时代科学界的父权制带来终极一击——正中面门，伤害最深。

雌性的选择确实是一种强大的演化力量，但看起来也很随机。比如，为什么所有雌性缎蓝园丁鸟都喜欢克莱因蓝，而不是特纳黄？

达尔文无法解释不可预测但又整齐划一的雌性选择的本质。这为他的批评者提供了更多的弹药。正如华莱士等评论者指出的那样，“非常不可思议……绝大多数雌性……会被同一种特殊的变化取悦”。[19]

今天，许多科学家认为，可以用雄性外形对雌性感官的适应度来解释这种时髦的偏好。雄性想要被选中，就要从群体中脱颖而出并受到关注。事实证明，有一种吸引雌性注意的可靠方法，那就是打扮成她最喜欢的食物。[20]

来自特立尼达的雌性淡水孔雀鱼（*Poecilia reticulata*）通常喜欢与身上带有更大、更鲜艳的橙色斑点的雄性交配。对雄性这种特征的偏好被认为源自她们对橙色的感官偏好。她们喜欢葫芦树（又称铁西瓜）亮橙色的果实，成熟的果实落入池中后，被她们贪婪地吃掉，为这些生活在贫瘠环境中的鱼提供重要的糖和蛋白质来源。因此，雌性孔雀鱼偏爱橙色，因为橙色代表优质的食物，而雄性孔雀鱼则利用这种颜色来激起雌性的“性趣”。[21]

雄性缎蓝园丁鸟似乎在利用同样的感官偏好来引起雌性的注意。在实验条件下，食果的雌性总是偏爱蓝色葡萄胜过其他有色水果，这表明其感官可能经过了调整，变得对这种颜色更加敏感。[22]在亿万年的演化过程中，这些偏好可能会失控。随着数以千计的雌性选择蓝色，这种偏好可能会变得严重扭曲。因此，雌性对蓝色水果的喜爱，可以解释雄性园丁鸟为什么喜欢收集蓝色的东西来装饰自己的房子。雄性艾草松鸡的橄榄绿色胸部可能与最美味的三齿蒿嫩芽具有相同的色调，而那敲击橡胶般的扑通声只是在进一步引起雌性对这种现有感官偏好的关注，就像是为她最喜欢的小吃敲响的晚餐铃。

最后，我们很难确定雌性艾草松鸡是根据舞蹈的活力（反映了舞者的健康状况）、基因的适应性、社交技能来挑选她的幸运伴侣，还是说她只是依据简单的事实做出选择——他胸部的颜色让她想起了晚餐，并契合了她“对美的品味”（又或者是对荒谬的品味）。这些概念不一定相互排斥，它们对任何给定物种的作用程度，都是演化生物学家可以争论几天甚至几年的事情。关于是雌性动物从她的选择中获得了某种实际利益，还是说这只是由追求“享乐”[23]所驱动的善变的审美偏好，是华莱士和达尔文在150多年前最初争论的延续。

雌性艾草松鸡善变的择偶决定似乎并不比我自己的择偶决定更易于掌握。经过近20年的深入研究，该领域的专家唯一达成一致的结论是，雌性选择仍然“在本质上是神秘的”[24]（我们仍然不够了解）。

然而，我们现在所能确定的是，择偶偏好并不固定。事实证明，夜幕刚降临时，雌性南美泡蟾在一群粗鲁的雄性的刺耳喧闹声中做出的交配决定，与她在夜晚结束时的决定截然不同。巴拿马的研究人员发现，在夜晚刚开始且充满交配希望时，雌性泡蟾具有高度的选择性，她们对便携式扬声器发出的合成雄性泡蟾叫声没有兴趣。但到了夜晚结束时，雌性泡蟾的辨别能力明显减弱了。她们会高兴地跳到播放虚假雄性叫声的塑料扬声器前，极为渴望地徘徊，希望在池塘派对结束前让自己的卵得到受精的机会。[25]

雌性的选择可能会根据她的年龄、生育能力、环境、生活经历或择偶机会而变化。有时她会选择与多只雄性交配。雌性艾草松鸡可能看起来很矜持，但事实上她们的“私生活”非常混乱。[26]正如我们将在下一章中发现的那样，雌性会热情地与多只雄性交配，这在整个动物界一直盛行。

第

3

章

# 雌性“海王”为什么要滥交？

两性，无性

男人一夫多妻

无性，两性

女人始终如一[①]

——威廉·詹姆斯（1842—1910）

有一回，我吼得太大声，以至于抢走了一头狮子的女朋友。咆哮声其实不是真正从我嘴里发出的，我只是用扬声器播放了一头雄狮吼声的录音。当时我和狮子研究专家路德维希·西费特博士一起在肯尼亚的马赛马拉草原，他正在演示如何使用音频回放来破译狮子之间的交流方式。在夜幕的掩护下，我们两个站在他的吉普车顶上，在一头雄狮的领地上播放另一头占主导地位的雄狮的吼叫声。这是一种大胆的科学尝试。这种猫科动物的叫声让我印象深刻，路德维希在一个简陋的酒吧外面对我说：“如果你觉得自己能行，就

① 关于这首打油诗的作者有多种说法。这本书选择的是较常见的一种：著名心理学家、教育家、哲学家威廉·詹姆斯。——编者注

来试试吧。”

起初我觉得，像我们这样在夜里回放那些尖细的咆哮声真的有点儿傻。MP4（音频播放器）和便携音箱难以真正还原狮子的咆哮，狮吼声可以达到 114 分贝，在所有大型猫科动物的吼声中是最响亮的。狮子的咆哮声本身通常没有米高梅电影开场短片中的那样洪亮，更像是一连串低沉的咕哝声；但通过共振，这种低吼可以传到约 8 千米之外。我以为我们播放的失真录音不会引起什么同类的兴趣。但在几分钟的安静之后，远处传来了回应。在接下来的 30 多分钟里，我们和狮子邻居有来有往，对方的吼声越来越大，直到我心跳加速、手心冒汗、起了一身鸡皮疙瘩。

黑暗中出现的不是一只，而是三只“大猫”——两雄一雌。突然之间，面对重达半吨的肌肉、尖牙和利爪，我们的游猎车显得相当脆弱。狮子们在车辆周围走来走去，寻找看起来和闻起来像雄狮的东西。两只雄狮一无所获，便转身离去；雌狮则在我们车前趴了一个多小时，让我们动弹不得。

路德维希认识这几只狮子。他对我解释说，那两只雄狮是兄弟，而雌狮可能正在发情并与其中之一交配。他还告诉我，雌狮选择抛弃她原来的伴侣并留在这咆哮声的源头，很可能是因为她希望与咆哮声的主人进行一些出轨性行为。跟狮子的女朋友偷情显然没有什么难度。人们经常能够看到雌狮从正在打盹的雄狮身边悄悄溜走，与其他雄狮幽会。[1] 这种放荡的欺骗行为显然是雌狮们的常规操作，她们的滥交在大型猫科动物研究圈中是出了名的——已知一头雌狮在发情期间每天可以与数只雄狮交配多达 100 次。[2]

发现雌狮放荡不羁的天性让我震惊又激动。正如哲学家威廉·詹姆斯臭名昭著的小调所说，每个人都知道享受放荡性生活的是雄性，而不是雌性。当我还是一名动物学学生时，我被告知这是雄性的生物学规律，不是刻在石头上，而是刻在配子上。“异配生殖”（anisogamy）这个词表示配子大小的根本差异，来自希腊语中表示“不平等”和“婚姻”的词。据说它不仅定义了性别，还定义了两性行为。精子小而数量多，卵子则大而数量少，所以雄性会滥交，而雌性则会矜持且挑剔。

“实际上，过度的交配可能不会让雌性付出太多代价……但对她绝没有任何好处。另一方面，雄性则永远不嫌交配对象太多：‘过度’这个词对雄性来说没有意义。”我的导师理查德·道金斯在其著作《自私的基因》中解释道。[3]

这个生物学规律总是让我的头脑（和心灵）受伤。一个性别滥交而另一个性别贞洁，这怎么可能呢——毕竟，如果雌性都这么贞洁，雄性该和谁交配呢？这对我来说讲不通。如果雌性的性行为是由其配子的特征决定的，那么又如何解释雌狮不受约束的性行为呢？好吧，事实证明，雌狮绝不是动物王国中唯一的“淫妇”。我们早就应该彻底地重新评估有性生殖中陈旧的性别角色了，只要人类准备好接受新观点。

## 维多利亚时代造就的女性贞操观

在科学界看来，物种的雌性个体并不总是保持病态的贞洁。在动物学诞生之初，亚里士多德就注意到，家养的母鸡不会仅与一只精心挑选的公鸡交配，而是会与好几只公鸡交配。[4] 2 000 年后，通过强迫人类的女性系上不合身的贞操带，达尔文在《人类的由来及性选择》一书中将性历史抹得一干二净。

"在动物界最显眼的纲目中，如哺乳动物、鸟类、爬行动物、鱼类、昆虫甚至甲壳类动物等，两性之间的差异几乎都遵循相同的规则：雄性几乎总是追求者。"[5]

达尔文在《人类的由来及性选择》一书中概述了他的性选择理论，延续了通俗爱情小说的风格。他指出，雄性动物具有"更强烈的激情"，会相互争斗以"孜孜不倦地在雌性面前展示魅力"。[6]另一方面，雌性"除了极少数情况下，都不像雄性那么热切。她通常'需要被追求'，总是很矜持"。雌性要做的只是被动地屈服于获胜的雄性的魅力，或者在"求爱者"中做出选择，顺从他们交配的要求，尽管有时并不情愿。达尔文指出，雌性贞洁的天性使得"人们常常看到她长时间地努力逃离雄性"。[7]

尽管达尔文确实注意到，在少数物种中两性角色是颠倒的——雌性激烈竞争而雄性做出选择，但他认为这些是微不足道的异常现象。达尔文这样解释他对两性角色的固定划分：一切都源自精子和卵子之间的根本差异。他指出，精子是活动的，而卵子是静止不动的，正是这种差异奠定了雄性"主动"和雌性"被动"的基础。[8]

达尔文对雌性的刻板印象与当时的普遍认知相吻合。维多利亚时代流行"真正女性崇拜"，这种观念声称基于科学，但也受科学启发。人们期望"真正的女人"虔诚、顺从并且只对家庭生活感兴趣。她们心性淡薄，对性冷淡，即使在婚后也是如此。生育是一项婚姻义务，是神圣誓言的一部分，但她们没有情趣或热情参与。

达尔文的性选择理论尽管与这些观点相吻合，但仍然引发了危险的争议，比自然选择带来的争论要多得多。正如我们在上一章中发现的，雌性选择是这个理论的致命弱点。将雌性选择视作动物演化动力之一的观点，让维多利亚时代的父权制社会如鲠在喉，也使达尔文的性选择理论令人难以接受。如果不是约 70 年后的 1948 年，一位英国植物学家提供了实验数据来支持达尔文的性别刻板印象并将其转化为普遍法则，性选择的概念可能已经悄然消失。

这位给达尔文的观点提供认证的人是安格斯 · 约翰 · 贝特曼，一位杰出的年轻植物遗传学家，在伦敦的约翰–英尼斯园艺研究所工作。贝特曼制订了一份宏大的研究计划，要使达尔文提出的“普遍法则”[9]（雄性主动而雌性被动）合理化。贝特曼指出，达尔文仅根据观察得出这些性别角色，而缺乏实证支持，因此这位伟人不知该如何“解释性别差异”。[10] 贝特曼挑战自我，希望能够给达尔文的观点提供一些重要实证。

为了做到这一点，贝特曼将研究重点从植物转移到那些似乎不知从哪里冒出来的小苍蝇身上，它们在腐烂的水果周围飘来飘去。对大多数食果动物来说，这些不起眼的黑腹果蝇（*Drosophila melanogaster*）可能是一种恼人的害虫，但它们是遗传学家最好的朋友。这些微小的昆虫在短短几天内就能达到性成熟，产下数百个卵。最重要的是，研究人员可以在实验室中培育出呈现明显的基因突变的果蝇个体。奇特的眼睛颜色、完全缺失的眼睛或变形的短小翅膀，这些人工培育的品系特征就像肉眼可见的标签，让研究者可以进行谱系追踪。

贝特曼将 3~5 只成年雄性果蝇和相同数量的雌性果蝇（都具有不同的身体突变）放在一个玻璃容器中，让其自由交配——这就像是一档为这些变异果蝇打造的《爱情岛》恋爱综艺节目，“嘉宾”们都有着奇怪的名字，比如“毛翅”、“鬈毛”和“小头”（又名无眼小脑袋）。

几天后，贝特曼检查了下一代果蝇的特征，推断谁与谁进行了交配。父母的突变都是杂合的，这意味着每只亲代果蝇都有一个显性突变基因和一个隐性正常基因。因此，我们可以根据基本的孟德尔遗传规律进行推测，例如：如果鬃毛雄蝇和无眼雌蝇交配，那么后代中应该有 1/4 的果蝇长有父亲的鬃毛，1/4 像母亲一样失明，1/4既有鬃毛又失明，只有剩下的1/4是正常的。根据这个基本原理，贝特曼估算了每只雄性和雌性生育了多少后代。

在出现亲子鉴定和解码基因组技术之前的时间里，贝特曼的果蝇交配“派对”是一种研究遗传学的优雅方式，尽管未免也有些吓人。这种方法使他无须观察果蝇的交配行为，就能够确定谁与谁进行了交配。不过，这是一项异常复杂的工作，因为他总共进行了不少于 64 次交配实验。根据我的经验，果蝇实验是一种非常烦琐的工作，更不用说实验过程又难操作又臭。果蝇只有 3 毫米长，因此，即使对最有耐心的研究者来说，检查成千上万只小果蝇是否长有鬃毛也是一项巨大的挑战。

贝特曼汇集了 64 次实验的所有结果，并展示在两张基本图表中，即绘制了生殖适合度（后代数量）与交配次数之间的关系图。其中第二张图现已成为传奇，被全世界数以百万计的动物学教科书转载。这张图上只有两条线：一条是雄性的，线条直冲云霄，说明更多的交配等于更多的后代；另一条线则代表雌性，先缓慢上升后趋于平稳，表明雌性与两个以上的雄性交配不会明显增加后代的数量。

这就是广为人知的“贝特曼梯度”。它证明雄性中确实存在竞争，一些是“种马”，另一些是“哑弹”。另一方面，雌性之间的生殖产出则差异不大。贝特曼的实验结果表明，最成功的雄性果蝇产生的后代数量约为最成功的雌性果蝇的 3 倍。有 1/5 的雄性根本没有产生任何后代，而雌性中这一比例仅为 4%。

这种繁殖成效的差异给人类的女性蒙上了一层无趣的阴影。这意味着性选择对雄性的作用比对雌性更强，雌性几乎可以实现最强的生殖力。因此，除了被贴上“矜持”的标签，雌性还被认为在演化上无关紧要，她们的行为不值得进行科学研究。

尽管贝特曼只在果蝇身上测试了达尔文的理论，但他自信其结论可以外推到更复杂的生物体，比如人类身上。他宣称，性别二元论，即雄性的“无差别的交配欲望”和雌性的“有选择的被动交配”，是整个动物界的常态。[11]“即使在后期出现的单配制物种（例如人类）中，这种性别差异也将如法则一样稳定存在。”贝特曼总结道。[12]

贝特曼提出，这些固定的两性差异是由异配生殖所决定的。雌性的繁殖成效受制于其数量有限、富含能量的大型卵子；而就雄性而言，无限供应的廉价精子意味着他们的繁殖成效仅受限于他们可以赢得并交配的雌性数量。

尽管实验结果是积极的，但贝特曼对达尔文的性别二元论的实证支持，与性选择理论一样被学术界遗忘了。这位年轻的植物学家将注意力转回到植物上，之后可能再也没有关注过果蝇，除非是为了拍死爬上他的果盘的那只。

不过，是金子总会发光。24 年后，哈佛动物学家罗伯特·特里弗斯在有史以来最具影响力的生物学论文中，将贝特曼的实验作为关键性参考文献引用，后来，该论文被引用了超过 1.1 万次。1972 年，特里弗斯关于“父母投资和性选择”的经典论文挖掘了达尔文的性选择理论和贝特曼的实验证据，对它们进行了不加批判的润色，并将“矜持的雌性和放纵的雄性”变成了演化生物学的指导原则之一。

特里弗斯认为，对后代投资少的性别总会互相竞争，以获得与投资多的性别进行交配的机会，无论雌雄。这种不平等的根源仍然是异配生殖，以及雌性意识到投入大量资源的卵子需要得到保护，而雄性则随意地挥霍掉廉价的精子。

特里弗斯的论文发表时，恰逢社会生物学（现在也被称为行为生态学，一个专注于研究动物行为的演化生物学新领域）诞生之时，这篇论文也成为其部分基础。带有“矜持的雌性和放纵的雄性”等章节标题的教科书成为每个生物学专业学生的宝典，并在显眼的地方呈现着贝特曼梯度图。[13]这条生物学定律如此普遍，以至于它从科学界渗透到大众文化中，在一些最意想不到的地方引发了对这一科学理论的颂扬。

“有人说，男人会尝试与任何会动的东西做爱，而女人不会。现在，令人吃惊的社会生物学这门新科学告诉了我们原因。”1979年《花花公子》杂志在一篇幸灾乐祸的深度报道中这样大肆宣传。《达尔文和双重标准》一文中指责女性主义者蔑视了她们的生物遗产，声称“最近的科学理论表明，两性之间存在先天差异，对公鹅来说是对的事情，对母鹅来说却是错的”。这篇大肆渲染的揭露性文章为它的读者四处留情开了一张许可证，并盖上了科学的印章：“如果你被抓到鬼混，不要说是被魔鬼蛊惑了。这是你的天性。”[14]

《花花公子》杂志的赞扬情绪持续影响着演化心理学，这门科学试图从演化中寻找对人类行为的解释。从阿尔弗雷德·金赛到戴维·巴斯（《欲望的演化》一书的作者），科学家都将关注重点放在了雄性滥交上，并且是基于这样一种基本假设，即雄性滥交符合由动物的异配生殖所限定的交配策略。有些人甚至将人类最糟糕的男性行为（强奸、婚姻不忠和家庭虐待）合理化为适应性特征，认为这些特征是由于男性天性滥交但女性对性兴趣不大而演化形成的。[15]

这条普遍法则的问题在于它并不普遍，比如，看看滥交的雌狮就知道了。甚至早在特里弗斯将果蝇论文从故纸堆里复活之前，贝特曼范式的第一条裂缝就出现了，但似乎很少有人愿意承认。在贝特曼范式和特里弗斯之后的观点的支持下，达尔文之名的分量促使大多数动物学家在遇到滥交的雌性时选择回避或者无视。这就需要一群鸟类和一个调查工具包，才能澄清事实。

## 作弊鸟万岁

红翅黑鹂（*Agelaius phoeniceus*）是北美农民面临的威胁。每年春天，这些长有华丽的猩红色和金色羽毛的鸣禽大量降落在美国的小麦种植带上啄食谷物。20 世纪 60 年代，农民的反应很简单：把它们赶尽杀绝。联邦政府的野生动物保护机构对这种解决方案并不满意。因此，在 20 世纪 70 年代初期，美国鱼类及野生动物管理局的保护科学家决定尝试一种巧妙的替代方案，灵感来自他们对黑鹂性生活的动物学研究发现的智慧。

雄性黑鹂是多配制的（一夫多妻）。每只雄性会保卫一片足够大的领地，养活他的 8 个老婆。因此，美国政府的科学家提出，相比于一年一度的春季屠宰，更人道（虽然有些超出常规）的解决方案是对雄性进行输精管切除手术，这样术后雄性就无法再产生后代。去掉他的睾丸，黑鹂先生和他的“后宫佳丽”就可以过着快乐的“丁克”生活，对粮食的危害则不会再继续。

1971 年春天，研究者在科罗拉多州对这个想法进行了实地试验。3 名男性科学家在杰斐逊县莱克伍德附近的沼泽地捕获了 8 只雄性红翅黑鹂，并切除了他们的输精管（在只有一个网球重的小鸟身上，这可是一项精细的操作）。这些雄鸟一旦从麻醉中醒过来，就会被送回领地，在那里他们“迅速恢复，没有表现出任何明显的不良影响”。[16]

与此同时，雌性已经开始产蛋。在接下来的 9 天里，这些蛋都被从巢穴中取出，以便科学家确定试验中用到的任何蛋都是雌性与刚被绝育的雄性交配后的产物。

令科学家惊讶和沮丧的是，随后来自切除了输精管的雄性领地的结果证明，有 69% 的鸟蛋是可孵育的。对于这个意外的结果有 3 种可能的解释，最有可能的是烦琐的绝育手术失败了。因此，研究者把所有 8 只雄性都杀死，并在显微镜下仔细检查它们的性腺。科学家放心地发现，与未绝育的雄性相比，所有接受了手术的雄性的睾丸都严重缩小，而且他们扩张的输精管中出现了“奶酪状物质”，这表明该手术确实达到了预期的效果。

科学家仍然很困惑，他们想知道是不是雌性黑鹂储存了雄性绝育之前的精子，然后用这些精子使卵受精。但是，他们检查了处于不同筑巢阶段的 30 只雌性的体内结构，推断出有活力的精子不可能保留足够长的时间来使卵子受精。

只剩下一个解释了。这些雌性一定是在邻近地区与未绝育的雄性发生了性关系。这可真是一个不可想象的场景。20 世纪 70 年代，人类的性别革命可能正如火如荼地进行着，但雌性鸣禽还没有得到解放。“超过 9/10（93%）的雀形目亚科鸟类（鸣禽）通常是单配制的，”权威鸟类学家戴维·拉克在 1968 年写道，“从没有听说过有一雌多雄制[①]。”[17]

困惑的科学家被迫发表文章称，雄性绝育不是控制黑鹂种群的合适手段，并怀疑“雌性滥交”可能是导致这种方法失效的原因。尽管他们尴尬地承认了害虫控制行动的失败，这场失败却预示着我们对雌性交配行为认知的一场革命。[18]

长期以来，鸣禽一直被认为是单配制的典范，除了像红翅黑鹂这样少数的一雄多雌制鸟类。这很容易理解，因为即使是最不经意的观察者也能看到，大多数鸟类明显都是成对繁殖的，雄鸟和雌鸟不知疲倦地筑巢，不断投喂难以满足的幼鸟，满足幼鸟成长的需要。这常常发生在人类居所周围，很容易被观察到，甚至被浪漫化。

1853 年，牧师弗雷德里克·莫里斯宣称：“你要像篱雀一样，雄性和雌性对彼此绝对忠诚。”莫里斯热衷于研究鸟类，也是维多利亚时代一本热门鸟类图书的作者。他鼓励读者效仿“谦逊而朴素”的篱雀（又名林岩鹨，*Prunella modularis*）。[19] 这位善良的牧师没有意识到，这实际上是让他的女性信徒再去寻找一个情人，并与这两个男人性交 250 多次，才能建立一个家庭。正如最先记录篱雀的自

---

① 我们来详细解释一下术语。多配制（polygamy）可能是我们最熟悉的术语，在这种交配模式中，任何性别的动物都有不止一个伴侣。另一方面，一雌多雄制（polyandry）是多配制的一种特殊形式，雌性拥有多个配偶。通过分解这个单词就能很容易地记住：*poly-* 在希腊语中表示“许多”，*-andr* 表示“男性”。一雄多雌制（polygyny）是多配制的另一种形式，其中雄性有多个雌性伴侣。同样地，会一点儿希腊语将有助于理解，因为 *-gyne* 表示“女性”。然后是一雄制（monandry），其中雌性只有一个配偶，但你将会发现这个术语并不常用。

由性生活的剑桥动物学家尼克·戴维斯挖苦道，这会导致“教区陷入混乱”。[20]

事实证明，社会单配制和性单配制之间有天壤之别。鸟类非常忠实地实行社会单配制，有些物种中，一些个体甚至终生保持配偶关系；但在性生活方面，则是另一回事。

根据谢菲尔德大学行为生态学教授、鸟类生物学家蒂姆·伯克黑德的说法，这一发现震撼了鸟类学界。有一次，我们一起前往约克郡的本普顿悬崖参加英国皇家鸟类学会的观鸟活动，途中他迎着大风告诉我：“这是50年来鸟类生物学最大的发现。”那时正是繁殖季节的高峰期，白垩质悬崖上可以见到成千上万只翱翔的三趾鸥、摇头晃脑的塘鹅和咆哮的海雀。在我们周围，成对的海鸟正忙碌着，跳起华丽的求偶舞蹈、筑巢、喂养幼鸟，同时偷偷地出轨。

“由于达尔文说雌性天生是单配制的，百年以来大家都这么认为。”他说，“即使有显然非单配制的情况出现，人们也会说观察出了错，或者找个借口，比如雌性激素失调。这些信息被完全无视了。”

我们现在知道，90%的雌鸟通常会与多只雄鸟交配，因此，一窝蛋可以有多个父亲。[21]事实证明，雄性越浮夸艳丽，雌性越有可能不忠。伯克黑德最近发现，表现出最明显的两性差异的物种隐藏着最多的不忠行为，目前已知最极端的案例是澳大利亚的壮丽细尾鹩莺。鸟如其名，雄性壮丽细尾鹩莺拥有相当绚丽的季节性蓝色羽毛，也会用精心采摘的黄色花朵向雌性（一种不起眼的小灰鸟）求爱。然而，雄性华丽的求爱会得到一顶“绿帽子”作为回报。黎明时分，他的伴侣会偷偷溜去与邻居发生关系。结果，他辛勤喂养的窝中幼鸟里超过 3/4 其实是其他雄性的后代。[22]

雌鸟总是偷偷摸摸搞外遇。动物学家采用法医的DNA指纹识别技术检测了窝里鸟蛋的亲缘关系，才揭穿了她们的小伎俩。

第一个利用这项新技术研究雌性鸣禽忠诚度的人是现年 70 多岁的帕特里夏·戈瓦蒂，这位杰出的科学家曾担任加州大学洛杉矶分校演化生物学教授。戈瓦蒂积极倡导女性主义。这项仿佛侦探小说的研究是她职业生涯的早期突破，是她勇敢质疑所谓的两性行为差异“标准模型”的第一步。这也是她第一次尝到被男性主导的科学机构忽视的滋味。[23]

“我因为这项研究而受到了很多抨击，”在电话里，她操着轻松的南方口音告诉我，“太可怕了，露西。就好像我发现了什么东西，但因为这个发现冒犯了太多人，导致它看起来好像是假的。”

戈瓦蒂的研究对象是东蓝鸲，一种钴蓝色的鸣禽。这种鸟代表着幸福，出现在迪士尼电影《南方之歌》的主题曲《美丽的一天》（*Zip-A-Dee-Doo-Dah*）中。东蓝鸲是鸟类中的超级巨星，深受美国人喜欢，是像苹果派一样标志性的美国代表。而戈瓦蒂的研究相当于称这种鸟为荡妇。人生不如意事十之八九，但同行们的偏见依然让戈瓦蒂感到震惊。

“他们无法想象雌性跟良善一点儿都不沾边。他们认为雌性绝不会偷情，那是罪过！他们当然没有直接这么说，但他们就是这样想的。”

在美国鸟类学会的一次会议上，一位著名的男性动物行为学教授表达了他的怀疑。他告诉戈瓦蒂，她研究的东蓝鸲一定是被“强奸”了。她向我解释说，这在生理上是不可能实现的。雄性鸣禽没有阴茎。雌性和雄性都有泄殖腔，承担交配和排泄等多种功能。为了受精，雄性和雌性都需要将泄殖腔的中间部分向外翻出，互相接触，完成生物学家所说的“泄殖腔之吻”。完成这一过程的时候，雄性需要踩在雌性背上，尽量保持平衡。雌性随时都可以飞走，叫停任何不想要的性行为。

“鸣禽不需要#MeToo（我也是）运动，”戈瓦蒂告诉我，“如果雌性不配合，就不可能完成受精。”

在接下来的10年里，鸟类亲子鉴定研究如潮水般涌现，海浪一样袭来的证据让人无法忽视。然而，不知何故，在（男性）鸟类学权威人士的眼中，雌性鸟类仍然是矜持被动的。毕竟，根据从达尔文到贝特曼再到特里弗斯的观点，雌性从多次交配中得不到任何好处，反而会失去一切——人们相信，如果她的正式伴侣抓到她偷情，她将面临被遗弃的风险，或者更糟的是被杀掉。因此，尽管强奸不可能实现，但大家都认为，雄性就是要把他的“种子”传播得更远，而雌性鸟类则必将是这一特点的受害者。①就连像蒂姆·伯克黑德这样的鸟类学家也在争论，雌性鸟类到底如何“遭受”被迫的额外交配，以及她们如何诱使雄性接受单配制。[24]

马萨诸塞州霍利奥克山学院生物学教授苏珊·史密斯写道：“对这种古怪的清教徒思想进行的研究越多，它就显得越奇怪。”[25]她对黑顶山雀的长期研究也为扭转这一趋势做出了贡献。经过14年的研究，她注意到有70%的雌性偷情行为发生在黎明后不久，地点则是在比该雌鸟的正式伴侣社会地位更高的雄性领地内。这看起来好像是，与“普通先生”同居的雌鸟，会偷偷跑到隔壁的“优秀先生”

---

① 少数鸟类保留了阴茎，比如鸭子，强迫交配是这种交配系统的一个特征，我们将在第5章对此进行讨论。

那里寻找一些优越的基因。

加拿大多伦多约克大学的生态学教授、鸟类学家布里奇特·斯塔奇伯里的工作为史密斯的重要研究提供了进一步证据。斯塔奇伯里通过Skype告诉我，她最初也听信了“雌性受害者的故事”。直到20世纪90年代初期，她开始将无线电发射器安装在黑枕威森莺背上，对其进行研究。

斯塔奇伯里发现，雌性黑枕威森莺根本不是受害者，而是通过一种特殊的“叽叽”的鸣叫，来告诉隔壁的雄性，这个“女邻居”想找点儿刺激。通过跟踪雄性的活动，斯塔奇伯里记录到他们访问邻近领地的时间刚好与“女邻居”的排卵期以及偷情呼唤相吻合。

“雌性在排卵期会发出很多声音，”她告诉我，“所以我们认为，她们要么非常愚蠢，要么是在主动搞事情。”

雌性黑枕威森莺也会离开自己的领地，去寻找附近优秀的雄鸟，但仅限于排卵期。她们通过聆听雄鸟的鸣叫来做出选择。当雌性的正式伴侣性格比较温顺、不太爱鸣叫时，她们会更多地离开自己的领地，去寻找唱得更欢的雄鸟交配。随后的DNA检测表明，这些吵闹的雄性确实产生了最多的后代。

这一证据有力地证实了，雌鸟能够掌握自己的交配权和后代的父系来源。但是斯塔奇伯里的团队在发表这篇开创性论文时遇到了很多困难。“一个又一个审稿人告诉我们，我们的结论是完全错误的。”她告诉我。

学术论文的审稿人是匿名的，但鉴于当时该领域至少有80%的研究人员是男性，审稿人的性别很容易猜到，特别是当你考虑到他们所写的拒稿信里充满的男性说教味儿时。

"有一位审稿人甚至说我们'有点儿蠢'——雌性黑枕威森莺发出此类鸣叫的唯一原因是我们（研究人员）试图在她们的领地里观察。实际上雌鸟是在冲我们叫。"

1997 年，斯塔奇伯里的论文终于发表了。[26] 论文中加入了对蓝冠山雀和双色树燕的研究。这些研究也揭示了，那些所谓单配制的雌性鸟类在她们居家型的正式伴侣之外，会积极寻找更性感的雄鸟去交配。这些研究结果预示着对两性关系的新观点。"在大多数鸟类中，很可能是雌性在控制着交配和受精是否能够成功。"[27] 在 1998 年对鸟类亲子鉴定研究的综述论文中，纽卡斯尔大学行为生态学教授玛丽昂·皮特里略带得意地写道。这是一句简单的叙述，但在 10 年前是绝不可能发表的。

这些放荡的雌性鸣禽引发了一场震撼行为生态学界的"一雌多雄制革命"。[28]

整个动物界的雌性都在从原先人们假定的雄性统治中夺回对交配和后代父系来源的控制。DNA 检测技术揭示，有一系列的其他雌性动物（从蜥蜴到蛇再到龙虾）都对伴侣并不忠诚。在所有脊椎动物类群中都发现了一雌多雄制的倾向，而在无脊椎动物中，一雌多雄制则更是常态。另一方面，性方面真正的至死不渝的单配制被证实极为罕见，只在不到 7% 的已知物种中发现。[29]

"数代生殖生物学家都认为雌性更倾向于单配制，但现在事实证明，这很明显是错误的。"蒂姆·伯克黑德在 2000 年出版的《滥交》（*Promiscuity*）一书中承认。[30]

学界终于接受了雌性会主动寻求多只雄性进行交配这一事实。但她们这种行为的原因仍然存在争议。根据贝特曼–特里弗斯范式预测，雌性无法从"过度"交配中获得任何好处，[31] 因此对将这一范式视作“普遍法则”的坚定支持者来说，雌性这种强烈的求爱行为毫无意义。

“问题仍然是，雌性从中得到了什么？”伯克黑德在我们去本普顿悬崖的观鸟之旅中说道。

## “放荡”的叶猴

并不是所有人都对雌性滥交感到困惑。我前往加利福尼亚州的乡村，拜访我的学术偶像之一——著名的美国人类学家、加州大学戴维斯分校名誉教授萨拉·布莱弗·赫尔迪。她身高超过 1.8 米，得克萨斯州人，尽管已经年过七十，却仍然散发着迷人的魅力。她用热情的拥抱和特制的馅饼迎接我，并带我参观了她跟同为学者的丈夫丹一起经营的核桃农场。赫尔迪非常自豪地向我解释，他们是如何白手起家，创造出这片绿色田园的。他们种植并培育了本土树木与灌木，恢复当地的自然状态。这也是她在自己的学术领域所做的事情。赫尔迪花了 40 多年时间，努力消除性别歧视，传播新理论，让雌性可以展现天性。她也是第一个挑战“矜持雌性神话”[32]的人，被许多人称为最初的女性主义达尔文主义者。

“我更喜欢‘女性达尔文主义者’这个词，”她告诉我，“我不确定用这个词形容我的人对它的定义是不是跟我一样。对我来说，女性主义者只是提倡男女平等的人。就演化论而言，这意味着对雌性和雄性的选择压力给予同等的思考。”

作为 20 世纪 70 年代初期哈佛大学的毕业生，当时赫尔迪发现自己处于新兴的社会生物学这门科学中心，并与社会生物学“神童”鲍勃·特里弗斯从事类似的研究。[33]

赫尔迪是她班上唯一的女研究生，大家关注的重点当然是雄性动物。当时的大教室里是雄性激素盛行的地方。“那时候，性别歧视根植于哈佛的科学领域。”她告诉我。当时的教科书仅将雌性灵长类动物视为母亲、奶妈，认为她们只起养育作用，完全不具有竞争优势。雌性灵长类动物“总是从属于所有成年雄性”[34]，其性行为被认为“只占成年雌性生活的一小部分”[35]。因此，她们“都差不多一样”[36]，缺乏科学研究价值。显然，在这方面有很多陈旧观念需要剔除。

赫尔迪启动了一个项目，调查雄性长尾叶猴（*Presbytis entellus*）神秘的杀婴行为。长尾叶猴是一种原产于南亚次大陆的猴子，身形优雅，有长长的灰色四肢，面孔黝黑。但首先吸引到赫尔迪注意的是其中的雌性个体。在拉贾斯坦邦印度大沙漠附近，赫尔迪看见一只雌性叶猴离开她的家族，大摇大摆地走到一群单身雄性身边，搔首弄姿。这是赫尔迪第一次见到这个物种。

“当时，我那双眼睛被在哈佛养成的偏见蒙蔽，我完全不知道该如何解释所见到的奇异场景。我后来才意识到，这种四处游荡和看似放荡的行为是叶猴生活中的常态。”[37]

赫尔迪去了图书馆，在文献记录中深入挖掘，发现叶猴并不是唯一放荡的雌性灵长类动物。许多群居物种的雌性个体都会积极寻求性行为，简直接近色情狂的程度，尤其是在排卵期。一只雌性野生黑猩猩终其一生只能生育5只左右的幼崽，但她会热切地与数十只雄性交配达6 000次或更多。排卵期时，她可能向群体中的每一只雄性索爱，每天交配30~50次。雌性地中海猕猴同样好色，据记载曾有一只雌性至少每17分钟就与群体中的雄性进行一次交配，任何一只雄性都不会落下（共有11只）。又据记载，非洲草原上的雌性狒狒在发情期如此频繁地纠缠雄性，以致她们贪婪的勾引甚至会遭到雄性拒绝。[38]

“我认为术语‘发情期’（oestrus）的希腊词源很好地描述了雌性排卵前后的状态。”赫尔迪告诉我，“它来源于‘一只被牛虻[①]搞得心烦意乱的雌性’。”

在数十种雌性灵长类动物中，这种发情行为会引发一阵狂热的交配活动，远超让卵子受精所需。研究者观察到，有些个体甚至在没有卵子可以受精时也会寻求交配。赫尔迪记录了叶猴在怀孕期间引诱族群外的雄性个体的现象。而其他动物，比如猩猩和狨猴，则持续处于发情期，并且像人类一样在整个生命周期中都处于性活跃状态。

这种过度行为并非没有风险。雄性出于占有欲的报复性攻击、性病、离开族群增加的被捕食风险，更不用说为这种“过度”性活动提供动力所需的能量，使雌性“海王”的这种行为绝非没有成本。因此，雌性远非偏好单配制，而显然是在强大的选择压力下倾向于多配制。

“回想起来，真的很难理解，为什么直到1980年雌性滥交现象才引起了超出粗浅的理论范畴的研究兴趣。”赫尔迪说。[39]

更重要的是，许多雌性似乎很享受交配过程。这可能令人惊讶，但所有雌性哺乳动物都有阴蒂。一些动物的阴蒂很小巧，比如家养母羊，而另一些动物则不然，比如我们在第1章中遇到的斑鬣狗，她们的阴蒂能有20厘米长，并像阴茎一样凸出体外。阴蒂具有丰富的形态多样性，你所看到的只是冰山一角。在人类身上，这个

① oestrus也有牛虻的意思。——译者注

神经末梢丰富的器官向内延伸10厘米，两条手臂样的结构环绕阴道，是女性高潮的生理基础。其他雌性哺乳动物是否能够从阴蒂处获得这种快乐，一直是一个争论不休的话题，一群男性科学家断定“不会”，而一大群女科学家高喊“会的”。

民粹主义者、英国人类学家德斯蒙德·莫里斯是众多发表意见的人之一。他宣称人类女性的性高潮“在灵长类动物中是独一无二的”[40]，它的功能是维持一夫一妻制的夫妻关系。然而，许多雌性灵长类动物毫不羞耻的寻欢作乐行为表明情况并非如此。

首先，大多数雌性灵长类动物都有自慰的记录——无论是在动物园还是在野外。英国灵长类动物学家卡罗琳·蒂坦记录了一只绰号为“小机灵鬼”的野生雌性黑猩猩表现出“对自己生殖器的迷恋”[41]，并用外生殖器“摩擦石头和树叶等物体”。独自手淫表明这种行为可能涉及一些乐趣。珍·古道尔也注意到雌性黑猩猩会抚摸自己的外生殖器，“并同时露出轻柔的微笑”[42]（性高潮后“意识的短暂丧失或减弱”相对较少，而愉悦感更多）。据观察，雌性猩猩会通过用脚掌自慰来炫耀自己的灵巧，[43]而小型的雌性柽柳猴则使用尾巴或其他“柔软的表面”自慰，直到进入“恍惚”状态。

如果不具备善于提问的能力，当然很难确定倭黑猩猩从她用树枝制成的粗糙玩具中获得了多少满足感，但有一些大胆的科学家已经在试图判断雌性灵长类动物是否真的有性高潮。苏珊娜·舍瓦利耶-斯科尔尼科夫对野生短尾猕猴的性行为进行了仔细观察，得出的结论是雌性确实达到了高潮，[44]她甚至提供了一幅有用的图画，描绘了猴子在高潮时特有的圆嘴“O”形脸的表情。

**如果你想知道猴子的"O"形脸是什么样子，就是这样。苏珊娜·舍瓦利耶–斯科尔尼科夫对雌性猕猴性高潮的研究，为两性在性高潮时做出的经典"皱眉圆嘴表情"提供了直观的图示**

一项只可能在20世纪70年代进行的实验中（即使是在那时，在酒吧里提到这项实验也会让周围的人流露震惊的神情），加拿大人类学家弗朗西丝·伯顿试图用实验来终结这一争论。在实验室条件下，她利用人造猴子阴茎手动刺激三只雌性恒河猴达到性高潮。每只猴子都用一根狗背带绑着，并连接到心率监测器，伯顿则勇敢地为每只雌猴提供5分钟的生殖器按摩。

很难想象一个比这更不性感、更像临床试验的环境了，但每只猴子都清楚地展示了马斯特斯和约翰逊用来定义性高潮的四个交配阶段[①]中的三个。其中两只猴子甚至表现出人类女性性高潮的

① 威廉·H. 马斯特斯和弗吉尼亚·E. 约翰逊是一对美国性治疗师，从1957年到1990年，他们开创性地研究了人类的性反应以及性功能障碍的治疗方式。1966年，基于约1万份参与者生理变化的记录，他们提出了一个四阶段的"线性"人类性反应模型：（1）兴奋期，（2）停滞期，（3）高潮期，（4）消退期。

特征——“强烈的阴道收缩”。伯顿初步断定，雌性恒河猴确实有达到性高潮的能力。[45]她也指出，在自然环境下，交配时间要短得多——只持续几秒钟。因此，在野外条件下，使母猴达到性高潮所需的刺激水平只有通过数次交配的刺激积累才能达到，比方说，需要与一连串的雄性交配。

对像唐纳德·西蒙斯这样的演化心理学家来说，这种性高潮反应是一种“功能失调”[46]，他们认为阴蒂只不过是阴茎的无用同源物，没有适应性功能。根据西蒙斯的说法，雌性并没有演化出自己的性高潮。雌性所获得的任何性快感都只来自一次快乐的生物学意外，这要归功于与阴茎共享的发育历程。

“我们是否应该相信阴蒂是跟阑尾一样的无用器官？”赫尔迪在《从未演化的女人》（*The Woman That Never Evolved*）中写道。[47]在她看来，阴蒂形态的多样性明显代表适应性。“我不明白为什么这些老旧谣言会持续存在。”

虽然阴蒂的比较解剖学研究还寥寥无几，但我们已经知道，在雌性滥交的一雌多雄性繁殖物种（比如狒狒和黑猩猩）中，雌性的阴蒂特别发达，长度达到1英寸或更长。它还位于阴道底部，可以在性交过程中直接受到刺激。这表明这些雌性可以因与多个伴侣发生性关系而获得极大的快乐。但是为什么会这样？

赫尔迪的重要观点是，所有这些看似难以理解的性行为的功能都是操纵雄性。

赫尔迪在印度研究叶猴时观察到，来自群体之外的雄性叶猴在接管该群体时，经常杀死未断奶的幼崽。她意识到，这种杀婴行为是性选择和雄性竞争的毒副作用。群体的新首领通过杀婴行为，迫使失去幼崽的母猴提前进入发情期为自己生育后代，这样他就不必再等待两三年，让雌性完成喂养前任雄性首领的后代才能再次开始生育。[48]赫尔迪猜测，为了预防杀婴行为，雌性有动力与入侵的雄性首领交配。这样可以通过混淆幼崽的父子关系，来保护幼崽的生命。赫尔迪的理论解释了为什么她看到的第一只雌性叶猴正离开自己的群体去勾引一群外来的雄性叶猴，以及为什么她还看到其他雌性叶猴在怀孕期间与外来雄性叶猴进行交配。在赫尔迪看来，这些雌性叶猴不加遮掩的交配行为远非“放荡”，而是“辛劳的母性的表现”——这是一种演化上的狡猾策略，目的在于提高她们的后代的存活率。

凶残杀婴的雄性反而败给了母性驱动的放纵性欲，这种理论最初被认为有些异端也许不足为奇。赫尔迪的想法遭到了被贝特曼甚至是罗马教会蒙蔽的演化心理学家的攻击，罗马教会曾派出一名“敌对”特使参加一场会议，她在会上提出了性交的意义。根据赫尔迪的回忆，其他人只是简单地贬低这位哈佛科学家和她的工作，但一位男同事对她的理论做出了“令人窘迫”的回应：“所以，萨拉，换一种说法就是你很饥渴，对吧？”[49]

现在，一波支持性证据已经将赫尔迪关于混淆父子关系的理论纳入了主流学术思想。[50]尽管杀婴行为不符合我们人类的道德传统，但现在研究发现这种行为在灵长类中其实非常普遍，在大约 51 种灵长类中都被强烈怀疑存在或实际目睹。在几乎所有情况下，都只有外来的雄性进入群体时才会发生杀婴行为，特别是针对未断奶的幼崽。雄狮也有同样的行为，他们会在接管狮群时杀死幼崽。这意味着从生物学角度来讲，我不小心引诱的母狮受生物本能驱使尝试与我交配，不仅仅是因为她喜欢我的咆哮声，也是为了让我不要杀死她的幼崽。[51]

从海豚到老鼠，动物界其他已知具有杀婴行为的雄性动物，也可能是该物种的雌性作风混乱的原因，但赫尔迪不想一概而论。“重要的是要将雌性视作灵活多变、会投机取巧的个体来展开研究，在一个充满变数的世界中，她们需要面对反复出现的生殖困境和权衡取舍。”她这样强调，并阐明了通用范式的缺陷。[52]

雌性滥交有许多其他可能的好处，包括寻求更优质的基因，以及提高遗传相容性或免疫系统相容性，从而提高后代的存活率。从本质上讲，雌性滥交会带来更健康的后代，意味着雌性不必将她所有珍贵的卵子都放在一个篮子里。

“也就是说，性选择也许能够解释大多数雄性杀婴案例，而操纵有关父系来源的信息是雌性能实际做出的为数不多的选择之一。我估计有相当多物种的雌性会采用这种方式来应对可怕的繁殖困境。”赫尔迪解释道。

混淆父系来源不仅是为了预防杀婴行为，还能鼓励雄性照顾和保护幼崽。我们在本章前面见到的那些放荡的雌性篱雀，就是雌性通过控制父系来源信息获益的最佳证据之一。正如我们所知，雌性篱雀通常是一雌多雄制的，有两个情人——最优者和次优者。两只雄鸟都会帮助雌鸟喂养雏鸟。研究表明，雄鸟实际上会根据他们与该雌鸟在繁殖期间交配的频率，调整他们带来食物的数量。DNA指纹识别结果显示，雄性篱雀在“评估”亲子关系方面通常是（但并非总是）准确的。[53]

赫尔迪还透露，在整个灵长类动物界，雄性都被操纵来照顾他们的疑似后代。人们原本认为雄性只会照顾确定属于自己的后代，因此单配制是雌性最好的选择，但赫尔迪揭露的明确事实给这个普遍理论泼了一盆冷水。这个普遍理论对于坐在城市办公室里撰写民粹主义畅销书的男性演化心理学家来说可能很时髦，但对于长期在野外观察雌性灵长类动物行为的人类学家来说并不可信。赫尔迪指出，对地中海猕猴和草原狒狒的研究都表明，性欲旺盛的雌性利用性将多只雄性吸引到可能的亲子关系网络中，致使他们经常要照看、携带或保护其他雄性的后代。我们的祖先可能也这样做过。

“非受孕性行为虽然不会增加受精率，但会增加婴儿的存活率，因此最终成了一种雌性生殖策略。”赫尔迪说。[54] 她确信，这种多配制的母性策略可能对我们的原始人类祖先特别有用，可以帮助抚养发育得异常缓慢的人类婴儿——这些婴儿需要接受多年的照顾才能独立生活。[55]

在此期间的 400 万~500 万年中，雌性的性行为是如何发生变化的，仍有待猜测。今天的人类是一夫一妻制的物种，而壮丽细尾鹩莺也是如此。戴维·巴斯等演化生物学家可能会赞同这样一种观点，即所有女性最终都寻求一夫一妻制，以便为她们的孩子提供最好的成长条件。但赫尔迪会发问，如果女性天性如此忠贞，为什么她们的性行为会受到文化的限制？无论限制手段是诽谤性语言、离婚，还是更糟糕的生殖器切割，都反映了人们几乎普遍认为，如果不对女性加以限制，她们将出轨滥交。赫尔迪赞同另一种观点，认为女性性行为的力量如此强大，以至于父权制的发展是为了对其加以限制。[56] 这使得一个女人的忠诚度成为一件非常多变的事情。无论这种范式多么流行，女性的命运都不取决于她的配子，而是取决于她的境遇，以及她可以自由做出的各种选择。

## 精巢/睾丸不会说谎

如果你想知道一个物种的雌性有多滥交，有一种显而易见的生理特征可以提供可靠的指标。雄性性腺的相对重量（相对于体重的比例）是一个普遍经验，又可称为睾丸法则，可以用来指示雌性的性行为习性。

以两种常见的英国蝴蝶为例。雄性菜粉蝶的精巢跟他对本地芸薹属植物的胃口一样巨大。相比之下，归属于眼蝶科（*Satyridae*，以好色的希腊森林之神①命名）的草地褐蝶的精巢则相对较小。这种身体差异反映了雌性的不同交配策略：菜粉蝶是一雌多雄制的，而草地褐蝶则不是。[57]

澳大利亚动物学家罗杰·肖特首次在灵长类动物中记录了这种现象，他注意到不同类人猿的睾丸大小差别惊人，而且奇怪的是这种差异与动物的体形并不相符。其中，山地大猩猩可能是类人猿中可怕的重量级存在，雄性山地大猩猩的体形是雄性黑猩猩的 3 倍大，但他们的“蛋蛋”直径还不到雄性黑猩猩的 1/4——相当于一对精致的草莓对比一双大梨。[58]

这一切都是因为精子竞争。更大的睾丸能够快速产生精子，使雄性更有机会填满雌性的生殖道（这样其他精子就不容易进入），或者压制更早与该雌性交配的雄性的精子。山地大猩猩健壮的肌肉使雄性能够控制多个对他忠实的雌性。与此相反，雌性黑猩猩平均每次怀孕会与许多不同的雄性交配多达 500~1 000 次。[59] 这些滥交行为的生理结果是，黑猩猩的睾丸相对于体重的比例是山地大猩猩的 10 倍，因而可以在精子竞争中获胜。也许你会很想知道人类的睾丸大小，答案是介于上述两者之间。[60]

事实证明，在整个动物界，从蝴蝶到蝙蝠，雄性生殖器（精巢或睾丸）大小都是雌性忠诚度的可靠指标：雄性的生殖器越大，雌

① 此处指希腊神话中的萨堤尔（Satyr，又译作撒梯），好酒色；现在这个词在英文中指好色男人。——编者注

性越滥交。就狐猴等许多物种而言，性腺只在特定的繁殖季节增大，以适应雌性排卵期。一旦不再需要繁殖，性腺就会像派对上的气球一样慢慢缩小，有时会缩到大小仅为旺季时的很小一部分。如果精子如此容易获取，那么为什么要进行季节性调整呢？毕竟，正如道金斯所说，"'过度'这个词对雄性来说没有意义"。

密苏里大学生物学名誉教授祖莱玛·唐–马丁内斯挖苦道："历史对这一声明并不友好。"[61]

贝特曼曲线的另一面，即认为雄性天生就"渴望任何雌性"，而且他们的"生育能力很少会受到精子产量的限制"的观点，[62]也受到了批评。许多科学家指出，尽管与卵子相比，单个精子的成本可能微不足道，但迄今为止，科学研究从未发现一次只产生一个精子的雄性。每次射出的精液都是数百万个精子以及重要的生物活性物质的混合物，这些会不可避免地增加交配的整体生物成本，①因此在哺乳动物中，可以肯定的是，单次射精耗费的总能量比一颗卵子所耗费的更大。[63]

因此，精液产量通常是有限的，"精子枯竭"是一个真正令人担忧的问题。大多数雄性在大量射精后需要时间来补充库存。例如，在人类中，完全复原可能需要长达156天。[64]

---

① 精液中的一些蛋白质会为雌性提供直接的益处，从而积极鼓励她与许多雄性交配。树螽会在精液中附送富含蛋白质的"结婚礼物"，为雌性提供一种方便的事后零食，来喂养她正在发育的卵子。已知一些精液蛋白可以刺激产卵，甚至可以延长预期寿命。得克萨斯州田野蟋蟀是精液中含有前列腺素的许多物种之一，前列腺素可以增强雌性的免疫力。前列腺素广泛存在于从昆虫到哺乳动物的多种动物的精液中，这表明对多种动物的雌性来说，与多个伴侣发生大量性行为实际上对她们有好处。这可以解释为什么滥交的雌性比单配制的物种雌性具有更强的终生繁殖力。[65]

刺龙虾、鹦嘴鱼等动物的雄性个体，会根据雌性的繁殖价值来估算射精量的多少，以类似守财奴的方式处理精液有限的问题。雌性的年龄、健康状况、社会地位或之前的交配状态将决定他准备耗费多少精子。[66] 其他一些物种的雄性则只是简单地拒绝雌性的邀请。澳大利亚的一种竹节虫，整天除了咀嚼树叶和装成棍子之外无所事事，每周都会换新女友，但只有 30%的概率会与之交配。[67] 从紫翅椋鸟到摩门蟋蟀，在许多物种中都观察到了雄性定期拒绝交配的现象。有些物种，比如雄性斑腹沙锥，甚至会赶走前来索爱的雌性。[68]

## 蝙蝠侠复活

上述因素将雄性变得像雌性一样挑剔。事实上，即使是生活放荡的原始理论代言者雄性果蝇，也被记录到在面对无拘无束的雌性果蝇时表现得很矜持，这以最根本的方式破坏了贝特曼的范式。该实验是帕特里夏·戈瓦蒂的杰作，她使用 3 种果蝇巧妙地检验了异配生殖理论，每种果蝇的精子相对于卵子的大小都不同。其中一个物种的雄性精子异常大，甚至比雌性的卵子还大。与拥有普通小精子的雄性相比，巨大的配子会限制交配吗？

与贝特曼不同，戈瓦蒂并没有简单地根据所产生的后代推断果蝇之间的交配行为，因为这不会呈现整个故事，只能表示一些尝试取得了成功。相反，她全天候地勤奋观察只有 3 毫米长的果蝇的交配游戏，以便做出更细致的评估。

在每个物种中，她都发现一些雌性接近雄性时非常活跃，与雄性接近雌性时一样，甚至更积极；而另一些雄性与雌性一样挑剔（或者更甚），尽管其配子大小不同。所有这些观察结果都表明，配子大小与交配策略无关。"'挑剔、被动的雌性'和'放纵、不加筛选的雄性'这些标签并没有捕捉到物种内部和物种之间在交配前的行为差异。"戈瓦蒂说。[69]

戈瓦蒂绝不是贝特曼最初实验的唯一批评者。蒂姆·伯克黑德注意到雌性黑腹果蝇（贝特曼所使用的果蝇种类）可以储存精子3~4天。这将减少她们在为期4天的实验期间重新交配的需要。伯克黑德思考，如果贝特曼选择了另一种不储存精子的果蝇，遗传学家可能会得到截然不同的结果。[70]不仅如此，事实证明，黑腹果蝇的精液中含有抗催欲素，可以改变雌性的行为，让她们等待更长时间才会再次交配；[71]这就是一种化学贞操带，会让雌性果蝇更羞怯，也有可能扭曲贝特曼的研究结果。

当然，科学实验的终极考验是可重复性。实验的可复制性被认为是科学的要件。鉴于贝特曼开创性论文的"奠基性质"，戈瓦蒂认为"确认贝特曼的数据可靠，他的分析正确，他的结论合理是非常重要的"。[72]

因此，戈瓦蒂决定使用相同的方案和相同的突变果蝇来重复贝特曼的研究。这绝非易事。首先，她的团队必须找到完全相同的突变果蝇；然后是更难的部分——破译贝特曼的研究方法。

"我想我比世界上任何人都更了解贝特曼的研究。"她在电话里有些疲倦地宣称。这篇过时的论文"很难理解，是个大杂烩"。戈瓦蒂和她的"侦探"伙伴蒂埃里·奥凯设法从一堆布满灰尘的旧档案中翻出了贝特曼的原始实验室笔记，并重新分析了他的原始数据。戈瓦蒂借助机敏的科学思维发现了一些重大问题，这些问题指向了严重的证真偏差。[73]贝特曼的方法"存在缺陷、差异、统计伪重复和数据的选择性呈现"。戈瓦蒂总结道："贝特曼的结果不可靠，结论值得怀疑，而且他观察到的变化与随机交配下预期的变化很相似。”[74]

简言之，戈瓦蒂说：“贝特曼的论文只是一部滑稽作品。”

首先，贝特曼将母亲视为亲本的次数少于将父亲视为亲本的次数，这在生物学上当然是不可能的，因为需要两者兼备才能生孩子。而且他没有意识到，如果果蝇从父母双方都继承了可怕的标志性突变，比如短小的翅膀和一个没有眼睛的小脑袋，结果可能是致命的。戈瓦蒂重复贝特曼的实验时发现，果然有许多双重畸形的后代纷纷死去。[75]因此，贝特曼没有算上这些交配，这导致他高估了无配偶的个体数量，却低估了多配偶的个体数量。

贝特曼的著名发现“只有雄性的繁殖成效从滥交中获益”，实际上只适用于他的最后两个实验，而这两个实验就涉及这些致命的双重突变体。在没有任何合理的科学推理的情况下，这些（现在存疑的）结果被组合在一起，并分别用来绘制单独的图表，然后成了世界各地数百万本教科书中常见的著名的“贝特曼梯度”。贝特曼的前 4 个实验实际上表明，雌性也能从滥交中获益，尽管程度较小。戈瓦蒂指出，如果贝特曼将他所有的结果汇总到一张图表中，并据此分析数据，这本可以成为雌性从滥交中收益的第一个证据。但是，贝特曼和他之后的每个人都只关注符合达尔文的“雄性滥交、雌性挑剔”观点的结果。

“贝特曼制造了与他的预期一致的结果，”戈瓦蒂告诉我，“我是说既然现在他已经过世了，再批判他显得有点儿刻薄，但他确实没有做好他打算做的事情。”

虽然有些错误隐藏得很深，需要重复实验才能暴露出来，但其他错误，比如有偏见的结果汇总，“非常明显”，以至于戈瓦蒂无法理解为什么数百名引用贝特曼论文的科学家都没有注意到这一点。“特里弗斯也没有发现这个问题，这简直是个惊人的错误。”她告诉我。

特里弗斯让贝特曼的论文出名了，尽管我们不清楚这位哈佛大学的能人是否仔细阅读了这位植物学家的论文。“大多数雌性都不喜欢多次交配。”[76]特里弗斯在谈到突变果蝇时写道，但除非贝特曼与雌性果蝇有心灵感应，否则他是无法知道这一点的，因为他没有真正观察过雌性果蝇的行为。贝特曼只是通过计算产生的后代来推断交配次数，所以他的实验只揭示了有多少雄性成功地使雌性受精，而没有揭示雌性实际与多少雄性进行过交配。这是一种关键性的过度简化，在多个领域的多项研究中都出现过。更可恶的是，2001 年，蒂姆·伯克黑德曾询问特里弗斯为什么他忽略了第一张图（该图显示雌性的繁殖成效确实受益于多次交配），只关注第二张图（显示雌性没有从中受益），而特里弗斯厚颜回答“这无疑是纯粹的偏见”。[77]

## 贞洁雌性的缓慢死亡

范式是一种强大的东西，尤其是带有隐蔽的文化偏见的范式。它们强烈的影响甚至会蒙蔽最勤奋的科学家的双眼，限制我们看待世界的方式，并让跳出思维定式限制的新视角变得模糊。很长一段时间以来，贝特曼的世界观让我们看不到雌性不仅会与多只雄性进行交配，而且这种放荡的行为可能对她们和她们的后代都有好处。在性爱之舞中，贝特曼的原则假设雌性总是被雄性支配，因此不值得研究。但是，如果不去考虑另一种性别，就不可能理解这种性别在做什么；况且，否认雌性的繁殖成效存在差异，这意味着我们不仅误解了雌性的策略，也误解了其雄性伴侣的策略。

根据祖莱玛·唐–马丁内斯的说法，许多科学家仍然因为自己的研究结果与贝特曼不一致，就质疑或忽视自己的发现。“一些期刊评审人和编辑会拒绝发表认为多配偶会提高雌性繁殖成效的论文，因为‘贝特曼在 1948 年表明这样的结果是不可能的’。”

戈瓦蒂和她的合作者马林·阿金还挖掘了数十项实证研究，这些研究实际上证明了雌性是不挑对象的，或者雄性反而是挑剔的，然而这些研究者未能认识到这些结果。[78]“我觉得这很不寻常，”戈瓦蒂说，“这表明人们感到恐惧。”

范式总是占主导地位，这使得它们难以发生转变。即使是建在流沙上的建筑，也需要过段时间才会倒塌。事实上，从实证主义的角度看，贝特曼范式不受贝特曼的数据支持这个事实，似乎是一个终结性的挫折。贝特曼梯度不仅无法预测人身上发生的事情，也无法预测狮子、叶猴身上发生的事情，甚至（根据戈瓦蒂的细致分析）无法解释贝特曼自己从黑腹果蝇身上获得的证据。虽然有一些物种确实遵循贝特曼梯度，但现在有数十项针对从草原犬鼠（又称土拨鼠）到蝰蛇等多种动物的实验研究，结果表明雌性确实会通过滥交行为提高其生殖适合度。[79]

对戈瓦蒂和其他人来说，这意味着贝特曼的原则应该被视为一个假说，而不是一个传授给学生的事实。[80]但其他人紧抓住仍有少数物种确实遵循贝特曼的预测这个事实不放，并坚持认为“性别角色的演化最终取决于异配生殖”。[81]

“人们简直可以说是信仰着异配生殖，就好像它是上帝创造的一样，”戈瓦蒂带着明显的愤怒告诉我，“我们都被引导着走上了一条看似诱人实则危险的道路，没有仔细思考到底发生了什么就深信不疑。一定有一些关于权力的东西取决于两性之间的深刻差异。我认为异配生殖理论在某种程度上强化了世界上普遍存在的厌女症。”

围绕贝特曼作品的争论无疑已经被政治化了。该范式起初是建立在维多利亚时代的沙文主义基础上的，现在它的地基已被女性主义科学家推翻。但是“性交”一词具有两极分化的效果，甚至可以破坏坚实的科学。戈瓦蒂认为自己公开的政治态度阻碍了她的科学论文的广泛传播，尤其是让那些最应该阅读它们的人没有读到。几年前，安吉拉·萨伊尼为了写作《逊色》一书（该书记录了科学界普遍存在的性别歧视现象）而采访特里弗斯时，特里弗斯声称没有读过戈瓦蒂的“上帝–耶稣论文”[82]。在今天仍教授贝特曼范式的牛津大学，戈瓦蒂的批判性研究并未被列入阅读清单，因为它们被认为是“非常政治化的观点”[83]。

“具有实证主义头脑的生物学家听到那个可怕的词（性交），就猜想它一定意味着‘意识形态层面驱动’，”赫尔迪对我说，“他们当然忽略了自己的许多假设是多么大男子主义，他们自己的达尔文主义世界观的理论基础是多么男性中心主义。”

贝特曼是不是完全错了？可能也不是。异配生殖可能改变了某些物种的演化竞争环境，但它远远无法解释与性别角色有关的所有情况。不同大小的配子只是影响不同策略的成本和收益的众多因素之一。贝特曼认为性别角色是固定的：雌性是挑剔、被动的，而雄性是滥交、好胜的。但现在出现的情况是，性别角色不仅比人们以前理解的更加多样化，而且更加灵活多变。社会、生态和环境因素，甚至是随机事件都具有塑造自然的力量。[84] 例如，在许多种类的蟋蟀中，食物的供应会引起个体性别角色的转换：当食物短缺时，挑剔的雌性变得好斗，放荡的雄性则变得挑剔。[85]

放眼整个动物王国，雌性已经逃出了《花花公子》的豪宅，为了自己和家人的利益而过着性解放的生活，没有任何羞耻感。达尔文的性别刻板印象可能在心理上影响了几代男性科学家，但它们已经被一群在性方面很有自信的莺、叶猴和果蝇，以及研究它们的在智力方面很有自信的女性所推翻。

人类的女性正在摆脱僵化的贝特曼范式投下的阴影，并揭示丰富的性策略，这些策略扩展了而不是限制了达尔文的性选择概念。在下一章中，我们将遇到一些贪婪的雌性，她们的性欲让性爱不再浪漫，也揭示了性的核心往往是冲突而不是合作。

第 4 章

# 吃掉爱人的 50 种方法

谁能弄懂蜘蛛的心思？

——基思·麦基翁，澳大利亚博物学家(1952)

对许多雄性来说，求偶是一场尴尬的游戏。风险很高，求偶者也很脆弱。时机、技巧和一定程度的厚脸皮都是确保成功的必要条件。但是，当你求偶的对象是一个凶猛的猎手，而且你长得像她的早饭时，寻找伴侣就变成了与死亡共舞。

雄性斑络新妇（*Nephila pilipes*）尤其如此。这种蜘蛛雌雄体形差异巨大，雌性论体重大约是雄性的 125 倍，并且长着可以释放强力毒液的巨型毒牙。[1] 为了向雌性求爱，雄性必须小心翼翼地穿过她巨大的网（相当于一连串的绊索，能感知最轻微的振动），然后爬上她庞大的身体进行交配，在此过程中都不能触发她攻击的本能。他在生命和肢体都完好无损的情况下完成这场挑战的机会是微乎其微的。对雄性络新妇来说，来自雌性的失望代表着可怕的死亡，他的准情人在几分钟内就能将他的生命吸干，然后将干瘪的尸体扔到不断壮大的追求失败者尸堆上。

这种令人震惊的雌性行为并没有逃过达尔文的注意，尽管他对这个恐怖事件处理得非常委婉。在《人类的由来及性选择》一书中，他详细描述了雄性蜘蛛通常比雌性小，“有时小到让人惊讶的程度”，并且在采取“行动”时必须非常谨慎，因为雌性蜘蛛经常“将她羞涩的情人带到危险的境地”。[2] 我想，这是一种委婉的表达方式。

达尔文的雄性中心论最终鼓起勇气阐明了这一点，他记录下一位名叫德格尔的动物学家同事看到一只雄蛛“在准备与雌蛛交配的过程中被雌蛛抓住，包裹在网中，然后大口吞下。他后来说，这一景象让他充满了恐惧和愤慨”。[3]

雌性蜘蛛将晚餐和约会合二为一的嗜好在几个方面都冒犯了维多利亚时代的男性动物学家。这只雌蛛背离了被动、矜持的形象和单配制，表现出凶狠、滥交的特点和确凿的支配地位。她还代表了某种演化难题。如果生命的意义在于将基因传给下一代，那么吃掉可能的伴侣而不是与他交配，似乎是不利于适应的。然而，性食同类现象在各种蜘蛛以及许多其他无脊椎动物中都很常见，从蝎子到海兔再到章鱼。最著名的可能是螳螂，这种“蛇蝎美人”一边大口啃噬着情人的头颅，一边继续跟没头的尸体交配。这种行为的存在使几代动物学家认为，演化已经走上了疯狂的道路。

“如果雄性蜘蛛不必与雌性交配，他肯定会避开她。”伦敦动物学会伦敦动物园的无脊椎动物主管戴夫·克拉克向我解释道。

克拉克对蜘蛛应该再了解不过了。他负责动物园的漫游蜘蛛展览，游客可以在巨大的蜘蛛网间自由漫步，还可以与网中心的园蛛合影自拍。我去过很多次，但在克拉克带我参观之前，我并不知道网中间的大蜘蛛都是雌性的。雄性蜘蛛通常是瘦弱的流浪动物，几乎没有时间结网或捕猎；相比之下，他们的毒牙和毒囊也非常微小。而雌性蜘蛛的毒液毒性更强，织的网也更精细。这些非凡的工程成为她们的领地，一个狩猎、交配和筑巢的地方。

作为饲养员，克拉克的部分工作是繁育动物。克拉克在伦敦动物园工作了 35 年以上，成功地繁育出了从巨型食蚁兽到海月水母的"几乎所有动物"。为了达成这个目标，他必须深入了解饲养对象。"这项工作不免有点儿像窥淫癖。"他承认。

正如人类的性爱需要柔和的灯光和氛围音乐等，动物的交配也需要合适的氛围，摸索合适的条件也是克拉克的工作。这说起来容易，做起来却很难。在圈养环境中交配困难的不仅仅是大熊猫，每个类群都有自己的复杂情况。但正是蜘蛛成了让他最焦虑的难题。

"蜘蛛的交配过程非常激烈。代入蜘蛛的心态听起来有点儿滑稽，但你会忍不住这么想。你真的会很为雄蛛担心，不仅仅是担心他能否交配成功，还要担心他能否活下来，"克拉克解释道，"你会把自己放在他的位置上去考虑问题，当情况不对时，你几乎能感觉到雌蛛那致命的毒刺扎在自己身上。"

克拉克观察到的一些最夸张的交配行为发生在捕鸟蛛身上。这些捕鸟蛛是蜘蛛界的巨人，腿长可达 30 厘米。我仍然记得，在昆士兰州北部凯恩斯的街道上，一只捕鸟蛛从我脚下小步快跑过去——就像 20 世纪 80 年代恐怖电影《惊魂手》中的场景，我吓得差点跳起来。顾名思义，这些蜘蛛颠覆了传统的食物链顺序，经常捕食鸟类，甚至是啮齿动物——那些通常把体形较小的蜘蛛亲戚们当点心的家伙。在人工圈养环境中繁育这些巨大的野兽确实有如角斗一般激烈。

“观察这些蜘蛛真是令人兴奋。你甚至会呆若木鸡，可能是因为他们体形真的很大。雄性的前腿上有钩子，他在交配时必须用钩子托住雌性的尖牙，这样才不会被咬。这也意味着他处于最佳交配位置，有利于向前伸出并插入用于交配的触肢。”克拉克解释道。

雄性蜘蛛没有阴茎。他们使用位于头部两侧的一对腿状附属物（触肢）将精子转移到雌性体内。然而，这些触肢与精巢并不直接连接，因此雄性蜘蛛必须首先将精液从腹部喷射到一张特殊的“精子网”上，然后将精子网吸附并储存在触肢末端，就像给水枪吸水一样。他现在已经装好了弹药，准备小心地接近雌性。

对蜘蛛的交配来说，位置就意味着一切，每个物种都有其最佳角度，记载在蜘蛛的“春宫图”①中。大多数捕鸟蛛喜欢雌上雄下的面对面的姿势，不过一种大胆的雄性巴西捕鸟蛛会将雌性转到身下，采用经典的“传教士姿势”，以便接近。雄性必须将触肢伸到雌性腹部下方，插入雌性的两个生殖器裂隙，一次插入一个。对雄性捕鸟蛛来说，所有这一切都必须在抓住雌性毒牙的同时进行。

“我记得有一次给墨西哥红膝捕鸟蛛（*Brachypelma hamorii*）配

---

① 蜘蛛的“春宫图”确实存在。1911—1933 年间，德国人乌尔里希·格哈特编了一本书，记载了数量空前的关于 151 种蜘蛛繁殖行为的数据。可以说，他对蜘蛛交配很着迷了。这种痴迷从他学生时代就开始了，到成年时，他已经记录了 102 个属和 38 个科的蜘蛛的交配行为。他的精确记录不仅包括该物种喜欢的姿势，还包括一只蜘蛛的每条触肢插入的次数。他记录了插入行为的详细信息——无论是“摸索”还是“锤击”，以及雄性的成功率。格哈特特别关注“失误”，也就是尝试插入但失败的情况。他统计并揭示了每个物种的相关信息。多亏了格哈特，我们才知道大多数雄性蜘蛛都是笨蛋。在 20 个物种中，都能观察到失误很“正常”且很“常见”。[4] 考虑到雄性蜘蛛所承受的压力，他们可能会有点儿怯场，但频繁的失误肯定是蜘蛛演化中的另一个反常情况。

对，当时我们只有一雌一雄两只蜘蛛。就在雄性就位时，雌性用尖牙刺穿了他的身体。就是这样，她真的用一厘米长的尖牙把他钉在地上，我们对此无能为力。”克拉克无奈地说。

克拉克告诉我，他总是拿着锅或尺子待命，随时准备在情况不对时进行干预。受伤的雄性可以获救并重新进行交配，即使失去了腿脚也没关系，尤其是在他们数量较少的情况下。但是一旦被雌性的毒牙刺中，毒液和消化酶就会被迅速注入，雄性的器官就会融化成蜘蛛思乐冰[①]，成为雌性的美味饮料。

“那只雄性的失败也有我的责任。”克拉克补充道，带着明显的懊悔情绪，“这是一个人为的环境，是我让他置身险境。所以我会想，是我哪里做得不对？因为他显然已经尽力了。”

多年来，克拉克学会了一些勾引雌性大型捕食蜘蛛的技巧，最关键的是在放入八爪“西门庆”之前，确保雌性已经吃饱喝足了。“饥饿是雌性捕食雄性的主要原因。如果雌性饿了一阵子，她就会满脑子都是食物。不过雄性首先想到的是交配，他们就是为这个目的来的。”

繁殖是生命的重要内容，但雄性和雌性蜘蛛对繁殖时间的安排并不相同。雌性不仅体形更大，而且寿命比雄性长几倍。比如，已知雌性红膝捕鸟蛛的寿命可达 30 岁，而雄性能活到 10 岁就已经不错了。这给蜘蛛们的交配带来了一定的冲突。雌性想要花时间养肥自己以便产下大量健康的卵，所以并不急于交配。在繁殖季节开始时，或者当她们还年轻的时候，雌性可能更多地想着食物，而不是交配。而雄性则只有一个目标，那就是尽快找到雌性并与之交配。

---

① 思乐冰：糖浆与碳酸水混合汽水冷冻成冰沙状的饮料。——译者注

雄性蜘蛛的利益在于传递自己的基因，所以他想要交配，但也想确保自己的父权。对雌性蜘蛛来说，就像我们在上一章遇到的许多雌性物种一样，单配制并不总是一个好主意：她想要给后代最好的基因，所以她要么挑剔地选择最终的交配对象，要么与多只雄性交配，以此增加她生下的小蜘蛛赢得基因彩票的概率。

“对蜘蛛来说，真正控制着繁殖的是雌性，而不是雄性。”克拉克告诉我，“雌性活得更长。她们还可以储存精子，某些物种的雌性可将精子储存长达两年。所以，就算她们不小心吃了一只雄性，也没关系，还有很多选择。她们有的是耐心去等待。”

在达尔文的时代，繁殖被认为是两性合作创造下一代的和谐事务。这种浪漫的想法在今天看来相当奇怪了。在过去的几十年里，我们开始意识到，雌性和雄性动物在交配方面的需求经常相互矛盾。[5]爱情是一个战场，而性冲突是一种主要的演化力量，让两性之间形成敌对的关系。对立利益的拉锯战引发了适应和反适应的演化军备竞赛，因为每个性别都试图战胜对方并得到自己想要的东西。

以我们在上一章中讲到的叶猴为例。一只外来的优势雄性想要尽快与新的雌性交配产下后代，所以他会杀死雌性的幼崽以促使她们早点儿发情。但是雌性已经演化出了混淆父子关系的性策略作为反击。

这种性冲突在蜘蛛之间最为极端。同类相食的可能性给雄性带来了极端的选择压力，他们必须演化出创造性的解决方案来应对饥饿雌性的致命威胁。

最基础的方案是这样的：许多园蛛已经学会在雌性的网边耐心等待，直到他们的情人吃完午餐，再采取行动，而午餐的内容可能是他们的情敌之一。[6]其他蜘蛛，比如雄性黑寡妇蜘蛛，可以从雌性蛛丝上的性信息素中闻到她们是否饿了，饿了的话则敬而远之。[7]还有一些种类的雄性蜘蛛会在约会时带上蛛丝包裹的小尸体——对雌性蜘蛛来说相当于一盒精美的巧克力，以此堵上雌性的嘴，这样雄性就可以趁机用触肢干活了。

到此为止，一切都还很合理。但演化并没有止步于仅让雄性蜘蛛监测雌性的消化状态。性冲突赋予雄性更多的狡猾策略，结果使得蜘蛛的性生活就连克里斯蒂安·格雷①看了都会脸红。

有一种盗蛛（*Pisaurina mira*）是已知的大约 30 种在交配时会进行捆绑的蛛形纲动物之一。雄性会偷偷溜到雌性的网上，用一对专门为此演化的超长附肢把她绑起来，这样就可以避开她的尖牙；同时，雄性把自己的蛛丝绕在她的附肢上。成功地把雌性绑起来之后，雄性就可以安全又悠闲地交配，花时间多次插入触肢，增加精子转移和受精的机会。一旦交配完成，雌性会从丝质脚铐中解脱出来，而雄性则仓促地逃跑。[8]

达尔文树皮蜘蛛（*Caerostris darwini*）通过口交行为来提高交配成功率。雄性会先用蛛丝绑住雌性，然后在交配之前、期间和之后给雌性的生殖器涂上口水。目前，除了哺乳动物，这种性行为还没有在其他动物中观察到。蜘蛛口交行为的功能仍不清楚，但可能有助于分解上一个交配者的精子，给自己增加额外的繁殖优势。[9]

“三人游戏”是雄性斑点狼蛛（*Rabidosa punctulata*）最安全的交配方式。如果游荡的单身汉碰巧遇到一对正在交配的情侣，他很可能会加入其中碰碰运气。由于雌性已经被一个成功的雄性占据，这个中途加入的“第三者”就不太可能成为晚餐。尽管最近的一项

① 克里斯蒂安·格雷：情色电影《格雷的五十道阴影》的男主角。——编者注

研究观察到雄性之间的一些生殖器械斗，但总的来说，蜘蛛的三人游戏是很有秩序的，两只雄性礼貌地轮流插入他们的触肢。[10] 你惊不惊讶？

还有看似离谱却合理的“远程交配”策略，雄性得以逃命，但得向他的生殖器说再见了。当察觉到危险时，雄性马拉近络新妇（*Nephilengys malabarensis*）会折断触肢并成功逃脱，让触肢自行输入精子。这样做还有一个额外的好处是，他残留的生殖器会堵塞雌性的外生殖器，阻止她与另一只雄性交配。[11] 然而，坏消息是，自残的雄蛛再也不能交配了——这是个一锤子买卖。

最令人毛骨悚然的反同类相食策略奖颁给了横纹金蛛（*Argiope bruennichi*），这种蜘蛛因其身体上常见的黄黑条纹而得名。最成功的雄性横纹金蛛会寻找未成年雌性，守护她，直到她即将性成熟。当她在成年之前最后一次蜕去外骨骼时，未硬化的身体很脆弱：她不能移动，更不用说攻击雄性了。就在那一刻，雄性终于开始行动，与她进行交配。这显然是一个成功的策略：与刚蜕皮的雌性交配后雄性的存活率为97%，而与成熟的成年雌性进行常规交配时，雄性的存活率仅为20%。[12]

## 生不如死

演化努力保护雄性蜘蛛，让他们别在交配之前就死在雌性的毒牙之下。但是，同类相食是否总是雌性的优势体形和贪婪食欲带来的后果？多年来，许多生物学家都认为确实如此，其中呼声最高的当数哈佛演化生物学家斯蒂芬·杰·古尔德。这位美国演化论学者中的“桂冠诗人”在为美国《自然历史》杂志撰写的广受欢迎的

“原来如此系列故事”之一中声称，性食同类永远不会对物种有益。[13] 他甚至认为这种行为可能并没有普遍到需要被仔细研究的程度。

他在 1985 年写道：“如果这种情况经常发生，甚至总是发生，而且雄性明确地停下来让它发生，那么我才会认为这种现象是合理存在的。”[14]

对古尔德来说，这种明显异常的行为的罕见性证明了他的观点，即并非所有我们在自然界中看到的性状都是选择的结果，都是为了最终提高动物的生存率和繁殖成效。有些特征只是其他适应过程偶然的副产物，具体来说，性食同类现象就是雌性的“饥不择食”和庞大体形的副产物。[15]

古尔德是一位才华横溢的作家和革命性的理论家，但他从未站在求偶的雄性蜘蛛的视角体验过他们的生活，而克拉克体验过。对克拉克来说，有一件事比他那些勇敢的雄蛛被毒牙戳死更糟糕，那就是被忽视。

“这些年来，我配过很多对蜘蛛。真正糟糕的情况是雌性根本不想交配。很多时候，你把雄性放进去了，打起了十二万分精神，什么都准备好了，音乐打开了，灯光调暗了，但雌性就是一动不动。她根本就心不在焉。这真的很令人沮丧，而且这种情况经常发生。”

在野外，雄性可能不得不长途跋涉，避开大量饥饿的捕食者，并与其他雄性搏斗，才能找到雌性。他们可能一生只有一次交配机会，所以引起雌性的注意是至关重要的，即使这会导致死亡。

克拉克向我讲述了一个特别引人瞩目的场景。当时他正试图让一对英国的植狡蛛（*Dolomedes plantarius*）交配。这种半水栖动物的腿大约有你的手掌那么宽，可以捕食水面上的昆虫、蝌蚪，偶尔还会捕食小鱼。这些巨大的棕色毛绒美人也是英国最大、最稀有的蜘蛛之一，只在全英国的少数湿地中被发现，而且数量日渐减少。伦敦动物学会正试图通过圈养繁殖和将幼蛛放归野外来增加它们的数量，这正是克拉克和他精湛的蜘蛛配种技术的用武之地。

圈养繁殖工作压力巨大，尤其是面对濒危物种时，更不用说是同类相食的蜘蛛。克拉克不得不面对一群焦急地审视他的技术的环保主义者，同时还肩负着这个物种的未来。

“我们正努力将一个很小的基因库维持很长一段时间，而这一切都指望繁殖的那几个瞬间。所以如果出错了，一切就完蛋了。”他告诉我。

克拉克尽最大努力用一个大水箱复现蜘蛛的湿地家园，内有迷你水草岛，就像蜘蛛喜爱的生境一样。[16] 当然，在放入雄性植狡蛛之前，除了确保雌性吃饱喝足，他还得保证这对伴侣有足够的空间。在野外，植狡蛛有一个漫长的求爱过程，雄性会跟随雌性一段时间，就像试水一样。所以克拉克要确保雌性有足够的活动空间，不会因被困在角落里而惊慌失措，否则也可能引发她的攻击行为。

根据克拉克的说法，事情一开始进展得很顺利。这只雄性在雌性周围的水面上摆动身体，抖动腿部，试探性地接近。当雄性靠得更近时，雌性显得平静而乐于接受。一旦二者靠近到了能够接触的距离，通常，雄性爱的触摸就能够安抚好斗的雌性，并成为雄性求偶过程的关键步骤。[17] 这只雄性蜘蛛开始在雌性的身体上抖动大腿，并小心翼翼地将自己调整到正确的位置以插入他的触肢。眼看着成功近在咫尺，说时迟那时快，下一秒她抓住了他，把他杀了。

“我立马就知道他完蛋了。我感到非常后悔。”克拉克承认。

成群围观的人类只能惊恐地看着雌性蜘蛛贪婪地摧毁可能拯

救她这个物种的东西。克拉克对这种耗时费力的失败性经历并不陌生，他毫无怨言地收起了这只雌性蜘蛛，打算改天再说。大约一个月后，克拉克惊讶地在这只雌蛛的围栏里发现了一个大大的丝质杯状卵囊。克拉克认为这一定是一个不成熟的畸变，但又过了一个月，这个囊突然膨胀起来，大约 300 只幼年植狡蛛从里面蹦了出来。看起来，雄性植狡蛛似乎可以非常迅速地拔“枪”射入，即使是在被咀嚼的时候也没耽误。

“即使雌性在一微秒内就抓住了他，他也成功插入了触肢并传送了精子。真是令人难以置信，”克拉克睁大眼睛告诉我，“我高兴坏了。我怎么都无法相信他们真的交配过。”

这只雄性植狡蛛可能死得很惨，但他仍然成功地使雌性的卵子受精了。所以他的一生虽然短暂，却达到了目的。更重要的是，吸干爱人的身体很可能为雌性的卵子提供了营养，让幼蛛有更好的生存机会。雄性的牺牲行为对幼蛛们的母亲及其（过世的）父亲都有好处，可以被认为是一种极端的父爱行为。

## 美妙的振动

大多数人在描述蜘蛛时都不会想到“华丽”这个词。多数蛛形纲动物都是令人毛骨悚然的棕色小玩意儿，在狩猎或躲避目光敏锐的捕食者时，如此单调的外表能够提供必要的保护色。雄性孔雀蜘蛛则大胆地违反了这条规则，他是蛛形纲动物世界的利贝拉切——一个演出时喜着华美服饰的表演者，就像名字里的孔雀一样，使用色彩斑斓的非凡尾扇来征服他的伴侣。

在原产地澳大利亚的灌木丛中，当雄性孔雀蜘蛛接近一只雌性时，这种只有 4 毫米长的毛茸茸的小家伙会令人意外地跳起精致的求偶舞蹈，他会突然将毛茸茸的腹部竖起，展开两个闪闪发光的褶皱，上面装饰着蓝色、橙色和红色的图形，就像是由詹尼·范思哲设计的图案。这只“蜘蛛里的孔雀”摇摆着他华丽的尾扇，同时上下抖动着身体，跺着脚，并在空中挥舞着一双超大的腿。这种充满活力的求偶过程又土气又时髦，可以持续长达一个小时，直到他距离雌性足够近时采取下一步行动。

这一景象无疑让人着迷，再想到雄性正在用自己的生命跳舞，就更加令人怜爱了。多达 3/4 的雄蛛最终会被不感“性趣”的雌蛛杀死。悲情和灿烂的独特结合使这种小小的澳大利亚蜘蛛意外地变成了互联网上的明星。他千变万化的表演视频，搭配上比吉斯乐队的“Staying Alive”（活下去）这首歌作为背景音乐，在视频网站优兔（YouTube）上获得了数百万次观看。[18]

“我全心全意地爱着这些蜘蛛。”戴着一副厚框眼镜、顶着乱蓬蓬头发的加州大学伯克利分校副教授达米安·伊莱亚斯告诉我。我已经猜到他的感受了，因为他的实验室里装饰着过多的劣质玩具蜘蛛，还有我从未听说过的独立摇滚乐队的海报。伊莱亚斯研究蜘蛛求偶行为近 20 年了（尽管他看起来没那么大年纪），并将他的两种爱好（蜘蛛和音乐）结合了起来。他发现雄性孔雀蜘蛛不仅会跳舞，还会踩着特定的节拍。

长期以来，科学家一直认为，雌性孔雀蜘蛛仅凭外表来判断求偶者。[19] 我们人类是高度视觉化的物种，所以很容易受限于这种假设。但是蛛形纲动物生活在一个与我们截然不同的感官世界。尽管蜘蛛有 8 只眼睛，但大多数蜘蛛就算不瞎，也视力不佳。蜘蛛的大部分捕食活动是通过感知我们无法察觉的表面振动来完成的，这一过程通过腿上的特殊狭缝状器官完成。这些振动通常会被蛛网放大，蛛网可以说是其感官系统的延伸。而孔雀蜘蛛的独特之处在于演化出了敏锐的视力，以便跟踪和捕食猎物（昆虫和其他蜘蛛）。

孔雀蜘蛛两只超大的大理石般的眼睛既有长焦镜头又有色觉。对一种古老的无脊椎动物来说，这是一项非凡的演化成就，所以雌蛛很容易发现雄蛛古怪的扇子舞。但伊莱亚斯发现，雌性孔雀蜘蛛也使用我们无法察觉的振动来感知。

“我一直对动物如何感知世界有着浓厚的兴趣。”伊莱亚斯告诉我，而且他觉得那个世界越奇怪越好。

伊莱亚斯使用一组不太匹配的高科技和低科技套件进入蜘蛛的秘密感官领域，使他能够像蜘蛛一样行动、看和听。他非常自豪地向我展示了他的激光多普勒测振仪——一台价值50万美元的机器，使用激光技术来测量极细微的表面振动。这种仪器是在20世纪60年代发明的，工业工程师通常使用它来检查喷气式飞机的安全性；间谍也会用它窃听室内谈话。当美国中央情报局检测到奥萨马·本·拉登的声音在巴基斯坦一座大院的窗户上振动时，他的命运就已注定。

伊莱亚斯用测振仪来观察雄性孔雀蜘蛛舞蹈动作的特性。测振仪还连接到扬声器，使伊莱亚斯能够将这些微小的基底振动转化为“歌曲”——我们可以听到的声波。[①]

为了准确地录制“歌曲”，需要为雄蛛准备合适的表演舞台。

---

① 借助振动交流对人类来说可能很新鲜，但在整个动物界是非常普遍的行为。象用脚趾来感知远方朋友的叫声和踩踏声；金毛鼹通过感受白蚁的脚步声来寻找食物；一些南美蛙类用鼓胀的气囊敲击地面，向配偶和竞争者致意。对大多数无脊椎动物来说，基底传播的振动比空气传播的声音更为普遍。

在野外，孔雀蜘蛛在落叶、岩石和沙子之间跳跃。伊莱亚斯需要一块平整的基底，这样激光技术才能发挥作用。方格纸和锡箔太硬，会像音叉一样随着气流和环境噪声产生共振。经过反复试验，伊莱亚斯设计了理想的蜘蛛“迪斯科舞池”：一条棕褐色美式尼龙紧身裤，去掉了内衬后在挂毯箍上拉紧。

我问伊莱亚斯这裤袜是从哪里弄来的，他不好意思地承认：“说来有点儿尴尬，我是从我丈母娘那儿偷来的。”

孔雀蜘蛛的移动速度快于我们的眼睛所能察觉的速度。因此，伊莱亚斯将他偷来的连裤袜“舞池”连接到一台高速微距摄像机上，以宏大的尺度和慢动作捕捉这只雄蛛的舞蹈动作，这样一来就可以让雄蛛的动作影片与他的节拍相匹配。

为了完成实验装置，我们需要一只可以控制的雌性孔雀蜘蛛，这就是二氧化碳气体发挥作用的时候。

“有时候不得不做点儿坏事才能得到结果。”伊莱亚斯带着明显的遗憾告诉我，他对一只雌蛛实施了安乐死，让我操纵她。这种微小的跳蛛[①]还不如米粒大，我们要用热蜡把它固定在大头针末端（这是一项精细的工作，需要一边盯着显微镜一边挥舞烧红的烙铁）。干这个活儿手得稳，但我的手显然不够稳。当我最终把跳蛛固定住的时候，她的性感表现得无比怪异：缺胳膊少腿，还散发着烧焦头发般的恶臭。伊莱亚斯告诉我不要担心：孔雀蜘蛛只关心眼睛，只要两个大眼睛完好无损，雄性应该还是有反应的。如果没有，那么伊莱亚斯在他称之为“墓地”的地方还有储备——一个针插上住着 6 个“尸体新娘”。

① 孔雀蜘蛛是跳蛛科的一员。——编者注

我烧焦的“尤物”被固定在舞池中央的转盘上，这样我就可以用一只手转动她，向雄蛛投去挑逗的目光；另一只手则拿着一支画笔，阻止雄蛛逃跑。跳蛛们能够在不使用肌肉的情况下跳跃到相当于其身高 50 倍的高度。这是通过液压系统实现的，就像挖掘机的手臂移动一样，把液体泵入中空的四肢使之伸展。前三只雄蛛非常戏剧性地展示了这种技能，他们砰的一声从连裤袜上跳起，然后就不见了。伊莱亚斯很冷静，向我保证最终会在某个地方找到他们（希望不会出现在我的行李里），同时“实验室里有很多死虫子供他们食用”。

试图操纵雌蛛并同时圈住雄蛛，就像一边拍头一边揉肚子一样容易。主要问题是要让雄性注意到我的烧焦“尤物”。尽管孔雀蜘蛛的视力非常敏锐，但这些蜘蛛的小脑袋处理这种高分辨率视觉时，一次只能看到一部分图像。“就像通过双筒望远镜观察一样。”伊莱亚斯解释道。雄性和雌性个体都需要锁定目标才能真正看到对方。

最终，“西门庆四号”注意到了我的蜘蛛“尤物”，游戏突然开始了。这是非常明显的，雄性突然以极具戏剧性的曲线将他那华丽又细长的第三条腿甩向空中，然后开始了通常被称为“爵士手”的动作。接着是几秒钟的剧烈跺脚，然后混响开始了。这时，我们听到一阵震耳欲聋的嗡嗡声，仿佛有一只嗡嗡作响的大蜜蜂飞进了实验室。雄性以每秒 200 次的频率振动腹部，连裤袜的振动经由测振仪和扬声器转换为声波，所产生的声音震耳欲聋。雌蛛无法忽视这只雄蛛的存在，更何况他同时还疯狂地挥舞着他的彩色尾扇。

随后，雄蛛疯狂挥舞夸张的彩色尾扇，摆动长腿，完美踩点各种雷鸣般的节拍，伊莱亚斯给这些节拍起了“隆隆声”和“摩擦声”等令人回味的名字。[20] 在这段蜘蛛弗拉门戈表演进行了大约 30 秒后，雄性终于挪到距离雌性足够近的地方，可以开出临门一脚了。当他正要冲上去准备交配时，伊莱亚斯用画笔横插一脚。

“你的乐趣到此为止了。”伊莱亚斯打趣道，然后迅速把他推到一边，这只可怜的小蜘蛛都还没有机会意识到他的女伴实际上已经死了。经过如此奢侈的努力却不让他“射门”，这也太残酷了。但我提醒自己，如果她还活着，那么又唱又跳的“西门庆四号”很可能就是要死的那个了。

伊莱亚斯发现，雄蛛发出的振动节拍包含大约 20 个要素，与人类创作的歌曲一样复杂。[21] 每只孔雀蜘蛛都是一位即兴表演的爵士乐艺术家，会根据一些固定的模式创作自己的歌曲。这无疑是一场令人印象深刻的表演，但这一切行为的用意是什么？

伊莱亚斯认为，孔雀蜘蛛的华丽动作是与死亡的终极舞蹈。这种舞蹈的奢侈特性旨在炫耀雄性的活力，同时也是为了吸引可能正忙于狩猎（看起来像雄性的东西）而没有专心考虑交配的雌性的注意力。

大脑较小的生物（如蜘蛛）的感官世界是很有限的，在嘈杂的环境中引起其注意并不容易。因此，雄性采用了与我们在第 2 章中遇到的缎蓝园丁鸟相同的策略，利用现有的感官通路来吸引注意力。只不过，孔雀蜘蛛没有选择搜集长得像美味食物的东西来吸引雌性，而是采取了更戏剧性的方式。换句话说，雄性蜘蛛把自己当成午饭端上了桌。

雌蛛的捕食本能是由其周边视觉中猎物的动作触发的，这些动作可以被她们的小眼睛探测到。这可能就是雄性孔雀蜘蛛用爵士手动作开启求偶程序的原因，因为这模仿了美味昆虫的急促移动。[22]

振动可能也很重要，尤其是对其他视力较弱的蜘蛛来说。许多雄蛛以模仿蛛网中挣扎的昆虫的颤抖开始他们的求偶程序。在雌性看到或闻到他之前，这些动作能够从远处激发她的狩猎本能。

视觉和振动刺激的结合意味着雄性实际上是扮作牛排走进了狮子窝，并大声叫着："吃掉我！"这是引起注意的必经之路，但这种鲁莽的策略需要非常小心严谨地按照程序进行，以便及时阻止雌性的捕食冲动，否则求爱会很快变成求死。

"蜘蛛是食肉动物，这是事实。因此，吸引注意力的最好方法之一是触发她们捕食的本能。但很快你就得告诉她：嘿，我既不是苍蝇也不是蟋蟀！"伊莱亚斯解释道。

这种复杂又怪异的求偶方式告诉雌蛛，面前不是午餐，而是一个异性，和她属于同一物种，正在寻找交配对象。伊莱亚斯认为，这种精力充沛的表演也展现了求偶者的健康和活力，使雌性能够决定哪些雄性幸运上位、哪些雄性不幸被咬。雌性喜欢高大的雄性，而且人们认为振动可以透露雄性的体形信息。

挥动尾扇和摆动屁股可能还有另一个作用：将雌性催眠到静止状态。例如，已知类似颤抖的振动会延迟雌性的攻击本能反应，即使在她的蛛网上有猎物时也是如此。因此，雄性可以在摇臀动作中加入这些颤动，从而利用雌性神经系统中非常基础的特征。[23]

蜘蛛甚至可以感知空气中的振动信号。就像其节肢动物"表亲"苍蝇一样，蜘蛛身上覆盖着长长的丝状毛发，这些毛发可以感知尺度小至 $1/10^{10}$ 米的空气运动，大约是一个原子的直径。这些毛发解释了我们很难打到苍蝇的原因：苍蝇可以感知到你手掌前方的空气粒子位移，在你靠近之前逃跑。因此，雄性孔雀蜘蛛的爵士手动作可能并不是视觉信号，而是他在试图让雌蛛屈服。像其他种类的蜘蛛一样，他可能会添加化学刺激（无论是催欲素还是麻醉剂），作为这种过度感官刺激的求偶方式的一部分。

对雌性孔雀蜘蛛来说，同类相食绝对具有适应性意义。这是双赢的：既可以淘汰弱势求偶者，让他们不会再来打扰她（鉴于雄性的展示动作非常容易吸引捕食者，这样能够减少被捕食的风险）；同时，她在这个过程中还得到了一顿免费的饭。

伊莱亚斯深入研究了雌性孔雀蜘蛛的辨别力，发现当雄性孔雀蜘蛛的振动减少、无法协调歌舞，或者更糟糕的是注意不到雌蛛发出的信号时，雌蛛就会变得攻击性十足。正如我们在艾草松鸡和园丁鸟身上看到的那样，孔雀蜘蛛的求偶是一种双向交流，只不过对那些没有倾听和回应的雄性，雌蛛会给予更严厉的惩罚。摆动腹部表示雌蛛不仅不愿意交配，而且很可能会吃掉求偶的雄蛛。

视野狭隘的维多利亚时代男性生物学家很难理解性食同类现象，但从雌性的角度来看，在交配之前、期间或之后吃掉你的爱人显然有演化上的好处。一位母亲希望她的孩子拥有最好的基因，并且需要自己身体健壮才能照顾好孩子们。追求者只有一口饭那么大，而雌性具有明显的体形优势，那么为什么不吃掉那些不中用的家伙呢？

雌性蜘蛛是非常慈爱的母亲，这可能出乎你的意料。许多种类的雌性蜘蛛会将她们的卵装在一个特殊的丝质袋子里随身携带。一旦幼蛛孵化，雌蛛就会继续保护和喂养幼蛛，有时甚至用自己的身体作为食物。蜘蛛有噬母现象。沙漠穹蛛（*Stegodyphus lineatus*）的幼蛛完全依靠母亲为其提供食物和营养，而母亲是吐出自己液化的内脏来喂养幼蛛的。最终，幼蛛胃口越来越大，甚至直接趴在母蛛腹部吸食。2~3 个小时以内，幼蛛就将母蛛榨干，只剩下空空的外骨骼。[24]

达尔文认为雌雄蜘蛛体形的巨大差异是性选择作用于雄性的结果：小个子更容易逃脱“凶猛的雌性，因为他们能灵巧地移动，便于在雌性巨大的身体和四肢之间进行躲避”。[25] 现代研究表明，至少在园蛛中，更有可能是自然选择作用于雌性导致了两性之间的巨大体形差异。为了完成抚育后代的任务，雌蛛体形变大：一个体形庞大的妈妈更有能力承受养育后代的高强度负担。[26]

“我认为蜘蛛是用于演化生物学研究的最佳生物，”艾琳·赫贝茨告诉我，“历史上人们对性选择的观点是非常片面的，通常关注的是雄性的行为以及他们如何获得配偶。但在蜘蛛中，雄性能否找到配偶在很大程度上取决于雌性。这带来了更广阔的视野，你真的必须关注两性之间的交流，才能理解正在发生的事情。”

赫贝茨是内布拉斯加大学的生物学查尔斯·贝西教授，她的观点或许不够公正，因为赫贝茨将她整个的职业生涯献给了解开蜘蛛性选择的演化难题。最近，她偶然发现了一个荒谬至极的性食同类案例，让她摸不着头脑：雄性暗狡蛛故意的性自杀。

## 石榴裙下死

从表面上看，暗狡蛛（*Dolomedes tenebrosus*）是一种不起眼的蛛形纲动物。这种来自北美的典型棕色小家伙生活在树上，捕食其他同样生活在树上的棕色小爬虫。然而，即使以蛛形纲动物的标准来看，深色捕鱼蛛的性生活也确实很奇怪。雄性在插入一条触肢之后，就会身体僵硬、蜷缩，然后死去。雌性与他的死无关，雄性每次都会自动死亡，并用生殖器悬吊在雌性身上长达 15 分钟，直到雌性最终烦了，把他拔下来吃掉。

“他不仅不能再与另一只雌性交配了，而且浪费了另一条充满精子的触肢。对我来说，这是一个难以解释的演化难题，”赫贝茨对我说，“这究竟是如何演变而来的？这些雄性注定要死去，很难想象这种行为的适应性意义何在。”

生物学家称之为“临终投资策略”，这听起来更像是针对老年人的无聊的财务计划，而不是像交配中自杀这样的丑闻。事实上，这种令人费解的行为在其他一些蛛形纲动物中也有记录，包括臭名昭著的澳大利亚红背蜘蛛（*Latrodectus hasselti*，别名“黑寡妇”），这种自杀型蜘蛛的雄性个体会不惜一切代价来实现他的性死亡愿望。

红背蜘蛛以爱咬人和喜欢在马桶座圈下闲逛出名，这两种特征的残酷组合引发了一些令人幸灾乐祸的国际事件，报道标题是《蜘蛛再次咬伤澳大利亚男子的阴茎》这类。[27]

人们还发现，雄性红背蜘蛛的交配姿势与所有其他寇蛛属物种都喜欢的正统交配姿势（蜘蛛的标准传教士姿势，即“格哈特 3 号姿势”[28]）都不同，这更是坐实了他们的性变态名声。雄性在交配时先是像运动员一样倒立着“摆动双腿”[29]，接着故意 180 度翻滚，使他的腹部正好落在约会对象的尖牙上。雌性立即向这个小杂技演员吐出消化液，来迎接他多汁身体的到来。然后她开始啃食爱人的尾部，偶尔停下来吐出“白色的小团块”[30]，而他继续用头部的触肢为她授精。

这种同类相食的蜘蛛“69 式”持续了长达 30 分钟，直到雄性的触肢耗尽。到这个时候，雄蛛终于挣脱出来，退到一边处理自己骇人的伤口。大约 10 分钟后，他并没有因为自己被大口咀嚼和部分消化的腹部而吓倒，反而回到了雌性身边，又插入了另一条触肢并重复了整个交配过程。这一次，他终于死透在石榴裙下。当他收回第二条触肢时，雌性用蛛丝把爱人所剩无几的身体小心包裹起来，等有空的时候再慢慢享用。

这种交配方式对红背蜘蛛准妈妈的好处明显大于雄性。但多伦多大学的梅黛安·安德雷德博士已经证明，至少就雄性红背蜘蛛而言，雄性凶杀同谋并非演化上的偶然事件。

雌性红背蜘蛛像大多数蜘蛛一样滥交。精子竞争意味着交配并不能保证卵子受精。所以对雄蛛来说，如果雌蛛继续交配，交配后死亡可能与交配前死亡没有什么不同。就红背蜘蛛而言，被同类相食的雄性获得了两种父权优势。首先，他们的交配时间似乎更长了，这可以使得他们与幸存的雄性相比能让更多的卵子受精。其次，雌性在吃掉第一个伴侣后更有可能拒绝后续的追求者——她真的吃饱了。鉴于 80% 的雄性红背蜘蛛终生都找不到雌性交配，至死仍是“处男”，性自杀是具有适应性的，因为这显著增加了他们一次性命中目标并将基因传递下去的机会。[31]

那么，这个标志性的雄性同谋案例如何帮助艾琳·赫贝茨解释暗狡蛛的性自杀现象呢？其实并没有帮助。赫贝茨发现，在大约 50% 的时间里，雌性暗狡蛛会再次交配，而且通常是多次交配。所以雄性暗狡蛛的性自杀行为并不能保证雄性与后代的亲子关系。

也许，就像我们之前遇到的植狡蛛一样，暗狡蛛的死亡是极端育幼行为的表现。“雄性为食物”理论一直是性食同类的一种流行的适应性解释，但具体的支持证据一直以来并不明确。[32] 斯蒂芬·杰·古尔德是几位怀疑者之一，他指出雄性的体形通常很小——有时只有雌性的 1% 或 2%，因此吃掉雄性并不能为雌性提供多少能量，只是杯水车薪。

赫贝茨和她的博士后史蒂文·施瓦茨并没有被这一难题吓倒，他们设计了一个巧妙的实验来解决这个争议。在这个实验中，一些雌性植狡蛛被阻止吞食雄性，另一些则被允许吃掉雄性，还有一些雌蛛口边的雄蛛在最后一刻被换成了同样大小的蟋蟀。研究结果是决定性的：吃掉情人的雌性生育的后代更大，存活率更高。更重要的是，吃掉同类的蜘蛛母亲比吃蟋蟀的蜘蛛母亲繁殖成功率更高，这表明问题不仅仅在于能量的多少，雄蛛身上一定有一些独特的养分。[33]

"大量数据表明，吞食同类或许能有针对性地提供该物种所需的养分。因此，同类相食的动物可能有巨大的优势。"赫贝茨向我解释道。尽管有这些证据，但她仍然觉得有一些没有解决的问题。

"如果雌性可以重新交配，那么这些证据是不够的。我觉得我还没有完全解决这个难题。"她承认。

当我告诉人们我正在写这本书时，我最常得到的回应是："你打算把螳螂写进去吗？"

人类对同类相食的雌性的迷恋由来已久，可以追溯到希腊神话中那些吃掉水手的海妖，甚至可能更早。同类相食的雌性是终极的蛇蝎美人、离经叛道的女王，贪婪的性欲和色情的统治令人既兴奋又恐惧——颠覆了男性至上和性能力的"自然秩序"。

这种文化迷恋及其相关的刻板印象很容易渗透到科学研究中。一项最近的研究对关于这一现象的科学论文中使用的语言进行了盘点，抱怨"高频率的偏见性"语言被反复使用，助长了"对具有侵略性的女性的负面刻板印象"。[34]

自达尔文时代以来，雌性螳螂以及她们吃配偶的蛛形纲姐妹就引起了科学家的兴趣。这些科学家通常是男性，他们被一个看似违背了演化法则的雌性杀手所引诱。性食同类的真实故事要复杂得多，也远非那么色情。性食同类现象背后有许多故事，其中没有一个是罪恶的。正如滥交的雌性狮子、叶猴和篱雀并不是行为放荡，而是具有强烈的母性，只是想为孩子提供最好的条件，性食同类的雌性动物同样只是在保护她未来后代的最大利益。

这种神秘行为的成本和收益各不相同，具体取决于取食是发生在交配之前、期间还是之后。尽管如此，性食同类已被证明对一种甚至两种性别都有益。它可能出于不同的原因，在不同的类群中独立演化了许多次，并由许多选择因素共同维持，就好像性冲突、性选择和自然选择一起喝醉了，度过了一个非常混乱的夜晚。结果可能看起来令人费解，但如果你解开这些乱七八糟的丝线，那么一切都变得有意义了。尽管这只正在小心翼翼地穿过巨大雌性的蛛网赴死的小小雄性斑络新妇，可能很难同意这种看法。

# 第5章 一场生殖器的军备竞赛

1952年，动物学家卡尔·G. 哈特曼在关于负鼠的著作中讲述了对其繁殖方式的一个长期观点。“负鼠通过鼻子交配。”他这样告诉我们。根据传说，由此产生的宝宝并不会在负鼠细长的鼻子中发育，而是会被适时的喷嚏喷出去：“一段时间后……微小的胎儿被吹进育儿袋里”。[1]

这种北美唯一的有袋类动物确实是一种不同寻常的小兽。负鼠是动物界最有成就的演员之一。负鼠装死的天赋已经演变成一种多感官表演：不仅连续数小时僵硬地躺着，口吐白沫，肛门还流出一种散发着死亡气息的绿色黏液。事实上，负鼠并不容易死。对响尾蛇毒液免疫让负鼠能够以毒蛇为食，而且负鼠似乎不受肉毒毒素和狂犬病影响。负鼠的身体也像行为一样独特：有像拇指一样对生的大脚趾，50多颗牙齿挤在嘴巴里；雌性的育儿袋里有13个乳头，可以喂养13只未发育成熟的幼崽，每只幼崽只有一只蜜蜂那么大。

负鼠的独特之处还有很多。然而，负鼠并不会通过鼻子进行交配。早期博物学家对雄性负鼠的阴茎感到惊讶，它的末端的肉分成两叉，看起来令人难以置信。他们试图在雌性负鼠身上寻找一对孔来容纳这个分叉的工具，而鼻孔看起来是挺合理的入口。如果有人愿意仔细观察雌性负鼠生殖器的内部构造，就会发现一个同样奇异的分叉系统，包括两个卵巢、两个子宫、两条子宫颈和两条阴道。这已经显得很奢侈了，但更离谱的是她们还有临时的第三条阴道，专门用来分娩，完成任务之后就神秘消失了。[2]

整个动物王国在生殖器解剖结构方面展现出了惊人的多样性，远远超出了简单地将精子转移到卵子的位置所需。负鼠可能有三条阴道，但象鼩一条也没有——雌性的子宫直接与外界相连。与此同时，雄性象鼩长着一个半身长的阴茎，从其腹部呈Z字形爆出。

生殖器的这种差异长期以来一直是分类学家的福音，对他们来说，仔细检查动物的生殖器通常是区分近缘物种的唯一方法——这些物种在其他方面完全相同。他们的描述总是以雄性为中心。阴茎形态学在分类学中的广泛应用意味着人们对许多（也许甚至是大多数）物种的雄性生殖器的了解比对其解剖学、行为或生理学的任何其他方面的了解都多。[3]昆虫学家对生殖器进行鉴定的做法非常标准化，以至于有一大群昆虫，例如肥大异果蝇（*Cacoxenus pachyphallus*，俗称"大屌蝇"），会发现自己被以私处的特征命名以便识别。

这种生殖器多样性的规律在分类学上广泛存在；大黄蜂、蝙蝠、蛇、鲨鱼甚至灵长类的近缘物种，仅凭其生殖器就可以很容易地区分。例如，人类同与我们亲缘关系最近的近亲黑猩猩之间最大的区别不在于前脑的大小、牙齿的排列方式，甚至不在于手指的灵活性，而在于生殖器。黑猩猩的阴茎没有龟头（阴茎头），也没有包皮，由一根骨头（称为阴茎骨）支撑，表面散布着数百个小刺；相比之下，人类的阴茎是一个单调的肉质管：粗、钝、无骨且（谢天谢地）没刺。[4]

没有任何身体部位的演化速度像生殖器一样快。这意味着这些器官一定处于某种强大的选择压力之下。[5]但几个世纪以来，研究生殖器的科学一直是较为冷门的领域。生殖器的基部被分类学家敷衍对待就罢了，但是也没有人关心上面的褶皱是怎么来的，并为这种独特的创造提出一个解释。

达尔文要负部分责任。在《人类的由来及性选择》一书中，他坚持认为性选择塑造物种的力量不会作用于生殖器。他认为性器官是主要的性特征，也是生存必需品，因此仅受到自然选择的作用影响；性选择只作用于第二性征，即一些无关紧要的琐事，比如鲜艳的羽毛或笨重的鹿角，也就是一些关于雄性竞争、雌性选择的两性异形特征。

因此，在达尔文关于性选择的书中，没有必要让生殖器出现。这一定让他的女儿亨丽埃塔很高兴，因为她是这本书的编辑。按照她对阴茎状真菌的看法，在面对过于淫秽的东西时，她会毫不犹豫地挥动红笔进行修改。据说这位受人尊敬的维多利亚时代女性后来带头发起了一项运动，铲除英国乡村形状不雅的鬼笔蘑菇——白鬼笔（*Phallus impudicus*），因为她认为它可能会对女性的情感产生影响。在她看来，民间社会最不需要从书里看到的就是描绘动物生殖器复杂细节的图形。

对达尔文和他的追随者来说，生殖器被坚决地排除在涉及演化论的研究外。然而，这些形态多样的生殖器反映出背后复杂的影响因素，远远超出了“适者生存”的陈旧观点，推动了复杂形态的演化，后者正是达尔文在《人类的由来及性选择》中所关注的。

整整一个世纪后，一种尺寸微小的刷子形阴茎为研究复杂生殖器官的演化带来了曙光。那是1979年，布朗大学的昆虫学家乔纳森·瓦格悄悄发表了一篇文章，描述了他对豆娘阴茎吸取精子而非输送精子的能力的简要观察。瓦格证实，位于豆娘阴茎顶端的一排排朝向后方的坚硬刚毛，使雄性能够对雌性的生殖道进行大扫除，去除前任雄性竞争者留下的精子。①[6]

这个小小的多用途阴茎引发了一场革命。按照达尔文的观点，一旦雄性赢得雌性的交配权，雄性竞争就结束了。但瓦格的发现表明，在雄性与雌性交配后很长一段时间内，雄性之间的精子竞争仍在继续。这将生殖器置于性选择的前线，它们值得被仔细研究。突然之间，探究阴茎多样性的竞赛变成了"演化生物学中最大的解密游戏之一"。[7]

随之而来的是一场大量富有创意的理论掀起的热潮。雄性阴茎的演化目的是如钥匙对应锁一样单一对应于雌性阴道，避免了杂交的可能，从而促进物种分化；雄性也有可能通过牢牢控制雌性，延长交配时间，来拦住其他雄性，让自己的精子有更多的受精机会。阴茎的复杂性代表了主人的适合度如何（越大越好），或者他携带寄生虫的数量。也许它们还能作为自带的肉质"痒痒挠"，刺激雌性排卵。研究人员就哪些选择动力（精子竞争、雌性选择或性冲突）是这些富有创意的阴茎形态多样性的主要驱动力，展开了激烈的辩论。[8]

---

① 清除精子也被认为是驱动人类阴茎形态演变至此的因素。有人提出，阴茎头的形状可能会便于在插入时将先前沉积的精子从子宫颈移开。与人类阴茎作为"精液置换装置"的观点一致的是，两项以大学生为样本的调查表明，在分居后或怀疑女性不忠时，性交时通常会出现"更深、更猛烈的阴茎插入"。[9]

## 阴道失踪案

这个生殖器研究热潮的黄金时代缺少了一样东西。科学界积累了大量关于阴茎形态多样性的文献，配有复杂的图示和详尽的描述，其中一些可以追溯到一个多世纪前。然而，关于雌性，我们几乎找不到任何信息。但是，生殖器研究中的这个巨大漏洞并没有引起人们的担心。人们通常认为，雌性生殖器只不过是接收射精的简单管道，被动且缺乏变化，因此没有理由影响演化，就像它们的主人一样。

帕特里夏·布伦南博士告诉我："人们默认雌性没那么多变化，她们的生殖器没有什么意思。"

如果没有其他证据，这种信息空白就变成了一个自证预言——雌性生殖器都是一样的，因为没有任何信息可以表明情况并非如此。

直到布伦南开始研究生殖器，她第一个提出了疑问：阴道是什么样子的？布伦南把记录这些雌性生殖器令人兴奋的多样性作为自己的学术使命，并希望借此解开演化中最大的谜团。受人尊敬的演化鸟类学家理查德·O. 普鲁姆（布伦南在耶鲁大学做博士后时期的导师）将布伦南的研究结果描述为"在科学上不可阻挡"[10]，她的研究结果改变了科学思维，并使雌性从被动的受害者转变为自身演化命运的积极推动者。

布伦南现在是马萨诸塞大学演化生物学助理教授，她的实验室位于美国最受尊敬的女子学院之一——曼荷莲学院。10 月底的一个下着毛毛雨的日子，我参观了这里。当时是休息时间，成群结队的年轻女性在漂亮的红砖建筑间匆匆穿行。以美国的标准看，这些建筑算是古色古香了。布伦南怕我被淋湿，于是撑着一把巨大的雨伞来停车场接我，脸上挂着灿烂的笑容。从她的口音和轻松的性格中，不难看出这个身材娇小的哥伦比亚人的波哥大血统。实验室外一排排的万圣节南瓜则暗示了她顽皮的幽默感。布伦南曾让她的学生们雕刻南瓜，不是做成脸，而是做成各种各样的动物阴道，并让其他学生识别。

人们对雌性阴道的观点急需转变，雕刻果实只是布伦南推动这种转变的一种方式。她将雌性形态从隐藏的、不可言喻的甚至是让人觉得羞耻的态度中解救出来，恢复到应有的科学地位。布伦南轻松坦率地使用了“阴道”这个词，并将关于阴道的数据缺失归因于大众对性的普遍不适。她显然没有这种不适感。

“在科学领域，我们都有偏见。但我是女人，我有阴道，所以我想知道阴道长什么样，这不是很正常吗？”她以一贯的坦诚态度告诉我。

和她之前的无数其他人一样，布伦南对生殖器的好奇最初是由雄性动物引起的。那是 20 世纪初，她正在攻读博士学位，在哥斯达黎加的热带雨林中研究鴂鸟——一种古老的鸟类，仿佛一只长着小脑袋的巨大灰鸡。布伦南碰巧见到了这种出了名的害羞生物，并震惊地目睹了一场残酷的交配，雄性看起来正在强迫雌性。当两只鸟分开时，她注意到一个看起来像红酒开瓶器的东西挂在雄性的屁股上。起初她以为是寄生虫。然后她注意到雄性缩回了这条卷曲的“虫子”，她想也许这是他的阴茎。

“我甚至不知道鸟类有阴茎。”她告诉我。

这并不是这位刚刚崭露头角的康奈尔鸟类学家的幼稚错误。大多数鸟类没有阴茎。正如我们已经在第 3 章中讲述鸣禽时所见，鸟类交配通常是通过一个叫作泄殖腔的多功能雌雄通用孔道进行的。雄性和雌性在“泄殖腔之吻”中短暂地接触（一旦你知道“泄殖腔”源自拉丁语中表示“下水道”的词，这个词就不那么吸引人了）。

与更常见的插入式交配系统相比，“泄殖腔之吻”在我看来似乎是一种相当原始的交配方式。但在鸟类中，这实际上是最近才演化出来的。只有大约 3% 的鸟类物种逆潮流而上，在泄殖腔入口处具有一个隐藏的阴茎，只在交配时展开。具有这种独特阴茎的鸟类有鸸鹋、鸵鸟、鸭子、鹅和天鹅等，其共同点是都属于较为古老的鸟类类群。人们认为，鸟类的恐龙祖先具有类似的插入式交配系统，[①]但在大约 6 600 万~7 000 万年前，涵盖目前世界上 95% 的鸟类物种在内的新鸟类不知何故失去了阴茎。

这看起来似乎是粗心大意，但背后一定有其演化动机。有些人认为这是出于卫生原因，阴茎在泄殖腔里四处游荡会让双方更容易感染性传播疾病（但许多爬行动物很乐意用自己的阴茎/泄殖腔这样做）。其他人则推断，阴茎退化是为了减轻体重以适应飞行（但你看蝙蝠，尽管其阴茎相对于体形来说非常巨大，却没影响飞行）。

布伦南对现有的解释并不满意，于是决定自己找出现代鸟类的阴茎在演化中消失的原因。因此，她将胆小又稀有的野生鸮鸟换成了养殖的鸭子，并拿出了手术刀。

---

① 在 2018 年四足动物学（TetZoo）会议上，我问过阿尔伯特·陈（一位研究祖先鸟类化石的专家）恐龙的阴茎会是什么样子。他睁大眼睛，用一个词回答：“可怕。”对好奇（和勇敢）的人来说，上网搜索一下鸵鸟阴茎的照片，你就会明白陈的态度，意识到霸王龙最可怕的地方可能不是牙齿。

“当我第一次解剖公鸭并近距离看到他的阴茎时，我惊呆了，因为它又大又怪。”布伦南告诉我。她并没有夸张。相对于体长来说，鸭子的阴茎是脊椎动物中最长的。吉尼斯世界纪录保持者是体形小巧的南美硬尾鸭（*Oxyura vittata*），雄性个体的阴茎在完全勃起时有 42.5 厘米长——比他的身体长了整整 10 厘米。他的阴茎还呈逆时针方向的螺旋状，像个开瓶器，基部长满细小的刺。[11]

奇怪之处不止于此。公鸭的阴茎就像雄鹿的鹿角，是一个季节性的结构。在一年中的大部分时间里，公鸭的阴茎缩小到原来的 1/10 大小，只有在繁殖季节它才会长大——在某些物种中其尺寸几乎呈指数增长。不使用时，阴茎会像反套的袜子一样小心地藏在公鸭的泄殖腔入口处。当公鸭准备交配时，他会将淋巴液泵入阴茎，阴茎将以约 120 千米/小时的速度从泄殖腔中弹出来，在 1/3 秒内展开，有点儿像被有力地吹起的派对卷哨。[12]

如此贪图享乐的阴茎并非偶然演化而来。流行的观点认为，这种奢侈是雄性之间精子竞争的结果。[13] 在大多数鸭类中，性别比例偏向于雄性（雄性个体比雌性多），因此雌性有很多选择，而且雄性之间的竞争非常激烈。因此，鸭类的交配有两种形式：要么是精心布置的浪漫场景，要么是令人震惊的暴力。雄性可以通过复杂的求偶炫耀吸引雌性，会用到装饰性的羽毛和适宜跳舞的强节奏声音，这些都是根据雌性的喜好而演化到审美极端的。这些炫耀会在繁殖季节之前的好几个月就开始，让雌性有足够的时间来为她的小鸭子选择父亲。一旦做出决定，她就会竖起尾巴，通过独特的招揽炫耀来邀请她选择的雄性交配。

没找到伴侣的雄性则通过强迫交配①走上了一条更黑暗的为人父母之路。在许多鸭类中，单身的雄性会联合起来，集体伏击手无寸铁的雌性。我曾经在当地的公园看到一只母鸭被五只公鸭残忍地袭击，场面令人非常难受。母鸭拼命地想逃跑，公鸭们追了上去，抓住她的脖子，将她推倒在地。他们打得羽毛乱飞，公鸭拥挤着爬到母鸭背上交配。她持续地尖叫挣扎，勇敢又可怜地反抗着。场面看起来很可怕，而且母鸭因为在这些暴力场景中反抗施暴者，经常会受伤，有时甚至失去生命。

野鸭有 40% 的交配是被迫的。在这种竞争情况下，理论上认为阴茎越长，公鸭的精子就可能越接近卵子并赢得比赛。这意味着在这场特殊的两性战争中，母鸭是受虐的失败者。她不仅是强迫交配的受害者，更重要的是还被剥夺了性自主权。母鸭无法主动选择哪只公鸭让她珍贵的卵受精，这是演化上的终极打击。

雌性野鸭并不是唯一被强迫交配的动物。在整个动物界，雄性已经演化出无数种方式来赢得和控制父权，无论雌性是否愿意。水黾这种昆虫身上长有钩子，雄性可以钩住雌性，防止她逃避交配。在火焰蝾螈（*Notophthalmus viridescens*）中，雄性偷偷将含有激素的分泌物抹到求爱对象的皮肤上，这些激素能起到催欲素的作用。然后是臭虫，雄性采用一种被称为创伤性授精的方法。大体上

---

① 自 20 世纪 70 年代以来，大多数生物学家使用“强迫交配”而非“强奸”一词来描述动物的性胁迫行为。因为人们认识到，人类之间的强奸是一种更为复杂的现象，可能有复杂的心理、社会和文化背景原因，因而并不适用于鸭子或臭虫等动物。这个区分很重要，一部分认为人类强奸行为来自演化论决定的本能的男性生物学家正是没能意识到这一点。[14] 将强奸归于生物本能的观点受到了广泛的批评。如今，生物学家在讨论动物行为时会严格避免使用描述人类社会的词语，就是为了防止暗示性选择让每一名人类男性心中都住着一个强奸犯。[15]

来说，雄性臭虫有一根皮下注射针头作为阴茎，用它刺向雌性的腹部，强行将精子直接注射到她的体内。

雌性野鸭也属于这个不值得羡慕的弱者联盟，演化似乎在她们手上发了一副烂牌。但布伦南切开一只母鸭的腹部后，发现事实并没有这么简单。

“解剖第一只母鸭时，我惊讶得差点从椅子上掉下来。”她告诉我。教科书告诉布伦南，鸭子的阴道只不过是简单的管道，但布伦南发现母鸭的阴道与公鸭的阴茎一样复杂。她长长的阴道布满了死胡同一样的袋状结构，还有顺时针方向的螺线——与雄性阴茎的方向正相反。

“我简直不敢相信。我甚至觉得，这只母鸭可能有什么问题。也许她患了病，才会有这么奇怪的阴道。”所以布伦南又解剖了一只母鸭，发现她们的阴道一样复杂。

“这是一个非常明显的结构，这些袋状和螺旋结构非常大。”她告诉我。布伦南发现，母鸭生殖器的复杂结构和公鸭一样是季节性的。这就解释了为什么教科书中对母鸭阴道的唯一描述是一根简单的管子——那只母鸭是在非繁殖季节被解剖的。

另一件事引起了布伦南的注意。她从之前的研究中了解到，尽管超过 1/3 的鸭子交配是被迫的，但只有 2%~5% 的小鸭子来自这些胁迫性交配。布伦南有一种预感，母鸭的螺旋形阴道及奇怪的死胡同般袋状结构，可能是为阻碍阴茎的前进路径来阻止公鸭强迫授精而演化出来的，就像一个自带的避孕器。作为对这种阴道障碍赛的演化响应，公鸭的阴茎会变长，这是数千年来雌性和雄性之间不断升级的军备竞赛的结果，一场生殖器对生殖器之战。[16]

布伦南决定对这个理论进行检验。她前往阿拉斯加，在夏季繁殖季节收集了 16 种水鸟的标本。她发现，雄性阴茎最长的物种，雌性阴道确实呈现更多曲折的障碍，而且该物种中强迫交配现象盛行。在像天鹅和加拿大黑雁这样的单配制物种中，雄性的阴茎要低调得多，而雌性的阴道结构也相应地更简单。[17] 对布伦南来说，很明显，雄性和雌性的生殖器一定是以对立的方式共同演化出来的。

“到最后，我甚至在解剖生殖器之前就可以预测它们会是什么样子，这真的很酷。”她告诉我。

势不可当的布伦南想要获取进一步的证据，来证明雌性抵御阴茎的机制。因此，通过一些努力，她设法说服了当地养鸭场的负责人，让她来验证这个理论。农场里的鸭子经过训练后可以将精液射入一个小瓶子，这样一来，他们的精子就可以被收集起来用于人工授精。布伦南借此来展示，雌性的螺旋状阴道能够对雄性的阴茎勃起造成多大的阻碍。

布伦南带着装满鸭子阴道模型的袋子来到农场，从简单的管子到像母鸭阴道那样复杂的螺旋形模型都有，有些是硅胶制成的，有些是玻璃制成的。布伦南安排公鸭与母鸭交配，但在最后一刻将母鸭换成假阴道模型。硅胶模型无法承受公鸭阴茎的勃起而破碎，但玻璃阴道经受住了这种力量，并证实了布伦南的观点——与直管相比，母鸭阴道的反向螺旋明显减缓甚至阻止了公鸭阴茎的勃起。当使用螺旋模型时，在 80% 的情况下公鸭的阴茎无法完全勃起，场面十分尴尬。它们要么被卡在急转弯处，要么向阴道入口处往回展开。

布伦南提出，母鸭实际上可以通过控制公鸭的阴茎能否深入她的输卵管，来选择想要与之交配的公鸭。在非强迫情况下，公鸭会用交配前的舞蹈来吸引母鸭。如果母鸭想要交配，她会采取接受的姿势，平躺在水中并抬起尾巴。

布伦南解释说："她会用泄殖腔抛媚眼，这是一种广泛使用的信号，表示'接受我，我是你的'。"母鸭下蛋时，需要让体积相当大的蛋在阴道中移动，因此她有能力扩大阴道腔以容纳较大的物体。

"我认为这就是强迫交配过程中发生的事情：母鸭不接受公鸭，阴道就不扩张，而是一直处于疯狂的盘绕状态。"然而，当母鸭接受公鸭时，她会打开阴道腔，这样公鸭的阴茎就可以进入阴道深处，而她不想与之交配的公鸭阴茎则无法进到这么深。她可能无法选择与谁交配，但她依然可以控制受精卵的父系来源，这当然是最终目标。

"看着母鸭被迫交配，你会觉得那真是太可怕了。"布伦南对我说，"这些被迫交配的行为太可恶了，母鸭如此无助——她们体形娇小，打不过公鸭。"但事实证明，还有其他更微妙的方法可以打败他们，而公鸭对此无能为力。即使雄性施暴，他们也不太可能当上父亲；而雌性主动选择的伴侣则可以获得父权。雌性说了算，这很酷不是吗？"

布伦南重写了这场特殊的两性之战，并将获胜者改写为雌性。她的研究表明不能以貌取人：鸭子隐藏的生殖器解剖结构揭示了一个与其外在行为所暗示的截然不同的故事。母鸭不是被动的受害者，而是自身演化的主导者，顺带还带动了公鸭的演化。

这种对立的协同演化当然是雄性和雌性之间的一场对话，或者一场争论，在很长一段时间内都在上演。理解它的唯一方法是关注故事的两面。

"科学中有很多意外发现。如果不提出问题，你就找不到答案，"布伦南告诉我，"我认为需要从雌性的视角来看待这个事情，才能提出正确的问题。”

对于现代鸟类阴茎缺失之谜，不同于以阴茎为中心的传统解释（如减轻体重或避免传播疾病），布伦南站在雌性视角给出了全新的解释。她怀疑新鸟类阴茎的丢失是雌性选择的结果。雌性选择了阴茎较小、不那么喜欢强迫交配的雄性，经过数百万年的这种偏好选择，阴茎最终消失了。[18] 不可否认，无阴茎系统对雄性来说很尴尬：未经雌性同意，几乎不可能使雌性受精。[19] 雄性可以骑在雌性身上，但很难将精子强行送入雌性体内。因此，雌性不必冒着打斗的风险，就可以保留对卵的掌控权。

这种新发现的雌性力量甚至可能引起了雄性鸟类行为的进一步显著变化。许多新鸟类物种是单配制的，两性分担抚育后代的责任。也许雌性性自主权的扩大也加剧了她与雄性在育幼方面的冲突。雌性会选择一个可以在巢穴周围提供帮助的配偶，而不是不提供帮助的配偶，这可能会促使雄性相互竞争以提供最好的照顾。[20] 通过来自父母双方的养育，后代可以更早孵化，雌性可以产下数量更多的卵或更频繁地产卵。就这样，雌性为无阴茎的新鸟类（所有鸟类谱系中最成功的一类）提供了演化优势。

## 荒唐的演化观

自从在鸭类研究方面取得重大突破以来，布伦南的实验室吸引了大量的学生，共同探索数十种其他雌性动物被忽视的生殖器官。“鸭类只是敲门砖，还有很多工作要做。”布伦南告诉我。2014 年，演化生物学家、性别研究员马林·阿金调研了 25 年来关于生殖器演化的学术文献，发现有 49% 的研究仍然只调查雄性的生殖器，而只有 8%的研究专注于雌性；剩下不到一半的研究意识到了应该同时研究两者。这种偏见与研究者的性别无关，女性研究者与男性一样关注阴茎。自 2000 年以来，这种偏见非但没有好转，反而似乎变得更严重了。

阿金得出结论，认为关于雄性优势地位和雌性缺乏差异的古老假设给该领域蒙上了挥之不去的阴影，尽管布伦南等人的研究已经推翻了这一假设。她写道："很多时候，雌性被认为是一个不变的容器，只是所有这些假想中的交配行为发生的地方。"[21]

以贝小肥螋（*Euborellia plebeja*，一种蠼螋）为例。雄性用高度特化的生殖器来对抗雌性的滥交。尽管雌性只有一个生殖器开口，但雄性有两根阴茎而不是一根，被称为阳茎端刺（virgae）。第二根阳茎端刺是备用的，以防第一根折断。这似乎过于谨慎了，但鉴于他们的阴茎形态笨重，阴茎折断对这种动物来说很常见。[22] 2005 年，世界蠼螋交配专家上村佳孝博士发现雄性贝小肥螋的阴茎特别长——与雄性的身体一样长，并且尖端呈刷状。和我们之前遇到的豆娘的情况一样，上村认为雄性会用他那长长的阴茎把前任交配者的精子清走，就像用刷子清扫烟囱，再送上自己的精子代替。[23]

将近 10 年后，上村终于检查了该物种雌性的受精囊（许多昆虫具备的精子容器），并发现实际情况截然不同。雌性蠼螋有储存精子的器官，比雄性的阴茎更长。所以雄性可以随心所欲地打扫，但清理掉的精子很有限，也就是说，雌性保留着对后代父系来源的控制。上村后来被迫承认："因此，雌性似乎胜过了雄性。"[24] 如果有人抽空去研究一下，豆娘的故事可能也一样会反转。

这种秘密的、交配后的父权控制被称为隐蔽雌性选择，得到了世界领先的生殖器研究爱好者、史密森尼热带研究所的威廉·埃伯哈德的拥护。埃伯哈德恰好是玛丽·简·韦斯特–埃伯哈德（我在萨拉·赫尔迪的农场遇到的女性主义达尔文主义者小圈子成员之一）的丈夫。他抨击自己所在领域的“无意识的大男子主义”，认为生殖器研究“受到了男性中心观点的影响”。[25] 尤其是精子竞争，通常被认为仅限雄性参与。精子竞争通常被描绘成一场史诗般的“比赛”，精子就像奥林匹克运动员一样相互竞争，只有最强壮、最快的那个才能赢得奖品——卵子。雌性被认为对这场比赛没有影响，就好像 100 米短跑的细胞版本正在她们的生殖道内进行，而她们平静地做着自己的事情，无法决定比赛结果。[26]

在埃伯哈德的开创性著作《雌性控制》（*Female Control*，1996）中，他举例证明，雌性生殖器（无论是阴道、泄殖腔还是受精囊）的作用远不只是射精的惰性管道。它们是活跃的器官，可以通过其结构和生理学或化学特征来储存、分类并筛掉劣质精子。雌性可以倒掉没有吸引力的求偶者的精液，主动地将给定的精子加速移动到通向卵子的快速轨道上，或者让它们在曲折的管道迷宫中走向衰弱。在埃伯哈德看来，交配一旦发生，“游戏规则”就由雌性制定。[27]

埃伯哈德的书是开创性的。然而，即使是这位雌性性自主权的倡导者也表示，阴道的形态往往比较单一，而阴茎则多种多样且因物种而异。[28] 布伦南同意，雌性生殖器的多样性可能不如雄性生殖器——其解剖结构受限于其他实际功能（如产卵和生子）的需要，但它们仍然非常值得研究。“我喜欢埃伯哈德的书，”她告诉我，“但它给人的印象是雌性生殖器不值得研究，而雄性掌握所有主动权。”

布伦南的目标是创建世界上第一个动物阴道“图书馆”，对阴道的形状和功能的多样性进行分类。她已经开始为此努力了。她的实验室里堆满了几十个自封袋，里面装着颜色鲜艳的各种动物生殖器的硅胶模型（鸸鹋、蛇、角鲨、鸭子和海豚），就像某种高度细分的性用品商店。

“有这么多阴道要研究，一生却只有这么短。”她叹了口气，审视着办公桌上堆积如山的生殖器模型。布伦南使用已经死亡的动物进行解剖结构研究，因此她的研究对象是随机的。她打开一个自封袋，递给我一个亮紫色的瓶鼻海豚阴道。它在入口处拥有一个巨大的球根状腔室，该腔室逐渐变窄，形成很多细小的复杂褶皱，通向另一个与子宫颈相连的较小的球状腔室。

以前人们推测海豚阴道内的褶皱是为了保护子宫免受海水的有害影响而演化出来的，因为海水对精子来说是致命的。但布伦南建立了另一个理论。她递给我另一种鲸类动物的阴道模型。这次是港湾鼠海豚的，与瓶鼻海豚的阴道很像，更长、更舒展，但它没有褶皱，而是看起来呈螺旋形。

“就是这样！”布伦南惊呼道，“与鸭子的阴道趋同演化！太疯狂了！我们几乎无法相信自己的眼睛。海豚的生殖器本质上跟鸭子的非常相似。”

这特别有趣，因为海豚与鸭子有另一个关键性的共同点：强迫交配。

“他们是性骚扰大师。”布伦南告诉我。与其可爱的形象相反，海豚对交配行为的态度非常自由，因此被称为“水中的倭黑猩猩”[29]（倭黑猩猩是我们将在第 8 章中遇到的类人猿），雄性海豚在各种社交场合进行性行为，而不仅仅是为了繁殖。这些交配行为并非都是自愿的，雄性海豚群体会驱赶和骚扰雌性，进行强迫交配。①布伦南和她的团队认为，在与鸭子类似的强迫交配情况下，雌性海豚复杂的阴道提供了一种掌握父系来源的隐秘方式。

在海豚身上检验这个理论要困难得多。但是，聪慧的布伦南和她的合作者达拉·奥巴赫发明了一种巧妙的方法：从鲸类动物的尸体上获取生殖器官，然后在实验室中复制它们的运行过程。这一"弗兰肯斯坦式性爱"过程包括用高压将生理盐水泵入雄性阴茎假装勃起，然后用甲醛固定，这样它们就会保持勃起的形状。然后，布伦南和奥巴赫将这些僵硬的阴茎插入相应的雌性阴道，缝合在一起，再将它们浸泡在碘剂中，最后进行CT（计算机断层扫描）检查。这样一来，她们就能够观察海豚交配行为中隐藏的阴茎-阴道结合机制。

众所周知，人类的阴道会在性交过程中改变形状，因此用固定结构重现交配机制并不完美。但布伦南说，这足以证明，除非雄性以特殊的角度插入，否则雌性瓶鼻海豚和港湾鼠海豚那迷宫般的阴道就会阻碍雄性阴茎的进入。由于海豚在三维空间中交配，因此雌性有充足的机会来调整自己的身体，即使是非常轻微的调整，也可以把不受欢迎的求偶者送进死胡同。[30]

布伦南的理论改写了雌性海豚的命运，和在鸭类研究中的情况一样，使雌性在交配之战中从受害者变成了胜利者。随着我们对雌性的性解剖学、生理学和行为学的了解增多，几个世纪以来我们心

---

① 海豚的强迫交配对象并不局限于其他海豚，有许多关于其他物种（尤其是人类）的无辜受害者的报道。在布雷斯特湾沿岸的法国海滨村庄，一个让人想起电影《大白鲨》的地方，一只名叫萨法尔的海豚由于在交配中受挫，开始骚扰海滩的游客，村长被迫禁止了8月旅游旺季的海滩游泳。[31]

目中的雄性优势地位越发减弱。即使是在雄性更强大、数量更多或更有力的情况下，雌性也已经演化出创造性的方法来掌控卵子的受精。最近的研究表明，当雄性东方食蚊鱼演化出更长的生殖器（生殖足）来骚扰雌性时，雌性会长出更大的脑部，以智取胜。[32]

“雌性可以在解剖学、行为甚至化学上掌控局面。其策略有时很微妙，有时则不然。这些策略可以相互叠加。我不知道这是不是一种范式的转变，但我们一定能察觉到一个生物学事实，那就是这些繁殖因素的相互作用非常复杂。没有理由假设如果母鸭有了复杂的阴道，她们就不会发展出阻止精子的化学方法。她们当然可能会双管齐下。”布伦南告诉我。

布伦南还有一个关于瓶鼻海豚交配行为的好消息：她相信雌性也能从中获得乐趣。

“你想看看海豚的阴蒂吗？”布伦南兴奋地问我。我还没来得及说好，她就钻到满是灰尘的实验台下，打开了我见过的最大的收纳箱，里面装满了浸泡在防腐剂中的雌性外生殖器。当她把手臂深入福尔马林汤中捞出一大块中间有凹槽的肉块时，一股令人作呕的甜酒味扑鼻而来。她手中的东西就像一对超大的肉质汉堡包面包。布伦南试图掀开“面包”并露出隐藏在其中的海豚阴蒂，又大又滑的肉块一直从布伦南戴着橡胶手套的手中滑落。她终于成功露出海豚的阴蒂，我看了大为震惊。海豚的阴蒂呈一种熟悉得令人不安的冠状，如果不是因为尺寸很大，它完全可能属于人类。

正如我们在第 3 章中发现的那样，阴蒂是为了性快感而演化出来的，其形态在不同哺乳动物之间存在巨大差异，这表明有强大的演化力量在起作用。但与阴茎相比，我们对其形态学或组织学知之甚少。布伦南正在改变这一现状。她向我展示了在实验室中用肉食柜台切肉机制作的组织横截面切片，这些切片展示了海豚阴蒂组织大量的内部结构。[33]“有这么多勃起组织，它必然具备某项功能。”她对我说。

## 拉下头巾

大量错误信息和文化成见阻碍了对阴蒂勃起功能的研究。阴蒂可能是唯一被研究得比阴道还少的器官。阴蒂曾在16世纪中叶出现在解剖图上，一位名叫加布里埃尔·法洛皮奥（1523—1562）的意大利天主教神父意外地“发现”了这一结构。①然而，法洛皮奥将这一发现告诉现代人体解剖学的创始人、伟大的医生维萨里时，却很快就遭到了反驳。维萨里宣称“这个全新的无用器官”在“健康”女性中不存在，[34]只存在于雌雄同体中。[35]

这种不光彩的误解为接下来的450年奠定了基础，阴蒂经常不为人知、被重新发现，随后被医学界的父权制抛弃。尽管德国解剖学家科贝尔特在19世纪中叶就已经绘制了复杂的内部图示，详细描述了阴蒂的全貌，但直到20世纪末期，现代解剖学教科书中才开始

---

① 法洛皮奥是他那个时代最伟大的解剖学家之一，也是女性生殖解剖学方面难得的研究权威。[36]他是第一个准确描述从卵巢到子宫的管道（他称之为“子宫的喇叭”[37]）的人。该管道随后被以他的名字命名为“法洛皮奥管”（输卵管），尽管他并不知道它的功能。法洛皮奥还创造了“vagina”（阴道）一词，并反驳了当时认为阴茎在性交过程中进入子宫的流行观念。最具有讽刺意味的是，作为一个天主教教士，他还开发了世界上第一个预防性护套（安全套），作为防止感染梅毒的措施。这种安全套是一个浸透了盐和草药（有时是牛奶）溶液的亚麻布小帽，用来盖住阴茎头。这个湿漉漉的装置用一条粉红色的丝带牢牢固定住，以“吸引女性”。[38]

出现阴蒂这个部位。在20世纪初期，阴蒂出现在许多手册中，随后在20世纪中叶又被删除，这表明对它的忽视是故意的——也许是一种剥夺女性性快感的潜意识手段。许多经典书籍将阴蒂标注从女性生殖器图示中删除，解剖学圣典《格氏解剖学》只是其中之一。[39]其他教科书则大大低估了阴蒂的大小及其神经控制的范围，或者只提及外部的阴蒂头，并粗略地解释其形状仅仅是“阴茎的小尺寸版本”[40]。

直到1998年，澳大利亚泌尿科先驱海伦·奥康奈尔才首次发表了人类阴蒂的详细解剖图，并大张旗鼓地开始了一场争取医学描述准确性的运动。[41]其他动物则远远落在后面，尽管不同动物的阴蒂的多样性令人着迷，比如有的动物会有一根叫作“阴蒂骨”的内置骨头（如美洲黑熊），有的阴蒂甚至有刺（如环尾狐猴）。但人们对它们的组织结构和功能知之甚少。“除了人类、大鼠和小鼠，我们甚至都不知道其他物种的阴蒂长什么样。不过，所有脊椎动物都有阴蒂。”布伦南告诉我。

除了形态多样性，阴蒂的位置也存在差异。正如我们将在第8章中看到的那样，雌性倭黑猩猩是与我们亲缘关系最近的类人猿，她们的阴蒂位置方便了她们与其他雌性相互刺激这个部位。人类的阴蒂位于阴道外。如果你知道大多数哺乳动物的阴蒂都位于阴道入口内，很容易在性交过程中被阴茎刺激到，就会明白人类阴蒂的位置有多不方便了。

瓶鼻海豚就是这种情况，其阴蒂的位置和尺寸向布伦南直白地表示它代表性快感。这种欲望在雌性动物中的存在和作用长期以来备受争议，却是合乎逻辑的。性就像吃饭一样，对生活至关重要，那它为什么不能带来美好的感觉呢？

对雌性生殖器在细胞水平上的检查最终平息了围绕雌性性快感的争论，甚至揭示了它如何影响雄性行为和生理机能的演化。事实证明，如果做得好，即使是雌性昆虫也能享受性爱。罗氏姬螽（*Metrioptera roeseli*）这种灌丛蟋蟀的雄性拥有一对弯曲的杆，从生殖器开口处伸出。它们长得有点儿像衣架，很长一段时间内都没有人知道它们的功能。事实证明，它们的作用是在交配过程中刺激雌性，因此这种结构被正式命名为挑逗器。CT结果显示，雄性在交配期间会有节奏地将挑逗器插入雌性体内，并用它们敲击敏感的内膜。这是一种蟋蟀的前戏，可以让雄性更顺利地交配。在实验中，当雄性的挑逗器被截短，或者雌性的感官被化学阻断时，雌性就会拒绝雄性的进一步举动。[42]

布伦南对交配过程中雌性和雄性生殖器的"感官契合"很感兴趣。遗憾的是，她所研究的海豚尸体已经严重受损，无法进行必要的组织学检查。但哺乳动物的雌性生殖器刺激很可能是交配行为的一部分，以诱导排卵或帮助精子传送。在这种情况下，快乐可能是雌性潜意识里决定是否让这个雄性的精子为自己的卵子授精的另一种方式。[43]

"性爱感觉很好，对吧？有些事情比其他事情感觉更好。对我来说，这是雌性选择的一种标志。"布伦南解释道。

丹麦养猪户对此了如指掌。他们发现，如果在人工授精之前先手动刺激母猪的阴蒂、子宫颈和侧腹，人工授精就更容易成功。因此，他们采取了一种实用的方法，开发了一套特殊的五步母猪刺激流程，并绘制了指导图示。这一过程从用拳头刺激母猪开始，接着按摩她的臀部，最后坐在母猪背上以模仿交配时公猪压在母猪身上的重量。[44] 这种刺激程序比直接使用冷硬的注射器进行人工授精能多产 6% 的幼崽，但可能会让一些人对从事养猪业心生犹疑。

尽管精子总以运动健将的形象出现，但实际上它们并没有能量来源，也没有定向游泳技能，无法仅靠自己行进到受精位置。它们需要帮助。[45] 在某些灵长类动物中，精子被摄取的程度与雌性高潮时的阴道收缩程度有关。在高潮期间，催产素的释放引起子宫和输卵管收缩，让精子被“吸上去”，从而明显加速它们游向卵子的过程。[46] 一项针对圈养日本猕猴（*Macaca fuscata*）的研究发现，雌猴在与社会等级高的雄猴交配时更有可能获得类似性高潮的反应，暗示这些雄性的精子会被优先选择。[47]

最近对人类女性高潮的调查一致认为，女性高潮似乎也能促进受孕。研究人员得出结论，女性高潮并不是男性高潮能力的副产品，也不是德斯蒙德·莫里斯所暗示的加强亲密关系的一种方式。相反，有证据表明，人类的性高潮更可能是一种为卵子选择优质父亲的隐秘方式。[48] 他们提出，就像第 3 章中那些表面上单配制的细尾鹩莺和黑枕威森莺一样，人类祖先的女性可能奉行混交制，根据投资潜力选择伴侣，然后在排卵期间偷偷溜走，与能让她们达到性高潮的优质男性发生关系。这种隐秘的配偶选择机制让雌性可以在一定程度上选择谁来当孩子的爹，即使她们的选择受到家庭影响或性胁迫的限制。

## 最终赢家是卵子

我们对雌性生殖道研究得越深入，就会发现女性对受精权的掌控越大，“精子竞赛”的想法就变得更加荒谬。

事实证明，如果没有雌性的干预，哺乳动物的精子甚至无法发挥其生物学功能。如果没有被称为（精子）获能的激活期，精子甚至根本无法与卵子融合。这一过程是由雌性控制的，与精子的化学变化有关，很可能需要子宫分泌物参与。但你猜怎么着？我们对此知之甚少，因为还没有人真正研究过。不幸的是，“虽然人们知道这一过程已经有 50 多年了，但获能仍然是一个定义不清的过程”。[49]

获能过程为雌性的生殖道提供了另一个影响哪些精子“获胜”的机会。但是，无论雌性是偏爱取悦她的雄性的精子，还是阻碍她讨厌的雄性的精子，前沿研究表明，最终可能都是卵子本身说了算。

长期以来，卵子一直被认为是雌性被动生涯的缩影。与小巧又活跃的精子相比，卵子的大尺寸和固定不动的特征被认为是性别不平等的根源（如第 3 章所述）。教科书上对受精的描述采用了生物学童话的形式：无助的卵子公主无精打采地等待英勇的精子王子来奋力营救她，并将她从毫无生气的沉睡中唤醒。[50]

但越来越多的证据表明，无论哪个精子“赢得”长跑比赛，卵子都可以影响精子的进入。众所周知，未受精的卵子会释放化学引诱剂，这些化学引诱剂会像面包屑一样，引导精子朝着正确的方向前进。但并不是所有的精子都会做出同样的反应，这意味着卵子有机会选择最佳候选者，并拒绝那些基因不相容的精子——即使它们先到达。卵子不会对浪漫的伴侣做出任何妥协。在对人类卵子的研究中，超过半数的情况下，卵子更喜欢随机遇到的男性的精子，而不是日常伴侣的精子。[51]

如果没有做出牺牲的丈夫，这一科学启示可能不会成立，但就女性的卵子而言，爱情和生殖器战争都是公平的。

第

*6*

# 无私的母性本能存在吗？

章

> 女人似乎在精神气质上与男人不同，主要是她更温柔，更无私……女人由于她的母性本能，常常对婴儿表现出这些品质。因此，她很可能也会将这些品质扩展到同胞身上。
>
> ——查尔斯·达尔文，《人类的由来及性选择》[1]

我曾经在秘鲁全天候密切看护过一只野生小夜猴，那是我最接近母性的24小时。那时候，我睡不好觉，焦虑不安，一身粪便。不过有人告诉我，这都是正常的。

这段冒险发生在秘鲁的亚马孙雨林深处，玛努国家公园边缘的一个偏远的生物野外站。我曾在那里待了一个月。这片广阔无路的荒野距离任何人类文明所在都有至少一整天的行程，可以说是地球上生物多样性最丰富的家园（其中大部分生物是科学未曾探索过的），还有几十个动物爱好者像糖果店里的孩子一样跑来跑去，拼命地试图记录和理解这一切。

洛斯阿米戈斯生物野外站的总体政策是观察而不干扰自然，这意味着拯救一只受难的动物，即使它濒临灭绝，也是被禁止的。但是，当担任野外助理的秘鲁人埃梅特里奥偶然发现一只受了重伤的小夜猴在夜里凄凉地哭泣，又在几米之外看到了它的父母被吃掉一半的残骸时，这个冷酷无情的政策暂时被抛诸脑后了。

在这个吵闹的雨林角落里，生活着十几种灵长类动物，黑夜猴（*Aotus nigriceps*）是其中最神秘的一种。这些小型灵长类动物大约只有小松鼠那么大，将自己隐藏在树冠的高处。顾名思义，这是世界上唯一的夜行性猴子，进一步增加了其神秘性。黑夜猴通常生活在家庭群体中，实行单配制——这在灵长类动物中并不常见。一对黑夜猴夫妇每年只会生一个宝宝，小夜猴仿佛一团浓密的绒毛，可以放在你的手掌里，简直像是从日本的玩偶工厂里出来的，极度可爱。

我们的小孤儿似乎被一只鹰（夜猴的天敌）抓起来又扔掉了。到达营地时，它已经半死不活：脱水，四肢跛行，身体侧面还有一个巨大的伤口，已经爬满了蛆虫。我们尽最大努力给它包扎伤口，大概没有人真的相信它能熬过一晚。它那么小，那么虚弱。我仍然记得灵长类动物小组试图通过注射为它补充水分，而它虚弱的身体在医用注射器面前显得如此娇小。

不知何故，它克服万难活了下来。因此，一夜之间，实地考察研究小组成了一只无助的外国灵长类动物幼崽的临时父母。我们给它取名“穆奇”（Mugui，以*musmuqui*命名，这个词在秘鲁西班牙语中是“夜猴”的意思），但也不知道接下来该怎么做。我们根据穆奇持续不停的哭声来判断它的需求，而它最终在我们的头上住下了。

穆奇要紧紧抓住一团头发才会平静下来，这让如厕训练变得特别困难。白天它会在某一个人的头上安静地睡觉，以至于我们很容易忘记它在那儿，直到你弯下腰才想起有一只小猴子挂在自己头上（这会儿它很可能在一边尖叫一边小便）。一到夜间，穆奇就变成了一只完全不同的野兽。它的行为非常活跃，我们只能轮流照看这只精力充沛的夜猫子。它在保护站待了几个星期后，夜班护士的职责终于落到了我身上。这是我第二天写在日记里的：

> 我必须俯卧睡觉，因为穆奇依偎在我的（长）头发下的后脖颈处。它晚上要醒来喝 4~5 次奶，这时候它就会爬到我的脸上，揉我的耳朵。它吃完饭后必须大小便，但它无法接受离开我的床去完成这些。它喜欢回到我（越来越乱）的头发窝里，尽管这距离理想的窝还差很远。总的来说，它胆子越来越大了，整晚都在我身上跑来跑去，疯狂地沿着蚊帐内壁往上爬。它的活跃程度在凌晨 4 点左右达到顶峰，疯狂地揉搓我的耳朵并在头发里钻来钻去。第二天早上，我看起来仿佛吸毒 10 年的瘾君子。

根据达尔文的说法，照顾幼崽应该是我的第二天性。母性本能应该发挥作用，将我变成一名睿智、无私的奶妈。但事实上，我对这次经历感到非常痛苦——烦躁、无法胜任、精疲力竭。仅仅因为脏兮兮的头发，我就绝不想再重复那煎熬的过程。当时我 39 岁，正在纠结自己是否应该生孩子。照顾穆奇的那一晚只会让我更加怀疑自己属于不太有母性的女性行列。如果真的存在母性本能这样的东西，那么我很确定自己没有。

## 母性本能的迷思

长期以来，雌性动物一直被等同于母亲，就好像她们没有其他角色一样。母性是一个感人的话题，是养育和牺牲的代名词。因此，人们对母性充满了误解，其中最根本的一点是认为所有女性都应该是天生的母亲，充满了近乎神秘的母性本能，驱使她们毫不费力地凭直觉知道后代的每一个需要。

这个想法存在的最明显的问题是，它假设照顾孩子只是雌性的责任。就穆奇而言，自然情况下，它的母亲每隔几个小时就会给它喂一次奶。但每次喂食后，母猴都会毫不客气地啃咬它的脚或尾巴，赶走它，让它的父亲承担主要的照看工作，而且在 90% 的时间里都是父亲背着它。[2]

诚然，夜猴父亲所表现出的育幼行为并不是哺乳动物的常态（只有 1/10 的雄性哺乳动物会直接参与育幼）。[3] 其原因可以归结为这样一个事实，即雌性胎盘哺乳动物的身体是后代进行胚胎发育的地方，也是出生后的食物来源，这导致她们更难逃避育幼责任。雄性哺乳动物可能有乳头，但除了一些引人注目的例外（两种果蝠、一些近交家养绵羊和少数“二战”战俘幸存者①），已知只有雌性哺乳动物能够分泌乳汁。对许多雌性动物来说，哺乳期比妊娠期长得

---

① 伟大的演化生物学家约翰·梅纳德·史密斯曾经思考过，“奇怪的是，没有演化出雄性哺乳的实例”。[4] 这群绝对异类的哺乳雄性会成为地球上演化程度最高的“新好男人”吗？ 1992 年，托马斯·孔兹和查尔斯·弗朗西斯在马来西亚的热带雨林中调查蝙蝠时，首次发现了正在哺乳的雄性棕榈果蝠（*Dyacopterus spadiceus*）。弗朗西斯先从捕捉蝙蝠用的雾网中取出了一只蝙蝠，看起来像是雌性，其乳头明显增大。他仔细研究了这只蝙蝠的外生殖器，发现这很明显是一只雄性，令他十分意外。他们总共捕获了 10 只雄性果蝠，其乳头在受到挤压时都会产生少量的乳汁。就棕榈果蝠而言，雄性具有真正的乳腺管道和哺乳这种生理功能，但其乳汁产量仅为雌性的 1/10。但是，研究人员没有直接观察到雄性哺喂幼崽，雄性的乳头比雌性“更小，角化程度更低”，这表明这些雄性的乳头当时还没有被吸吮过。随后，研究人员又在巴布亚新几内亚的蒙面狐蝠（*Pteropus capistratus*）身上观察到了这种现象。但目前尚没有人能够确定这种情况出现的原因，尽管这很可能要归因于这种蝙蝠的食物构成而不是某种演化优势。许多植物含有可能刺激乳腺组织发育的植物雌激素。[5] 近交家养绵羊的情况可能与此相同。[6] 对乳腺发育异常的“二战”战俘来说，饮食也是关键：在他们被释放并获得足够的营养物后，由此产生的激素失调导致他们分泌乳汁。肝硬化也会导致类似的情况出现。

多，她们需要承担育幼的责任长达数月甚至数年（例如，已知猩猩的哺乳期可以长达 8~9 年）。长期以来，这种责任一直被视为对雌性的约束，大大损耗了她们的精力，限制了她们可以采用的生活策略。另一方面，雄性哺乳动物则可以在授精后随时离开，自由地与多个雌性繁殖，并与其他雄性竞争。

一旦雌性从怀孕和哺乳的生理责任中解放出来，就像其他非哺乳动物一样，父亲们就会变得更加忠诚负责。在鸟类中，双亲育幼的情况占绝大多数，90%的鸟类夫妇会分担抚育幼鸟的工作。沿着生物演化的路径回溯，父亲照顾后代的现象不仅变得更加普遍，而且变得更习以为常。在鱼类中，几乎 2/3 的物种都是由单身父亲承担所有的育幼工作，而雌性所做的只不过是捐出卵子，然后永远消失。有些物种的雄性甚至可以生育，比如雄性海马。①

两栖动物的情况与此类似，展示了从单身父亲到单身母亲再到共同养育的一系列育幼策略。以我在秘鲁雨林地面上经常看到的一些色彩华丽的箭毒蛙为例。这些有毒的娇小两栖动物（属于箭毒蛙科）父母出奇地尽职尽责。偶尔我会看到一只箭毒蛙在森林的地面上蹦蹦跳跳，背上黏附着一群蝌蚪，就像一个扭动的背包。这种离奇的行为看似很反常，但箭毒蛙实际上是在将刚孵出的蝌蚪背到安全的水源处。箭毒蛙在落叶层中产卵，但蝌蚪是水生的，因此一旦

---

① 求偶配对后，雌性海马使用管状产卵器将卵射入雄性海马的育囊中，雄性海马立即在那里给卵子授精。新的研究表明，雄性海马的肉质育囊非常像子宫：丰富的血管控制发育中鱼苗的环境盐度，提供氧气、营养，并排出废气。[7] 这表明雄性海马和雌性哺乳动物使用了共同的妊娠基因"工具包"。24 天后，育囊的肌肉收缩，挤出大约 2 000 只小海马。然后，在几小时内，雄性就可以"怀上"另一只雌性海马的卵子并再次经历这一过程。

孵化，蝌蚪们就需要进入水中生活（例如树洞处或凤梨叶凹陷基部的小水坑），直到完成变态发育。这些临时的私人水池中没有捕食者，是蝌蚪完成发育而不被吃掉的安全场所。箭毒蛙会背着小蝌蚪行进数小时甚至数天，有时还会爬上几层楼高的热带树木，为孩子们寻找完美的游泳池。考虑到他们不过 1 英寸长，这绝对是为人父母的非凡壮举。

在野外，这种马拉松式的任务主要由雄性完成，但在少数毒蛙中是雌性或者双亲共同承担责任。斯坦福大学生物学助理教授劳伦·奥康奈尔发现，这种近缘物种之间的差异，提供了一个独特的机会来探查控制育幼行为的神经回路，并找出该回路在两性之间的异同。

“人们想到青蛙时，会认为青蛙的大脑与我们人类的完全不同，甚至可能认为青蛙没有大脑，”奥康奈尔通过 Skype 软件告诉我，“青蛙当然有脑子！事实上，青蛙的大脑非常古老，因此具有所有动物都共有的部分，差别只在于这些部位的大小和复杂性。”

雌性钴蓝箭毒蛙（*Dendrobates tinctorius*）在野外从不背负蝌蚪，都是雄性承担这个任务。但在实验室里，奥康奈尔移除雄性个体后发现，雌性经常（甚至总是）站出来承担这个责任。通过观察箭毒蛙的大脑内部，她发现这种行为与下丘脑中一种特定神经元的激活有关。这种神经元会表达一种叫作甘丙肽的神经肽，在两性中都是如此。

“促成育幼行为的神经回路在雌性和雄性中是相同的。”奥康奈尔告诉我。

因此，并不是某种性别天生就该抚育后代，而是恰好这种性别做了这件事。但两性都保留了驱动育幼本能的大脑结构。[8] 至少在蛙类中，这个发现是对母性本能假说的沉重打击。但是对于大部分的育幼活动通常由雌性进行，而雄性则不太愿意养育后代的哺乳动物来说，情况又如何呢？

例如，在小鼠中，未交配过的雄性具有攻击性和杀婴倾向，经常伤害或杀死新生幼崽。哈佛大学分子和细胞生物学希金斯教授凯瑟琳·杜拉克最近领导的一项开创性研究表明，通过刺激下丘脑中与前面提到的完全相同的甘丙肽神经元，这些凶残的雄性小鼠可以转变为溺爱孩子的父亲。[9]

“这就像一个育儿开关。”杜拉克通过Zoom视频会议软件告诉我。

使用尖端的光遗传学技术，杜拉克能够激活处于杀死婴儿边缘的“处男”小鼠体内的甘丙肽神经元。他们的转变几乎是瞬间完成的。雄性开始筑巢，小心翼翼地将幼崽放入其中，然后为幼崽梳理毛发并搂在怀里保护起来。

“雄性小鼠呈现出了‘母性’，他们像妈妈一样照顾幼崽，唯一的区别是他们不能哺乳。这真是太棒了。”

杜拉克发现有两组神经元：一组驱动育幼行为（甘丙肽神经元），另一组驱动杀婴行为（尾促皮质肽神经元）。它们直接相互影响。刺激其中一种神经元会抑制另一种，因此这两种行为是相互排斥的——同一时间，一个动物不可能既表现出育幼行为又表现出杀婴行为。

这种神经回路在雄性和雌性中是相同的。当杜拉克使用相同的技术刺激雌性小鼠的尾促皮质肽神经元时，她们也从照顾幼鼠转变为攻击它们。“太奇妙了。按下一个按钮，她们就表现出育幼行为。再按另一个按钮，就会表现出杀婴行为。”她解释道。

杜拉克偶然发现了对最基本的育幼本能的神经控制：不要吃掉

孩子，而是照顾它们。

对像我们这样有意识的物种来说，大口咀嚼自己的孩子似乎显然不是为人父母最有利的第一步。但如果你是青蛙，情况就并非如此了。如果你将随机的卵放在两栖动物面前，他们会直接吞掉它——毕竟这是一份美味又免费的蛋白质大餐。因此，育幼神经回路的激活会关闭进食的基本本能是有道理的。这种神经冲动对"口孵"繁殖者来说特别有用（青蛙和鱼会把卵和年幼的后代放在嘴里孵化和保护）。很明显，"照顾而不是吃掉"的冲动对此非常有帮助，这相当于让你连续数周含着一大块硬糖却尽量不要咀嚼。①

根据杜拉克的说法，杀婴行为在哺乳动物中也很常见（在大约60%的物种中都有记录）。雄性小鼠通常会杀死不是他的后代的幼崽，但对自己的幼崽就不会这样。另一方面，如果雌鼠因捕食者或饥饿而承受巨大压力，她们也会吃掉自己的孩子。

杜拉克认为，育幼冲动一定是两性动物都具有的潜在特征。动物从根本上关心自己的生存，这是正确的。他们生活在一个生死攸关的世界。在这个世界里，吃还是不吃的斗争是每天都要面对的致命现实。"为什么一只母老鼠会照顾一个突然出现的粉红色小东西，它常常尖叫，还有很多需求？照顾它并做出牺牲是极其危险的行

① 少数鱼类（包括雄性和雌性）和我最喜欢的无尾类动物之一、自然界最好的父亲之一——达尔文蛙（*Rhinoderma darwinii*），会采取这种育幼策略。雄性达尔文蛙把10多个卵含在喉咙里长达8周，直到卵孵化成幼蛙，再吐出来。在整个"怀孕"期间，他都不能进食，也不能说话。我曾经前往巴塔哥尼亚偏远的干燥林，希望在野外看到这些有奉献精神的父亲。我多次寻找，终于在一个偏远的国家公园的男厕所外发现一只达尔文蛙正跳来跳去。令我非常兴奋的是，他正巧"怀孕"了，喉囊里装满了蝌蚪，看起来很像约翰·赫特在原版《异形》电影中马上就要爆炸的胃。

为。”她说，“这就是育幼本能发挥作用的地方。它说，你别无选择，只能照顾幼崽。”

在杜拉克看来，这两种策略对物种的生存来说都是必不可少的。“你我今天还活着，是因为我们的一些祖先利用甘丙肽神经元养育了后代，但也是因为有这些尾促皮质肽神经元让雌性可以判断现在是不是生孩子的好时机。没有后者的话，她们可能已经死了。”杜拉克告诉我，“我认为记住这一点很重要。”

现在有一个最大的问题：是什么触发了这种亲代育幼行为的转变？杜拉克尚未弄清楚这一点，但她的直觉是，这涉及许多深刻的神经回路变化，由一系列内部和外部刺激引起。然后，甘丙肽神经元充当了育幼指挥中心，协调来自整个大脑的信息输入和输出，形成不同程度的照护行为，这远远超出了预先设定又千篇一律的先天非条件反射范畴，并带来个体养育方式和能力的巨大差异，无论其性别为何。

杜拉克通过Skype软件与我交谈时指出：“认为某个事物要么是雄性特有的，要么是雌性特有的，这种看法太简单化了。我们如果环顾四周就会发现，无论是人类还是任何其他动物，其个体行为并不完全相同。并非所有雄性都具有同等的攻击性，也并非所有雌性都具有同等的母性，存在着广泛的变化范围。”

这种神经回路并非仅在雄性和雌性小鼠中是相同的，杜拉克还怀疑它是所有脊椎动物所共有的，包括我们人类。下丘脑是脑部一个古老的区域，是许多固有行为（如睡眠、饮食和性行为）的中心。研究者每当在动物身上发现控制这些行为的神经元时，在人类身上也能发现类似的神经元。根据杜拉克的观点，如果箭毒蛙和小鼠身上存在这个指挥中心，就有充分的理由假设男人和女人的大脑中也存在类似的育幼神经回路。

“令人欣慰的是，当我在报告中讲到这些父性和母性行为时，我的男同事们都喜欢这样的想法，即雄性的大脑也拥有为人父母所需的一切。从某种意义上说，这还是让人满意的。”杜拉克说。

更深入地了解育幼行为的完整神经回路，可能有助于治疗与母性相关的精神疾病。“非常值得关注的是患有产后抑郁症的妇女们的叙述：她们有非常强烈的冲动，想要伤害自己的孩子，这让她们感到非常不安。尽管其中大多数人不会真的采取行动，但患有精神疾病的人有时可能会付诸实践。”她告诉我。

杀婴在人类中是完全病态的行为。有40%的哺乳动物物种演化出了杀婴行为的替代策略，消除了对这种粗鲁的生存工具的需求，人类就是其中之一。尽管如此，相同的尾促皮质肽神经元仍然存在于人类的下丘脑中。尽管这些神经元现在没有发挥作用，但杜拉克认为，它们由于在演化史上发挥过重要作用而被一直保存下来了。如果杜拉克这种关于尾促皮质肽神经元与产后抑郁症之间联系的想法是正确的，她希望自己的工作可以帮助找到阻滞剂类药物，帮助治疗此类疾病。

“如果你听听杀害了自己孩子的妇女的证词，你就会发现她们并不知道是什么促使她们这样做，但有一种强大的本能让她们实施这些行为，她们对此给不出任何解释。你可以想象，她们大脑中发生的事情可能与被危险包围的小鼠本能地决定杀掉幼崽时非常相似。”

杜拉克的工作首次在哺乳动物的大脑中绘制出了复杂社会行为的神经通路。这一发现意义重大，以至于杜拉克获得了著名的2021年科学突破奖（该奖项自称“科学界的奥斯卡奖”）。这表明过去50年中，学术界开始越发重视对母性的研究。母性行为因人而异的观点现在看来似乎显而易见，但情况并非总是如此。当人类学家萨拉·布莱弗·赫尔迪在20世纪70年代去往哈佛大学时，“母亲被视为机器人一般的存在，其唯一的功能是生产和养育婴儿”。[10] 正如雌性在求偶和交配方面被认为是被动和同质的一样，母性也是如此。

当时的标准教科书写道：“大多数动物种群中的大多数成年雌性，基本上都在竭尽所能地繁殖和养育后代。”[11] 这种看法太片面了，仿佛一个母亲的行为就足以代表所有的母亲。自然选择需要变异才能发挥作用，这意味着母亲角色因为太乏味而被实际上排除在演化派对之外。

珍妮·阿尔特曼敏锐的分析头脑明智地忽视了这种荒谬的偏见。她现在是普林斯顿大学动物行为学名誉教授，也是第一位认真量化和尊重母亲角色对演化影响的科学家。

我在赫尔迪位于加利福尼亚州北部的核桃农场跟阿尔特曼见了面。这两位灵长类动物学家长期密切合作，尽管从表面上看，她们的性格截然不同。与富有传奇色彩的得克萨斯州农场主赫尔迪不同，阿尔特曼是一个80多岁的严肃纽约人，身材矮小、安静内敛。然而，阿尔特曼的想法同样激进。她的秘密武器是对公正数据的技术分析。阿尔特曼通过严格的统计分析掀起了一场革命，听起来可能不是很性感，但这是将注意力从好斗的雄性灵长类动物身上移开的唯一方法。

阿尔特曼甚至可以教斯波克船长①逻辑学。她最初在加州大学洛杉矶分校学习数学，当时她是班上仅有的三名女性之一，但因为教职员工中没有人认为值得花时间指导女性，她被迫退学。这是数

① 波克船长：美剧《星际迷航》中以讲究逻辑著称的外星人。——译者注

学界的损失，却是动物学界的收获。阿尔特曼没有受到灵长类动物学研究领域男权思想的限制，进入了野外生物学领域，因此具备独一无二的条件，能摆脱困扰科学研究的观察偏倚陷阱。

阿尔特曼开发了一种随机抽样方法，确保每个研究对象个体都得到了同等时间的观察。这是因为从统计学的角度来说，所有行为都同等重要，无论它看起来多么“无聊”。由此产生的论文题为《行为观察研究：抽样方法》，[12] 这篇论文概述了她的方法，简直是革命性的，因为它永久地改变了实地研究的面貌，不仅是在狒狒身上，而且遍布整个动物界。迄今为止，这篇论文被引用了超过 1.6 万次，一位人类学教授将其描述为“不经意间成了有史以来最伟大的女性主义论文之一”[13]，因为它终于让雌性获得了与雄性相同长度的关注时间。

阿尔特曼的第二个天才般的计划是，她知道自己需要长期收集同一群动物持续几代的数据，以便统计其行为的长期影响。她选择了草原狒狒作为研究对象。

回到 20 世纪 60 年代，年轻的阿尔特曼和她的丈夫斯图尔特前往肯尼亚乞力马扎罗山的山脚下，研究生活在安博塞利国家公园边缘的黄狒狒（又称草原狒狒，*Papio cynocephalus*）的生态学和社会行为。这些狒狒非常聪明，多数时间在地面活动，组成包含多达 150 只个体的大群一起生活，因此要寻找类似人类社会的动物群体的灵长类动物学家对这种狒狒很感兴趣。阿尔特曼具有里程碑意义的研究一直持续到今天，它无视了吸引主流科学界注意力的雄性竞争的盛大场面，转而关注母婴关系，从而开辟了一片新天地。这是一次勇敢的职业选择。研究母性，不仅在以男性为主的动物学研究机构看来没有什么理论意义，而且对热衷于拥抱新生女权运动的女科学家来说也不合时宜。对母性的研究曾被认为是一种倒退，正如萨拉·布拉弗·赫尔迪在她的《母性》（*Mother Nature*）一书中所说的那样是“动物行为的‘家政学’”。[14]

阿尔特曼仍然会前往安博塞利查看她创立的狒狒研究项目，尽管她早已将控制权交给了其他人。这项研究已有50多年的历史，是现存的持续时间最长的灵长类动物研究。该研究无偏差地观察并记录了近7代、总计1 800多只狒狒个体的生活数据，不仅改变了我们对物种的看法，而且改变了我们对母婴关系的普遍认识。阿尔特曼第一个提供证据表明，灵长类动物的母性远非对抚育后代的无差别的下意识反应，而是一项生死攸关、涉及多个方面的事务，需要通过权衡一系列关键的取舍，如同一直走在危险的、剧烈抖动的钢丝上。

阿尔特曼的研究表明，每一位狒狒母亲都在兼顾“双重职业”的需求。她必须每天花70%的时间“谋生”——觅食、散步、躲避天敌，同时还要兼顾照料幼崽。[15] 狒狒每天要走几千米去寻找小果实和种子填饱肚子。雌性就算在分娩时，也没有时间停下来恢复精力。尽管生育和照顾幼崽让她筋疲力尽，但她必须跟上队伍，用一只手抱着幼崽，用剩下的肢体努力保持平衡。如果抱幼崽的姿势不对，幼崽就吃不到奶，很快就会脱水死亡。

掌握这项技术对初为人母的雌性来说尤其具有挑战性。阿尔特曼告诉我，这些年轻的母亲经常对幼崽的痛苦感到“困惑”。育幼行为的触发因素可能是天生的，但母性行为是逐渐习得的——初学者需要学习很多东西。不同个体的学习速度有快有慢。阿尔特曼记得一位年轻的狒狒母亲，她不太会喂养幼崽，导致了幼崽的死亡。“维的第一个孩子维姬在出生后的第一天没吃上奶。在第一天的大部分时间里，母亲都倒背着它，甚至拖着它在地上跌跌撞撞地走。”[16]尽管维和大多数新妈妈一样，在几天内就掌握了要领，但为时已晚。伤害已经造成，维姬在一个月内就死了。这样的死亡并不罕见。在灵长类动物中，头胎的死亡率比随后的兄弟姐妹高出60%。[17]

即使对经验丰富的母狒狒来说，幼崽死亡也是一个非常常见的现象。阿尔特曼发现，有30%~50%的幼崽会在出生后的第一年内夭折，缺乏营养是主要原因。安博塞利自然保护区尘土飞扬的草原上食物稀缺，环境严酷且变幻莫测。哺乳期的母亲必须为自己和孩子找到足够的食物。当幼崽长到6~8个月大时，觅食工作就无法在抱着幼崽的同时完成了，因为幼崽的胃口太大，身体又太笨重。这就造成了母亲和幼崽之间的利益冲突。为了让母亲生存下来，幼崽必须开始学习自己走路和觅食，但它显然更喜欢继续搭顺风车，所以它会尝试使用“心理武器”来操纵母亲。[18]这种心理武器通常是大发脾气，大到让蹒跚学步的人类幼儿自愧不如的脾气。情绪爆发会一直持续到幼崽完全独立，大约在一两岁之间。

对母亲来说，断奶的时机要通过计算资源的本能来掌握。断奶时机不当，可能会导致母亲、幼崽或两者的死亡。狒狒和其他一生中多次繁殖的雌性动物一样，必须权衡对当前后代的投资、自身的生存和未来的繁殖能力，并尽量取得平衡。平均而言，雌性狒狒一生中可能有75%的时间用于生育，总共会生育大约7只幼崽，其中可能只有2只活到成年。[19]这么低的繁殖成功率说明抚育每个幼崽都无异于一场赌博。阿尔特曼发现，狒狒母亲正在挑战自身生存的极限，如果繁殖得太快，她们就会面临母体耗竭和死亡的风险。

然而，并非所有母亲生来都是平等的。雌性狒狒的命运完全取决于她的社会等级。雄性狒狒会争夺首领位置，而雌性狒狒也有自己的等级链——严格的雌性“贵族制度”，其严格程度可以与英国贵族制度媲美。她们的地位是继承来的，通过母系传承，不可改变并带有特权。有幸居于上层阶级的雌性拥有食物和水源的优先权，可以取代“平民”获得梳理服务，可以自由地去任何地方，在群体中做几乎任何想做的事，包括抢夺甚至绑架其他雌性的幼崽。

阿尔特曼不知道狒狒为什么会抢夺别人的幼崽。这可能是幼崽的天然吸引力的异常副作用，灵长类动物普遍被幼崽吸引。就像在人类中一样，新生幼崽好似具有磁性。它们成为群体的焦点，其他狒狒都想掌控它，尤其是未成年的雌性狒狒。但是这些未成年的雌性狒狒常常并不知道怎么对待脆弱的幼崽，并且会很快对幼崽失去兴趣，有时会造成幼崽的死亡。

“大多数灵长类动物幼崽都需要一直吃奶，”阿尔特曼告诉我，“而绑架者的乳房里没有乳汁。因此，幼崽很快会开始因脱水而变得虚弱，然后因缺乏营养而衰竭，特别是在像安博塞利这样干旱的栖息地。”

社会等级低的母亲尤其容易受到伤害。她们不敢反抗地位更高的雌性，因此高等级的雌性狒狒的女儿可以随便抓住她们的孩子，并在玩腻了这些“新玩具”时就随便一丢，这实在令人心碎。“有些个体可能更缺乏应对经验。”阿尔特曼告诉我，“有一次，我眼睁睁看着一位低等级的新手妈妈陷入了麻烦。当其他狒狒围过来摆弄她的幼崽时，她还在试图给幼崽喂奶，你会特别想跟她说‘小心！她们要绑架那个孩子’。”

对出生在“贵族家庭”的雌性狒狒来说，母亲的社会等级优势可以说是最棒的礼物。这张广泛的慈爱之网能够提供保护，使其免受雌性绑架或雄性杀婴的威胁，以及其他狒狒的竞争性攻击。成年个体更容易容忍一只出身“名门”、“人缘”良好的幼崽在附近吃东西。这种支持系统意味着母亲不必时刻全神贯注地关注幼崽，这对于第一次学习当母亲的初学者特别有帮助。阿尔特曼发现，被高等级亲属包围的雌性狒狒生育年龄更早，后代也更容易存活，从而使她们拥有比社会等级较低的雌性狒狒更大的终生生育优势。[20]

拥有或缺乏这种社会特权，对雌性狒狒养育幼崽的方式有着巨大的影响。出身贵族的母亲对养育幼崽采取了阿尔特曼所说的“放任自流”的态度。她们放心地让幼崽四处游荡，一到可以断奶的时间就早早地表现出严厉的一面。这种自由放任的做法让幼崽更容易学会自给自足和融入群体，使它们成年后有更高的生存概率。

“成功的育幼，目标是孩子可以独立生活，”阿尔特曼告诉我，“不会过度保护的母亲生下的幼崽可以安全但独立地探索和发展自己的社会生活。”

低等级的雌性则几乎被所有狒狒欺负。她们没有足够高的社会地位来保护自己和幼崽，因此会采用阿尔特曼所说的“限制性”养育方式来进行弥补，始终让幼崽待在自己触手可及的地方。限制性养育可能会提高幼崽早期的存活率，幼崽在头几周内可能更安全，免受捕食者和疾病的侵害。但它们独立成长的速度较慢，也对母亲的关键性资源提出了更多需求，将她推向能量极限的边缘，甚至使她死亡。

面对潜在威胁带来的持续压力，低等级的狒狒母亲需要永远保持高度警惕。她们只能看着自己的后代面对危险的群体成员，却无能为力。当感觉到危险时，她们的焦虑情绪呈指数增长，这可以通过检测她们粪便中的激素水平得知。研究认为这种压力会削弱她们的免疫应答，使她们更容易患病，[21]还可能导致抑郁甚至虐待幼崽的行为。人类并不是唯一会患产后抑郁症的灵长类动物。人们在东非狒狒中发现，社会等级低的狒狒母亲在产后表现出更高水平的虐待行为。[22] 在野生猕猴种群中，5%~10% 的母亲会咬、扔幼崽或将幼崽按在地上摩擦。[23] 有些幼崽因此死亡，没死的那些也在精神上受到了伤害，以后更有可能虐待自己的孩子，导致这种虐待行为一代代传递下去。[24]

尽管看起来，低等级的狒狒好像生来就注定要成为命运悲惨的母亲，被迫拿了一手的烂牌，但她们也有办法“作弊”，带给下一代更好的生存机会。阿尔特曼的团队发现，如果她们能够与其他狒狒（无论是雄性还是雌性）建立关键性的友谊，就可以在面对残酷的生存挑战时获得急需的帮助。[25]

“我们发现拥有朋友的雌性狒狒寿命更长，她们的孩子也活得更好。”阿尔特曼在电话中向我透露。

梳理毛发是狒狒友谊的硬通货，这种行为会释放内啡肽，有助于减轻压力。只要狒狒有时间、精力和动力开始并维持友谊，朋友就可以像家庭一样提供宝贵的支持。然而，少即是多，重要的是友情的深度，而不是朋友的数量。建立强大而持久的社会纽带，甚至可能比更高的社会等级带来更多的繁殖收益。[26]

“朋友可以在应对攻击性行为方面提供帮助，比如帮忙留意可能出现的麻烦，容忍她们在附近觅食，享用你愿意分享的食物。你对人类朋友的所有期望，都可能在狒狒身上实现。”阿尔特曼解释道。

## 控制型母亲

狒狒母亲还有另一种欺骗命运的策略：她们可以无意识地操纵后代的性别。阿尔特曼在安博塞利研究点发现，社会等级低的雌性生下的雄性幼崽多于雌性幼崽。[27] 这对她们有好处。雌性的社会等级是通过母系传递的且固定不变，地位低下的雌性狒狒将终生受制于母亲卑微的地位。与此不同的是，雄性狒狒通过相互争斗来决定他们的等级，因此其地位有更多的变更可能性。如果雄性狒狒成功地攀上一只高等级的雌性，并生下一个高等级的雌性幼崽，他的后代就能具有一些生育优势，进而摆脱低等级的炼狱。所以，如果你是一只地位低下的雌性狒狒，那么生下有机会摆脱母系限制的雄性幼崽而不是被困住的雌性幼崽，是合理的选择。

相比之下，高等级的雌性狒狒生出的雌性幼崽多于雄性幼崽。这是因为她们的特权得到了保证，生雌性幼崽的风险较小，而且据阿尔特曼观察，出身高等级的雌性幼崽比雄性幼崽有更高的生存概率。

当阿尔特曼揭露雌性狒狒操纵性别的伎俩时，许多人很难相信世上存在这种精心算计的母性行为。实际上，在整个动物界，母亲们的控制力都比你想象的要强得多。从榕小蜂到鸮鹦鹉，操纵后代的性别只是母亲们使用的多种策略之一。[①]这种无意识但计算了

---

① 鸮鹦鹉想要改变其后代性别以适应环境的冲动，几乎阻碍了对这种鸟的保护工作。这些来自新西兰的不会飞的奇怪鹦鹉多年来一直受到关注：1995 年，全球只剩下 51 只个体。科学家非常担心，因此将这些存活的鸮鹦鹉收集起来，并全部放在附近没有哺乳动物捕食者的岛屿上（入侵的老鼠和野猫是这种鸟面临的最大威胁）。然而，即使是在这个安全的地方，并且有科学家定期喂食，鸮鹦鹉的数量仍然没有增加，到 2001 年仍然只有 86 只。这到底是为什么呢？

事实证明，鸮鹦鹉种群此前已经变得偏向于雄性（不利于雌性驱动的种群增长）。如果资源匮乏，母鸟会倾向于生下雌性：她们体形更小，占用的资源更少，并且有稳定的交配机会。如果资源丰富，母鸟就会转而生下雄性。尽管生育雄性的成本更高，但体形大且健康的雄性会胜过其他雄性，并生育更多的后代。当科学家为这些鹦鹉提供大量食物时，大多数雌性都生下了雄性后代。何塞·特利亚在 2001 年发现了这一现象，现在保护工作者已经计算出适当的食物数量，然后提供给鸮鹦鹉，以确保 1:1 的合适性别比例。[28]

生物学利益的偏爱不会在后代出生时结束。鸟妈妈可以对每个蛋的激素和营养成分进行精细管理，使某些个体比其他兄弟姐妹更有优势。哺乳动物母亲可以根据后代的具体要求调整自己的乳汁。例如，当喂养雄性幼崽时，猕猴母亲的哺乳时间更短，但乳汁更多、更黏稠；而喂养雌性幼崽时分泌的乳汁则更稀，但哺乳时间更长。营养浓度高的乳汁可以帮助雄性幼崽更快地长胖，并为他们提供成年后急需的竞争优势。[29]

无论社会等级是低还是高，关于狒狒母亲如何设法调控基因组以生下"正确的性别"，我们目前都尚不清楚。但其他一些操纵性别的哺乳动物（比如河狸鼠和马鹿）使用的方法是策略性流产。[30]

雌性以如此残酷的方式掌控自己的生育命运这种想法，可能不会受到反堕胎运动者的欢迎。然而，有一个令人不安的事实：大自然显然是有选择性的。对许多雌性动物来说，无论是在怀孕的哪个阶段，当这些母亲面临着将自己或后代置于危险之中的不利情况时，流产都是一种无意识的适应策略，就连熊猫也是如此。我花了一个夏天，等待拍摄爱丁堡动物园的熊猫"甜甜"分娩，结果在最后一刻，常驻新闻官告诉我，她已经轻率地"重新吸收了胎儿"，置全世界的目光或可能的电视收视率于不顾。这是熊科动物中一种绝对谨慎的常见策略，避免在有压力的条件下成为母亲（作为意外的好处，这还使她的幼崽免于终身监禁）。

在野外，新的雄性狮尾狒接管群体后，怀孕的雌性个体就会流产。新来的雄性几乎总是会杀死不属于他的后代的幼崽，因此终止妊娠是母亲的保底策略，用来抵抗这种无法避免的杀婴行为，并避免在这条繁殖死胡同上再浪费任何精力。这种现象被称为"布鲁斯效应"，因为大约半个世纪前，希尔达·布鲁斯首次在小鼠身上发现了这种现象。此后，在从狮子到叶猴的各种野生哺乳动物中都记录了这种导致流产的特殊诱因。[31]

母性的目标不是无差别地抚育幼崽，而是让雌性将她有限的精力投入创造最大数量的后代中，并且使这些后代能够存活足够长的时间来繁殖更多后代。其中没什么真正的无私，这是绝对自私的行为。一个“好妈妈”本能地知道什么时候应该为她的后代牺牲一切，什么时候该忍痛放弃，甚至可能是在幼崽出生之后放弃它们。

在澳大利亚内陆的荒野，雌性袋鼠演化出一种巧妙的对冲下注策略，以应对反复无常的环境。这种策略是一条生殖流水线，使她能够同时兼顾处于三个不同阶段的后代：一只仍在哺乳期但已经快要独立生活的小袋鼠，在她身边跳来跳去，很少待在育儿袋里；一只像粉色软心糖豆一样的初生幼崽，紧紧叼住育儿袋中的乳头；以及子宫中一个受精但处于休眠状态的细胞球，被称为囊胚。当被捕食者追赶时，她可以把较大的幼崽从育儿袋中扔出来，减轻负担以便逃脱。由于跟不上母亲的步伐，这只幼年袋鼠很可能将在没有母乳或母亲保护的情况下死亡。虽然对人类来说这可能令人心碎，但对袋鼠母亲来说，她并不需要做出痛苦的、有意识的决定：自然选择已经为她提供了一个有效的备用计划。哺乳过程的停止会刺激休眠中的胚胎，让胚胎开始发育并迅速成为失去的幼崽的替补。[32]

事实证明，成为母亲是一场高风险的赌徒游戏，有可能获得巨大的胜利，也可能带来致命的损失，这取决于冒险的技巧，因此母性在演化过程中是绝对不可忽略的。从演化的角度来看，雄性之间靠打斗进行竞争。当然，就单个雄性可以授精的雌性数量而言，雄性间的竞争既有大赢家也有输家。但是，哺乳动物母亲的影响可以代代相传，远不止贡献50%的基因那么简单。阿尔特曼和她的团队揭示了母亲的社会地位如何影响幼崽基因的实际表达及后代自身社会等级的发展，其影响力是巨大的。成为母亲可能需要消耗大量的精力，但从另一个角度来看，高昂的代价使雌性哺乳动物对后代基因的控制力比雄性更大。从这种角度看，母亲远非无关紧要，实际上产生的演化影响比父亲更大。在阿尔特曼看来，这也赋予她们更强大的力量。

阿尔特曼解释说："对哺乳动物来说，雌性被困在这个幼崽身边，而幼崽也被困在母亲身边，这在传统观念中被认为是一个重大的限制因素。人们关注的是限制，但这只是故事的一部分。这种母亲与后代之间的捆绑还导致了两性对下一代的影响力不对等，而这方面得到的关注仍然太少。"

一代又一代的灵长类动物母亲正在悄悄地争夺长期利益，那是比雄性吵闹的交配竞争更持久的利益。通过以前我们不曾预料到的方式，母性控制的触角甚至可以操纵这些被频繁记录的雄性竞争的结果。最近的研究表明，高等级的倭黑猩猩母亲会利用自己的地位给儿子做媒，使他们当爹的可能性增加三倍。[33]

阿尔特曼和赫尔迪的工作为此类新发现铺平了道路。她们将灵长类动物母亲从"单调乏味的常数"[34]（其稳定的繁殖输出是一种可称乏味的必然之事）提升为在演化游戏中与雄性并肩作战的平等参与者。她们对"好母亲"的看法挑战了"天生的圣母"这一刻板印象，取而代之的是一个更真实、更复杂的雌性形象，雄心勃勃、精于算计、追求自我且在性方面充满自信。

喂养和保护幼崽的强大驱动力仍然是母性的关键部分。不可否认，母性的改造力量使天性自私的陌生个体（母婴）之间建立了深厚的联系。神秘的母婴关系即使不像达尔文所说的那样无所不在或瞬间出现，也确凿存在。为了寻找支撑这种标志性关系的强大但不稳定的激素基础，我来到了苏格兰东海岸外一个无人居住的岩石小岛。

## 从恐惧到母爱

在五月岛的黎明，我感觉就像来到了僵尸电影里。初升的太阳将天空染成浓郁的血红色，但并没有给我周围的寒冷环境带来光明。尽管如此，但我知道自己并不孤单。刺骨的寒风里夹杂着邪恶的呼啸声、不祥的咯咯声和流着鼻涕的喷气声。在黎明昏暗的光线中，我可以辨认出巨大的、两米多长的笨重阴影环绕着我。他们警告我要保持距离。这些魁梧的野兽充满敌意，全副武装且极具攻击性。如果我离得太近，他们的第一次警告是向我吐一团散发着鱼腥气的浓痰（脚下的岩石上都是这种液体的痕迹，湿滑更增加了危险）。他们的第二道防线要致命得多：一口把我的手臂咬下来。

当太阳升上天空时，怪物逐渐现出了原形：数百只长着深情黑眼睛的灰色海豹妈妈，还有雪白色绒球般的超可爱的海豹幼崽。每年 11 月，五月岛都会变成海豹的产房，为期三个星期，里面有大约 4 000 只灰海豹（*Halichoerus grypus*，该学名来自其像罗马人一样的独特长相，意为“钩鼻海猪”）。这是一场充满侵略性的母爱之争。

灰海豹在一年中的大部分时间里都是孤独的水生猎手，但这些不喜社交的野兽每年必须有一次将自己沉重的身体拖出水面，在陌生个体的陪伴下生下一只幼崽。这块饱经风暴袭击的岩石是苏格兰东海岸最大的灰海豹繁殖地，长仅 1.5 千米，宽仅 0.5 千米，是一个拥挤而好斗的幼崽的集会地。

"人们认为灰海豹很可爱，"凯利·鲁宾逊告诉我，"但作为一名研究者，你要学会别被咬。"

我在2017年遇到鲁宾逊博士，当时她是圣安德鲁斯大学的一名年轻研究员，是被吸引到五月岛的海洋哺乳动物研究组的20多名动物学家之一。这个长期研究小组几十年来一直在记录海豹繁殖季节的喧闹景象，因为这提供了一个独特的机会，可以让研究者在非常近的距离内研究大型哺乳动物的母性行为。[35]

这项工作也伴随着风险。作为一种为了用脚蹼拍水游泳而放弃了双腿的动物，海豹的移动速度可以说快得惊人了。这是一种顶级捕食者，拥有与此相称的尖利牙齿、强壮下颌，以及满嘴的有害菌。第一次在岛上的野外站吃晚饭的时候，鲁宾逊和团队的其他成员给我讲了一个可怕的故事，有关接触海豹体液引起的一种剧毒且可能致命的感染，名字叫"海豹手指"。

"据说，宁愿砍掉你的手，也别得'海豹手指'。"鲁宾逊警告我。传说被海豹咬伤或污染的伤口感染会沿着静脉迅速向上蔓延，让截肢成为唯一明智的选择。这曾经是海豹猎人面临的威胁，现在是令海豹研究人员最头疼的问题，不过游客也应该警惕。鲁宾逊告诉我，最近的一篇医学论文记录了一个独特的"海豹臀部"病例：一位老人在游览南极欺骗岛时，试图远离一只愤怒的毛皮海豹①，结果右屁股被咬伤。[36]"海豹体形大，脾气暴躁，不是游客的玩物。"鲁宾逊总结道。

鲁宾逊必须非常善于避免被灰海豹咬到，因为她的工作需要偶

---

① 毛皮海豹（fur seal）指海狗，属海狮科，而非海豹所属的海豹科。这里涉及英文常用词与生物分类的差异，"seal"一词范围广于海豹科动物。为免读者困扰，这里使用"毛皮海豹"这一名称，而非其学名"海狗"。——编者注

尔采集海豹的血液样本，以研究海豹母婴关系背后激素的影响。多种激素共同促进了母性的产生，但其中一种激素的作用最为强大：催产素。

你可能听说过催产素。这种著名的让人感觉良好的神经肽因具有促进依恋情感的吸引力而被誉为“拥抱激素”或“爱情激素”。它与改变情绪的多巴胺奖励系统一起发挥作用，产生让人高度上瘾的、温暖的、友善的感觉，这种感觉广泛存在于各种关系中，而不仅仅是母亲和孩子之间。比如事后温存时，催产素会鼓励你与性伴侣建立联系，无论你俩有多么不合适。催产素是让单配制的草原田鼠终生忠于伴侣的黏合剂。当黑猩猩互相梳理毛发时，它们体内也会释放催产素，以加强友谊和同盟关系。[37] 甚至当我凝视自己的宠物狗时，我体内也会释放催产素。[38] 催产素是激素界的“摇头丸”，但不要被它的舒适标签迷惑——这种复杂的神经肽不仅仅是一种关于满足感的灵丹妙药。

“催产素从根本上参与了成为母亲的实际生理过程。”鲁宾逊向我解释道。催产素能促进平滑肌收缩，因此在哺乳动物中，它可以促使子宫娩出胎儿（其名称正是来自希腊语的“快速分娩”），还可以刺激乳头分泌乳汁。血液中的催产素会刺激分娩的物理过程，而在分娩过程中宫颈和阴道的伸展过程本身又会引发大脑分泌大量的催产素。由此产生的美味天然阿片类物质“鸡尾酒”，可确保新妈妈在新生儿出生后立即与其建立亲密关系。婴儿吮吸乳汁的行为会让母亲的大脑分泌更多的催产素，所以她本质上是对照顾孩子上瘾了。

“催产素影响行为，但也影响其他生理活动，这个等式的两端对成为母亲来说都是至关重要的，”鲁宾逊解释道，“所以这里存在一种关键的联系，这对我来说真的很有趣，因为它强调了没有什么是孤立的。”

催产素的大量涌入重塑了母亲的大脑，使其适应了后代的哭声、气味和影象。催产素可能通过将处理社会信息（无论是面部、声音还是气味）的大脑区域与多巴胺奖励系统连接起来，使这些信息更加明显。[39] 因此，当宝宝第 100 次哭泣时，大脑产生了更多天然的阿片类物质，促使母亲对婴儿做出回应。

“我们认为母亲的催产素是为数不多的正向增强激素之一。某个因素促使母亲释放的催产素越多，比如泌乳，它就更能触发催产素的释放。”鲁宾逊告诉我。

哺乳期的母亲肯定陶醉于这些东西，这可以解释她们英勇的自我牺牲。保护幼崽时，母亲们以无所畏惧而著称，正如老话所说，“永远不要挡在母熊和她的幼崽之间”。这种更加凶猛的行为是哺乳期母亲所独有的，而催产素与她们的这种行为转变有关。催产素被认为可以减少焦虑和恐惧情绪，帮助母亲应对育幼的压力，并促使她勇敢地保护后代免受任何潜在威胁。[40]

强大的母性对灰海豹来说至关重要，因为灰海豹幼崽完全依赖母亲提供营养。在所有哺乳动物中，灰海豹的泌乳时间最短，乳汁中脂肪含量最高。灰海豹的乳汁中含有 60% 的脂肪，而其哺乳期只有短短 18 天。哺乳期间，母海豹无法返回海中觅食，因此体重会减轻多达 40%。[41] 与此同时，幼崽体形则增至原来的三倍。

鲁宾逊告诉我：“它们迅速地从娇小瘦弱的幼崽变成了巨大的圆形脂肪球。我见过断奶的小海豹从山上滚下来，根本停不下来，因为它们胖到脚蹼无法够到地面。”

断奶的小海豹还要等一个月才能离开小岛去海上生活，这么一想也难怪。这是它们生命中最危险的阶段，大多数小海豹都会在这个过程中死去。年幼的海豹必须学会自己捕猎和觅食。这不是一件容易的事，需要大量的试错。最胖的幼崽生存概率也最大，所以在短暂的哺乳期，海豹妈妈们要一直待在小海豹身边并好好照顾它们，这一点对小海豹的生存来说至关重要。

并不是所有的幼崽都会变成圆滚滚的脂肪球。我在停留岛上期间，看到过至少一只死去的小海豹——孤零零的，像一只白袜子——很可能是被它的母亲遗弃了。五月岛有很多粗心的海豹妈妈。岛上死去的幼崽中有一半是因为长期与母亲分离而饿死的。

“我见过母海豹刚生下幼崽就直接把它抛弃了。小海豹试图与母亲亲近，而她却完全无视并翻了个身。”鲁宾逊告诉我，“母灰海豹为幼崽所做的一切都被压缩在这短短的 18 天里，所以应该有很大的选择压力让她提供最好的照顾。那么，为什么会发生遗弃幼崽这种事情呢？”

鲁宾逊发现，催产素水平为预测野生灰海豹的母性行为提供了一个可靠的指标：催产素水平高的母亲会花更多的时间环抱着幼崽，并发展出强烈的母子依恋。催产素水平低则表明母子关系不牢固，鲁宾逊的研究中催产素水平最低的雌性确实在第 4 天抛弃了幼崽。实际上，这只母海豹的催产素水平低到与非繁殖期的雌性相当。[42] 在其他年份，这只母海豹曾经成功将幼崽养到断奶，那么今年发生了什么导致她变了呢？

对通过嗅觉识别幼崽的哺乳动物来说，似乎有一个关键的窗口期，即幼崽出生后的几个小时，此时大脑的嗅球具有更高的敏感性，母婴关系也较为稳固。如果灰海豹母亲在这个关键时期分心，比如需要赶走一只正在吃她刚诞下的胎盘的海鸥，那么催产素水平可能会保持在非繁殖期雌性的水平。[43]

“如果她出于任何原因错过了那个结合窗口期，那么除非再次分娩或向大脑注射大量人工催产素，否则无法重建母婴关系。这时候你会看到母海豹开始拒绝幼崽的亲近。”鲁宾逊告诉我。

鲁宾逊的研究是第一项观察幼崽及其母亲体内催产素水平的研究，并在两只相互依存的个体中发现了双向反馈回路的证据。正如母亲的催产素水平会因育幼行为而升高，幼崽体内的催产素水平也会因接受照顾而得到类似的提升。这种密切的关系提高了双方的催产素水平，结果是催产素水平高的母海豹的幼崽催产素水平也高。这对幼崽的健康和生存有着巨大的影响。鲁宾逊发现，在高催产素水平的母婴关系中，幼崽体形最胖，却并没有让母亲消耗额外的能量（所以这并不仅仅是因为它们吃了更多的奶）。[44]

“如果幼崽体内的催产素水平很高，那么它应该更想跟母亲待在一起，这意味着幼崽会花费更少的精力在海豹群里跑来跑去惹麻烦。这只幼崽也可能从母亲的庇护中获得某种小气候效益：尽管环境寒冷，但它可以依偎在母亲温暖的怀抱里。”

鲁宾逊认为，催产素除了影响幼崽的行为，很可能还会影响幼崽脂肪组织的发育方式，并参与调节食欲和能量平衡。无论促进体重增加的方法是什么，高催产素水平的幼崽很明显有更大的生存概率。

这些幼崽甚至可能会成为更好的母亲。就像催产素会影响母亲的大脑，帮助她更容易接受幼崽一样，研究表明催产素也塑造了后代的基因表达和神经发育过程。大鼠研究中的证据表明，幼年时在母乳喂养期的催产素水平会影响成年后的育幼行为——有细心母亲的个体会继续成为细心的母亲。[45]育幼方式的变化也会影响以后生活中的其他社会关系。缺乏亲代抚育会影响草原田鼠幼崽大脑中催产素受体的密度和表达，从而导致成年时社交行为的缺失。草原田鼠通常是单配制，但在幼年时被忽视的田鼠，成年后很难建立终身伴侣关系，并且会表现出育幼行为的中断，这可能是由于焦虑情绪累积导致的。[46]

鲁宾逊的工作突出了强大的母婴关系对生存和适应的持久影响，但也表明了其不稳定的一面。鲁宾逊最近第一次亲身经历了整个过程，她非常清楚这一点。

“我的孩子早产了，我必须引产，所以我自己也使用了催产素，这件事并没有让我的丈夫和我所有的朋友的雀跃情绪有所减少，因为他们很高兴，我终于可以自己操纵催产素了。”她告诉我。

鲁宾逊相信，她在灰海豹妈妈和幼崽身上发现的催产素双反馈回路也应该存在于人体中。有证据表明，人类母亲在分娩后表现出一种独特的能力，她们可以从自己的婴儿身上识别出不同的感官线索——视觉、听觉和嗅觉。[47]一项实验表明，母婴关系不牢靠的母亲催产素水平较低。当展示她们的婴儿哭泣的照片时，她们的多巴胺奖赏系统并没有像拥有亲密母婴关系的女性那样被激活；相反，与不公、痛苦和厌恶等情感相关的大脑区域表现得更加活跃。[48]

“人类知道，照顾自己的孩子是必要的。但如果激素没有正常分泌而促使育幼行为自然出现，那么事情会变得非常困难。”鲁宾逊承认道，“我的宝宝体重增加缓慢，经历了那种压力、紧张和不安后，了解育幼行为背后的神经和激素运作机制对我很有帮助。人们对母性有很多误解，并设想养育孩子只有一种最佳方式，如果你不这样做，就是不对的。但事实上，生活是一团糟的，那些能让你做出最佳举动的理想场景根本不会存在。”

催产素近年来获得了很多关注，但鲁宾逊不想夸大它对社会依恋关系的影响。将如此强大的力量归功于单个分子是很危险的事情，尤其是在像人类这样的复杂认知生物中。幸运的是，母婴关系的生物学基础并不仅仅依赖于出生和哺乳后不稳定分泌的催产素。演化确保有其他更持久、更安全的依附方式，使得照顾婴儿成为一种更平等主义的安排。

## 抚育后代：一项公共事务

凯瑟琳·杜拉克正在研究催产素对甘丙肽神经元中枢的影响，这是我们在本章前面介绍过的亲代育幼行为开关，在两性中都存在。她发现这个育儿指挥中心确实有催产素受体，但仅限于母亲。这解释了母亲独特的强化育幼行为：她有甘丙肽和催产素两种神经元来驱动育幼行为。尽管“拥抱激素”（催产素）名声在外，但它并不是这种育幼行为的开关，而只是一种补充。

杜拉克认为，还有第二个长期的依恋阶段，独立于与出生和哺乳相关的激素高峰，可能不仅仅由催产素驱动。第二阶段可以促进后代与母亲、父亲、其他更远的亲戚甚至养父母的依附关系。研究者已经基于这一假设，在未生育过的雌性大鼠身上进行了实验观察。通常来说，这些大鼠对幼鼠极度敌视，会无视甚至吃掉所遇到的幼鼠。但是，如果一只未生育过的雌性大鼠反复接触幼鼠，特别是如果她还有个母亲可以作为学习榜样，这个就像来自地狱的没有生育经验的“青春期少女”就会停止杀戮，并开始照顾幼鼠，最终像生下幼鼠的母亲一样细心。[49]

“即使孩子不是亲生的，养父母也可以和亲生父母一样疼爱孩子。这可能是由于催产素和其他神经肽的共同作用。”杜拉克告诉我。

养育他人的孩子并不是人类和大鼠所独有的现象。从大象到鼩鼱，至少有 120 种哺乳动物中存在收养行为。[50] 事实上，鲁宾逊的研究中那只被遗弃的灰海豹幼崽就被群体中的另一只雌性救起：一位经验丰富的母亲已经做好了照顾它的准备，保证了幼崽的存活。

做母亲是一项要求很高的工作，具有巨大的演化影响。这种依附关系的灵活性减轻了母亲作为唯一养育者的责任，让幼崽可以得到更广泛的照顾。有时这是偶然的，例如那只灰海豹幼崽被收养，但在其他一些物种中，抚育幼崽已经演变成一种公共事务，这对身兼数职的动物母亲来说有巨大的好处。

例如，蝙蝠无法带着幼崽飞行和觅食。因此，蝙蝠母亲会委托其他个体照顾幼崽，甚至互相哺喂彼此的幼崽。长颈鹿也会托管幼崽。觅食的成年长颈鹿容易被捕食者发现，而且头埋在树叶里吃食时无法同时照看幼崽。所以她们会把幼崽放在一个“托儿所”，离大群有一段距离，并指定一只个体看守。如果危险逼近，比如狮子或鬣狗出现，“哨兵”就会护送小长颈鹿群到安全地带。食肉动物母亲也会实行集体照料。犬科动物（如狼或野狗）的一个群体中通常只有雄性和雌性首领进行繁殖，但其他年轻的群体成员会与母亲一起外出捕猎，并返回巢穴将预先消化的肉喂到幼崽嘴里。

尽管照顾和喂养其他个体的后代似乎违背了演化逻辑，但合作繁殖已经在许多生物类群中多次演化出现。大约 9% 的现存鸟类（现存的所有鸟类物种大概有 1 万种）和 3% 的哺乳动物妈妈从所谓的养母动物那里得到了急需的帮助。

我曾前往马达加斯加的一个偏远角落，见到了一位负责婴儿日托的灵长类动物母亲：领狐猴（*Varecia variegate*）。这些原始的灵长类动物的不同寻常之处在于，她们一次最多可产下三只幼崽。大多数灵长类动物（无论是猴子还是猿类）通常一次只生一只。这是因为大多数灵长类动物都具有较大的脑部，幼崽需要长时间生长发育并接受多年的悉心照料，才能独立生活，这使得一次养育多只幼崽非常困难。雌性领狐猴有一个新的办法来解决这个问题：她们像鸟一样在树冠的高处筑巢，作为两三窝幼崽的公共托儿所，因此领狐猴母亲们可以分担育儿的负担。

在过去的15年里，生物人类学家安德烈娅·巴登博士一直在研究这种灵长类动物抚育幼崽的实用方法。当她邀请我前往她在拉努马法纳国家公园的研究地点时，我欣然接受，但当时我并没有意识到破译狐猴幼儿园的秘密需要付出多少努力。

领狐猴极度濒危，只生活在少数剩余的原始雨林中，这些原始雨林最高的树木尚未被伐作木材。现在，这些破碎的原始森林只存在于伐木者尚未抵达的少数几个地方，多亏它们远离道路又地形崎岖。因此，我不得不徒步26千米，穿过一望无际的稻田，在非洲酷热的阳光下曝晒，然后爬上无穷无尽的陡峭湿滑的小路，深入山区森林阴暗的深处，才能到达这些隐秘的雨林。从黎明到黄昏，我跋涉了一整天，最后到达临时营地时，我已经快要昏过去了。感谢晚餐救我一命，虽然只有米饭和橡胶状、快放坏了的瘤牛肉干（在没有电的情况下，干燥是储存必需蛋白质的唯一方法）。

那是研究季的开始，领狐猴还没有繁殖。年轻的美国助理教授巴登的重点工作是给尽可能多的个体做标记，这样她就可以观察领狐猴在树冠高处的育幼行为，这包括花费好几个小时追逐和定位那些在我们头顶上方 100 英尺[①]处跳跃翻腾的领狐猴，然后用麻醉枪击晕并抓住它们。总而言之，好一场锻炼，尤其是对需要爬到树顶、取回麻醉镖和沉睡猎物的马达加斯加小伙子来说。

我得到的奖励是一次意想不到的近距离接触：我要将一只这样的灵长类远亲抱在怀里，带回营地。她温热的身体跟家猫差不多大，厚厚的单色皮毛摸起来非常柔软，闻起来有枫糖浆的味道（她主要以水果为食，这是食物香甜的副作用）。

领狐猴们的动作高傲滑稽，标记个体是巴登进行追踪的唯一方式。雄性和雌性领狐猴长得一样，完全无法从远处区分。然而，通过几年来艰苦的无线电跟踪，巴登发现了这些灵长类动物真正的“怪异”之处。领狐猴们不像珍妮·阿尔特曼的狒狒（或者实际上可以说大多数灵长类动物）那样生活在固定的群体中。实际上，25~30只成年个体会在一个共同的领域内形成松散的联系。“你从来不会在同一个地方发现群体中的所有个体同时待在一起。领狐猴们有点儿像相互弹开的原子。”巴登解释道。

尽管社会生活多变，但同一群体里的雌性领狐猴会同时分娩，这很可能是由食物丰收引起的。果实丰收并不是每年都会出现，雌性领狐猴可能连续 6 年都没有繁殖，而一旦她们开始繁殖，就会同时生下好几窝幼崽。哪怕在灵长类中，这些幼崽的发育程度也是很低的：它们眼睛没有睁开，什么都看不见，甚至无法攀附在母亲身上。第一个月，它们和妈妈单独待在初生巢穴里。然后，随着它们长大，母猴会把孩子们放在一个靠近大果树的公共巢穴里。

“你会在一个公共巢穴里见到两三窝幼崽，有时一只母猴会留

① 1 英尺 = 30.48 厘米。——编者注

下来带孩子，另外的母猴会离开。但实际上更常见的是，两个领狐猴母亲都离开了，留下来看孩子的是其他猴子。”巴登告诉我。

在高处的托儿所里，这些“哨兵”保护着幼崽的安全；顽皮的灵长类幼崽很容易从窝里掉出来，需要有人看管。除了需要及时拯救这些小杂耍演员们之外，看守者还要充当保姆，与孩子们玩耍、给它们梳理毛发，甚至还可能给它们喂奶。有时，这种看守职责会落在母猴的阿姨或姐妹身上，但巴登发现，朋友（无论是雄性还是雌性）同样重要，甚至更重要。[51]信任是关键，她最近发现雌性会长途跋涉，以便与可靠的朋友一起筑巢。当幼崽被放在托儿所时，母猴们打发时间的举动就证明了这一点。巴登惊讶地发现，虽然狐猴母亲们利用一些空闲时间在附近的果树上大口进食，但她们也花了大量时间与其他雌性进行社交。

“‘养育一个孩子需要举全村之力’，这句话对这些灵长类动物来说是真实的，”巴登说，并将领狐猴与人类相比较，“依靠他人分担照顾幼崽的负担，在演化方面具有重要意义。我妈妈是一个单身妈妈，所以我真的很感激这种行为。我认为社区真的很有价值，工作与育儿能同时进行非常重要。”

萨拉·布拉弗·赫尔迪坚信，这种共同育幼在我们这个物种的非凡演化中发挥了关键作用。在成长缓慢、代价高昂这方面，人类婴儿绝对能拔得头筹。一项针对南美采集种群的研究估计，将一个人从出生养育到营养独立需要消耗1 000万~1 300万千卡的热量[52]——远远超过任何一个单独的女性能够提供的，无论她多么擅长发现可以食用的多汁大块根茎。

达尔文提出，日渐熟练的雄性猎手提供的食物为人类幼儿缓慢的成长补充了能量来源，促进了“人类更强大的智力和发明能力”[53]

的演化。赫尔迪则认为，就像领狐猴一样，人类母亲周围有一群不限性别的帮手来分担照顾幼儿的负担，而这种母性的帮助是我们人类实现非凡智力进步的真正关键。

在 2009 年出版的《母亲关怀：相互理解的演化起源》(*Mothers and Others: The Evolutionary Origins of Mutual Understanding*) 一书中，赫尔迪引用了一系列来自幸存传统文明的证据，表明在更新世，人类祖先可能得到了很大程度的帮助——来自那些疑似父亲、真正的父亲、绝经后的祖母、未生育的阿姨和大一点儿的孩子。这些他人的帮助是我们这个物种能够长出巨大的大脑同时迅速繁衍的原因。

"人类婴儿出生时比其他任何猿类都更大，自理能力则更差，然而，当你将现代人类狩猎采集者的出生间隔与任何其他类人猿的出生间隔进行比较时，你会发现人类婴儿断奶更早，母亲的繁殖速度也比其他类人猿快得多。"赫尔迪说。[54]

红毛猩猩母亲得不到任何帮助，因此只能每 7~8 年生一只幼崽。相比之下，人类狩猎采集者的生育间隔只有 2~3 年。赫尔迪继续指出，这种共同抚育有利于善于寻求照顾的后代（会哭的孩子有奶吃），从而促进我们的同理心、合作以及了解他人的想法等独特能力的演化。在赫尔迪所讲述的人类演化史中，是分担育幼的负担，而不是狩猎和战争，塑造了情感丰富的现代人类的合作能力和智力。

达尔文的母性本能潜伏在我们所有人的心中。它不是女性独有的，也不像这位伟人让我们相信的那样即时而刻意。在我们学习其中技巧的时候，育幼能力（母性）逐渐觉醒并演进。但它让我们所有人都有机会以"更多的温柔和更少的自私"[55] 去关心同胞。

第 7 章

# 争强好斗的只有雄性吗?

傍晚时分，在马赛马拉草原上，随着橙色的太阳慢慢落向地平线，金合欢树的影子逐渐拉长，一对转角牛羚（*Damaliscus lunatus jimela*）正在这阴影中决一死战。现在是交配的季节，这两只中型羚羊（长得仿佛踩着高跷的壮硕山羊）已经加入了数百只转角牛羚为爱决战的队伍。

这一对欲火中烧的转角牛羚正面对面，使劲顶住对方，双膝跪倒在地，竖琴状的大角互相扣在一起，头几乎楔入地面，战况一度陷入僵局。紧张的几秒钟后，更具优势的那只将自己细微的体形优势不断放大，将另一只猛地推倒在地。带着相扑选手被逐出赛场般的耻辱，失败者迅速回到牛羚群中，摇着头，放任胜利者自由地领取奖品——与最健壮的雄性牛羚进行交配。原来，这两个武装好斗的对手并不是为雌性牛羚而战的雄性，而是争夺顶级精子的雌性。

当达尔文概述“斗争法则”[1]时，他的论述并没有涵盖喜欢为爱战斗的雌性转角牛羚。在他对动物的解读中，雌性没有必要为交配而战。达尔文的性选择理论，除了极少数例外，讲述的都是雄性争夺雌性的交配权。“可以肯定的是，在几乎所有动物中，雄性之间都存在争夺雌性的行为。”[2]他告诉我们。凭借标志性的勤奋，他继续用几十页的篇幅描写了人们所见的各种健壮雄性的打斗场面，从像鼹鼠这样的“胆小动物”到“嫉妒”的抹香鲸，所有这些动物都在“恋爱的季节”中卷入“不顾一切的斗争”。[3]

这种争夺雌性的斗争解释了许多对日常的生存来说显然并无必要的精巧特征的演化。像角这样的昂贵武器或孔雀尾巴此类装饰品，是专门为浪漫竞争和获得交配机会而演化来的。因此，在“被动”的雌性身上存在着这些所谓的第二性征，对达尔文来说是一个谜。毕竟，雌性与雄性的角生长成本一样高。那么，为什么某些物种的雌性会拥有这些特征呢？

尽管达尔文用了许多篇幅进行了深思熟虑的猜想，他却从未考虑过雌性可能会用她们的角与其他雌性打斗的想法。相反，他得出的结论是，尽管这些武器一定是“生命力的浪费”，但它们在雌性身上存在与否并不取决于它们“有任何特殊用途，而仅仅是遗传所得”。[4]因此，雌性的角只是雄性夸张武器的影子，以多余的方式蹲在她的头上，直到自然选择开始移除它们。

利物浦大学的演化生态学家雅各布·布罗–约恩森表示，这种陈旧的偏见很难根除。“当生物学家谈论‘两性之争’时，他们常常心照不宣地认为，这场战争发生在总是想要交配的雄性和不想交配的雌性之间。”他说。[5]

布罗–约恩森是世界领先的（如果不是唯一的）转角牛羚性策略专家。过去10年中，他一直观察和研究转角牛羚一年一度的繁殖过程，并发现了达尔文做梦也想不到的复杂策略，包括雌性的打斗，以及雄性的欺骗和矜持。

在3月短暂的雨季过后，雌性转角牛羚成群结队地游弋在求偶场上寻找配偶——与艾草松鸡使用的是同一种交配场所。就转角牛羚而言，多达 100 只雄性聚集在一起，占据相邻的小面积的领地。他们使用自己的粪便划定领域的边界，这是一种动物界被广泛使用的方法，可以在竞争对手之间建立标志性的气味界限。

繁殖季节是节奏紧张的时期，因为所有雌性转角牛羚都在一年中的同一天发情。这个短暂的生育窗口带来了 24 小时的交配狂潮。布罗-约恩森计算出，平均每只雌性会与 4 只雄性交配，而有些雌性在这段有限的时间找了多达 12 只不同的对象。

当雌性转角牛羚挑选交配对象时，被拒绝的雄性不惜采取不正当手段来赢得她们的注意。如果一只雌性在未交配的情况下离开雄性的领地，这只被轻视的雄性通常会发出警报。他会发出响亮的鼻息，代表附近有鬣狗或狮子。为了安全起见，雌性在收到这条虚假警报之后，会在觊觎者的领地逗留更长时间。由于空闲时间有限，她经常在等待时就被这只骗人的雄性爬上了身。[6]

布罗-约恩森计算出，在 10%的情况下，雄性转角牛羚只有通过发出虚假警报才能成功交配。虽然有些雄性牛羚必须撒谎才能下种，但还有些雄性牛羚被榨干了精力，还不得不轰走过于热情的雌性牛羚。顶级雄性牛羚占据着求偶场的中心，雌性竞相争夺这些"种牛羚"有限的精子。布罗-约恩森说："由于雌性们索求无度，雄性精疲力竭的情况并不少见。"[7]

这些顶级雄性不仅耗尽了体力，也耗尽了精子。正如我们在第 3 章中所见，与资深的演化生物学家一厢情愿的观点相反，精子的供应绝不是廉价、无限的。[8] 布罗-约恩森发现，雌性会为争夺最抢手的异性的有限精液而展开激烈争斗。一些执着的雌性牛羚甚至会在雄性牛羚与其他雌性牛羚交配期间冲进来。[9] 这种厚颜无耻的策略并不总能奏效。受到干扰的雄性通常会反击好战的雌性，并以更具攻击性的方式将她们赶走，尤其是当他正在与其他雌性交配时。

布罗-约恩森发现，雄性转角牛羚中的高手并不像达尔文所预测的那样无差别地交配，而是扮演了雌性传统的挑剔角色，以保存他们宝贵的精子。他们的目标仍然是与尽可能多的个体交配，但他们会故意选择与自己交配次数最少的雌性，以最大限度地增加他们在精子竞争中获胜的概率。[10]

布罗-约恩森的直觉是，他所研究的转角牛羚并不是唯一争夺有限精子的雌性哺乳动物。这种角色转换（竞争的雌性和/或挑剔的雄性）可能是普遍存在的，尤其是在滥交的物种中，其中多只雌性偏爱少数雄性。布罗-约恩森说："我们可能没有注意到，异性之间的斗争可能比我们想象的更常见。"[11]

最近对西部低地大猩猩①（*Gorilla gorilla gorilla*）的研究支持了这种猜测。对野生和圈养种群的研究都发现，银背大猩猩的雌性后宫群②在精子战争中利用交配行为作为竞争武器。正如我们所发现的那样，银背大猩猩的睾丸相对于他们的体形来说是出了名的小，这表明精子的数量有限。人们观察到，圈养环境中的高等级雌性会在排卵期以外与雄性交配，此时她并不会怀孕，所以她的目的是打劫雄性的精液库，这样他就只能向那些低等级的小母猩猩发射"空包弹"。在刚果的野生种群中，高等级的雌性大猩猩更加大胆：她们会在低等级的雌性交配过程中骚扰、打断甚至取代对方。研究人员得出结论，战术性非受孕交配是一种有效的"恶意策略"[12]，可

---

① 其中年长的雄性又被称为银背大猩猩。——译者注

② 是的，你没看错。"后宫群"是一个规范的动物学名词（对应的英文是"harem"），又称眷群、闺房群，指一雄多雌制哺乳动物中一只雄兽在生殖期所占有并保卫的一群雌兽。——编者注

以为自己的后代垄断银背大猩猩的精子和资源。[13]

在过去的10年里，人们才知道，雌性羚羊和猿类也会为交配而激烈竞争，就像《乔弟海岸》[①]中的星期六晚上一样。达尔文承认存在“少数异常案例”，即竞争激烈的雌性扮演了“完全属于雄性”的“颠倒”性别角色，但这些被视为微不足道的例外而被搁置一旁。[14]

达尔文狭隘但极具影响力的观点导致接下来的150年里，对同性竞争的研究都集中在雄性之间对配偶的竞争上，而雌性好斗的可能性在很大程度上被科学界忽视了。[15]由此导致的雌性数据空白随后被伪装成了知识。人们假设雌性不会竞争，就是基于这种观点——事实上只是我们没有注意到罢了。

鸟鸣就是一个很好的例子。长期以来，鸣禽悦耳的叫声一直被认为是性选择的典型案例：为了成功胜过竞争对手，以赢得异性的喜爱，雄性的装饰性特征演化得越来越精致。鸟鸣声可能看起来代价并不算大，但记住所有这些歌曲需要更大的大脑，这对以飞行为生的小动物来说是需要消耗大量的能量和体力的事情。事实上，众所周知，在不需要唱歌的冬季，雄性鸣禽的大脑会萎缩。

达尔文在《物种起源》中写道：“雌鸟根据自己对美丽的标准，对最悦耳或最美丽的雄鸟进行了数千代的选择，最终可能会产生显著的效果。”

就像维多利亚时代晚宴上的女士一样，雌鸟没有理由竞争。达尔文理论捂住了她们的嘴，她们的主要作用只是聆听雄鸟那花哨的

---

① 《乔弟海岸》（*Geordie Shore*）是英国一个备受争议的重口味真人秀节目。——编者注

歌唱表演，并不情愿地用交配来奖励自己选中的情郎。任何被观察到唱歌的雌性鸣禽都会被当作爱唠叨的怪胎。她们的歌声落入了科学界置若罔闻的耳朵里而被置之不理，理由我们太熟悉了：雌性鸣唱是“内分泌失调”的结果，[16]或者像雌性羚羊的角一样，只是与雄性共享遗传基因的非适应性副产品。

澳大利亚国立大学演化生态学教授娜奥米·兰莫尔告诉我：“公认的观点是，如果你听到一只雌鸟歌唱，那就是一种无功能的畸形变异——说明这是一只体内睾酮过多的老年雌性。教科书中对‘鸟鸣’的定义是‘雄鸟在繁殖季节发出的复杂声音’，[17]所以鸟鸣实际上被定义为雄性的声音。”

这种长久以来的分类方式严重惹怒了兰莫尔。在过去的30年里，她一直在研究雌性鸣禽的复杂发声，并努力让人们听到她们的声音。她是一个先驱科学家团队的一员，这些科学家厌倦了以雄性为中心的关于鸟鸣的教条式定义，开始自己搜寻所有可用的科学数据，并证明有71%的雌性鸣禽绝非哑巴，而是会唱歌的。[18]

更重要的是，她们的叫声值得倾听；这些鸟类“天后”发出的声音挑战了达尔文性选择理论的基本假设。

根据兰莫尔的说法，一个半世纪以来对雌鸟鸣叫声的忽视只不过是古旧的性别歧视下的又一个牺牲者。这种偏见主要源于鸣禽的地理分布。鸣禽所属的雀形目是鸟类中最大的一个目，有6 000多个物种，占所有已知鸟类的60%。[19]这些鸟的定义特征是具有高度特化的、能够在树上栖息的脚趾，以及肌肉发达的喉部结构——鸣管，使其具有灵活发声的能力。除此之外，自由演化还创造出了秀丽的山雀、翱翔的雨燕和浮夸的极乐鸟，以及无数其他形式。这140个左右的科共同归属于脊椎动物中最多样化的目之一，这要归功于最近地理时空的爆炸性辐射演化，使雀形目鸟类能够扩散到全世界。唯一听不到鸟儿歌唱的大陆是南极洲。

尽管鸣禽在地球上占据主导地位，但过去只有欧洲和北美的鸣禽得到了较多的研究。这些物种基本上都是候鸟，来自最近分化的被称为雀科（归属于鸣禽亚目）的类群，其中雌性的声音确实没有那么华丽。而那些唱歌的雌鸟，如欧洲知更鸟（欧亚鸲），其两性的外形往往非常相似，因此雌鸟很容易被误认为是吵闹的雄性。[20]

在兰莫尔的故乡澳大利亚和整个热带地区，情况则完全不同。如果达尔文住在那里，他会在灌木丛和后院里听到数十种雌性鸟类的鸣叫声，从看起来像电锯的琴鸟到精巧的细尾鹩莺，她们发出的声音与雄性一样婉转。

“作为一个研究鸟鸣的澳大利亚人，你会非常清楚文献中存在的这种误解。我在文献中读到鸟鸣只来自雄性，然后出去实地考察，结果发现到处都是歌唱的雌鸟。所以我几乎不可能注意不到这种异常现象。”兰莫尔说。[21]

据了解，大约 4 700 万年前，鸣禽最先在澳大利亚演化出来。[22]鉴于雌性鸟鸣在其起源地盛行，兰莫尔和她的同事想知道她们是否一直鸣唱。因此，她们创建了鸟类系统树来复原其祖先状态，并推断出最早的雌性鸣禽确实是一群喧闹的天后。[23]

“这真的让事情发生了翻天覆地的变化，”兰莫尔告诉我，“很长一段时间以来，这些古老的澳大利亚鸣禽和歌唱的雌性都被认为是另类的。现在，事实证明北半球的鸣禽才是另类。”

兰莫尔的发现确实意义深远。事实证明，雌性鸣唱并不是最近才在热带地区发现的某种演化怪癖。雌性鸣禽一直在歌唱。发生变化的是，在一些北温带地区，最近演化出来的鸣禽家族的雌性出于某种原因停止了歌唱。这是一个与达尔文提出的框架完全不同的演化情景。

"我们真正应该问的问题不是为什么雄鸟会唱歌，而是为什么一些雌鸟后来会失去歌声。"兰莫尔对我说。

与雄性鸟鸣不同，对雌性鸟鸣的研究仍处于起步阶段。不过，似乎雌性鸣禽主要使用她们的发声能力来与其他雌性竞争。她们唱歌是为了保卫自己的领地、繁殖地或配偶不受其他雌性侵害，或引诱雄性伴侣远离其他雌性。这在像澳大利亚这样的炎热国家更有意义，那里的繁殖季节很长，鸟类夫妻全年都生活在自己的领地中。

"雌性保卫自己的领地是有真实作用的，因为雄性可能会死去，可能会与她分离，或者在隔壁与另一只雌性偷偷交配。在任何一种情况下，雌性都需要保卫自己的领地免受任何入侵者的侵犯，甚至可能需要通过鸣唱来吸引新的配偶。所以在这些热带地区，雌性鸣唱是非常重要的行为。"兰莫尔说。

在欧洲或北美，情况则截然不同。那里的大多数鸣禽在冬天会向南迁徙。当这些鸟类在春天返回繁殖地时，雄性通常先到，然后拼命唱歌以建立领地并吸引配偶。雌性在选择雄性之前会"货比三家"，在某些情况下，性选择会让雄性的歌声更加婉转。然而，繁殖季节很短，所以雌性在再次南下之前，必须尽快开始交配和繁殖。因此，她不太可能与其他雌性争斗，对雌性鸣唱的选择压力就减小了。

显然，鸟鸣对雌性和雄性来说一样具有适应性。巧妙的实验甚至表明，就算是很少唱歌的雌性候鸟，如北美黄林莺，如果其他雌性（即便是模型）侵入她们的领地，她们也可以被诱导开始唱歌。[24]

这些雌性鸟类在巢穴附近和领土内进行声乐斗争，给达尔文的性选择理论带来了问题。这种僵局在某种意义上已成为演化生物学家的心病所在。

“并不是说达尔文错了。在某种程度上，雄性候鸟的鸣唱仍然是通过性选择演化而来的。但这只是故事的一小部分，不是鸟鸣的全部演化过程。”兰莫尔告诉我，“我们现在意识到，鸟鸣确实具有更广泛的功能，包括对各种资源的竞争，而不只是为了争夺伴侣。因此，我们现在认为鸟鸣是通过社会选择演化的，而不是通过性选择演化而来的。”

社会选择的概念是由理论生物学家玛丽·简·韦斯特–埃伯哈德在1979年提出的。[25]韦斯特–埃伯哈德意识到，达尔文的性选择理论过于狭隘，无法解释由竞争繁殖地以外的领域和资源而非竞争交配权力所导致的精巧特征的演化（无论是雌性还是雄性）。

韦斯特–埃伯哈德并没有试图诋毁达尔文，而是提议扩充他的理论，让性选择成为更广泛的社会选择概念的一个子集。就像达尔文本人所做的那样，她用大量的生物来阐明她的理论，这些生物的华丽特征或两性异形无法仅用性选择来解释，而是可能根据季节和情况的不同而具有不同的社会功能。她概述了蜣螂的角、野鸡的尾巴、巨嘴鸟的喙、鸟类的歌声，以及蜜蜂和黄蜂的支配行为，这些都可以用更广泛的社会选择（如果不是性选择）来解释。[26]

尽管如此，这个观点仍然一直存在争议。许多动物学家认为没有必要在演化论中再引入另一种选择形式，更不用说这是达尔文以外的人（还是一位美国女性）提出的建议。[27]但是，随着对雄性引人注目的表演技巧之外的社会竞争的研究不断深入，人们越来越意识到达尔文对性选择的定义不够广泛，无法解释鸟类鸣叫或雌性鸟类有鲜艳的羽毛和装饰物等复杂特征。[28]更糟糕的是，达尔文狭隘的视角“模糊了我们的观点”[29]，并助长了一种科学偏见，即认为如此复杂的特征和两性异形都只是为了成功交配，而实际上它们通常与其他形式的社会竞争有关。

这些争论很可能会继续下去。无论我们管演化出这些惊人特征的力量叫什么，越来越明显的事实是，雌性与雄性一样喜好竞争，只是侧重点不同。雄性主要是为了获得雌性而发生冲突，而雌性更有可能争夺与生育力和养育后代有关的资源。[30] 尽管她们的努力可能更加隐秘，但雌性竞争在塑造演化道路方面与雄性的打斗一样具有影响力——甚至可能影响力更大。

## 为阿尔法鸡让路

对社会性物种来说，地位是决定能否获得食物、庇护所和优质精子的关键——这些都是雌性繁殖所需的资源。所以，成为雌性首领是值得的。雄性争夺霸权的血腥斗争可能吸引了所有人的注意力，但群居的雌性通常也处于某种等级制度中——一种独立于雄性秩序的等级制度。事实上，人类首次完整记录的优势序位就是在雌性群体中发现的。一位名叫索尔莱夫·谢尔德鲁普-埃贝的挪威年轻科学家向科学界介绍了第一只阿尔法个体（动物首领），恰好是一只母鸡。

谢尔德鲁普-埃贝从 6 岁起就对鸡产生了近乎痴迷的兴趣。当时是 20 世纪初，年轻人还没有开始沉迷抖音和宝可梦，年少的埃贝就开始热情地记录他父母避暑别墅里的母鸡，为了了解她们的社交生活，他甚至冬天也去那里。

他注意到，在母鸡群的日常“争吵”中，一只母鸡会啄另一只。啄“他人”的那只通常是两者中较年长的，从此以后将比失败者优先获得最佳栖息地和食物。在几轮啄食之后，总冠军将出现，而群体打斗停止，因为每只鸡都理解并接受了自己在等级制度中的位置。然而，这只被他称为“暴君”的母鸡首领，平日里仍会用恶狠狠的啄食来提醒任何敢于在她面前吃东西的下属，别忘了自己的相对社会地位。

年轻的谢尔德鲁普–埃贝发现了原始的啄序。

“母鸡的防御和攻击是通过喙完成的。”他在1921年发表的开创性论文《家鸡的日常生活》中指出。[31]

谢尔德鲁普–埃贝的发现可不是小事，意义远超一群互啄的母鸡。这位年轻的科学家非常正确地假设，这种专制主义是动物和鸟类社会的基本原则之一。不幸的是，与一位更有权势的女性学者的争执[32]使他未能获得应有的荣誉，这表明他更擅长在研究中揭示等级制度，而不是在现实生活中驾驭等级制度。

谢尔德鲁普–埃贝已经认识到雌性的等级制度其实非常重要。他写道：“人们总以为母鸡之间的打斗是无害的，但事实并非如此，她们也不是一时兴起。为了获胜，她们付出了很多，有时甚至付出了生命。”[33]

从鸟类到蜜蜂，整个动物社会都是如此。对雌性来说，在社会阶梯上攀升至领袖地位的奖励是重要的生殖优势，这值得为之奋斗。在雄性中，争夺霸权的斗争可能是血腥、喧闹的，令人难以忽视。而雌性的权力斗争通常要微妙得多，但同样具有破坏性。这可能就是许多雌性动物的等级制度几十年来都没怎么引起注意的原因。

“雌性并非天生想要涉足等级制度……雄性灵长类动物似乎是更典型的‘政治动物’。”这是有史以来第一本专门讨论雌性之间支配关系的教科书《雌性等级制度》（*Female Hierarchies*）一书得出的悲惨结论。[34]

这大错特错了。雌性之间的战略竞争是灵长类社会结构的核心。大多数雌性灵长类动物社会都有可遗传的稳定母系关系，在无情的控制权争夺战中，她们使用心理恐吓、战术联盟和残酷惩罚等方式相互竞争。

回想一下我们在上一章中遇到的狒狒。高等级的雌性拥有一切，包括优先获得食物来源，以及对她们自己和后代的高等级安全保护。地位低下的母亲和她们的后代则经常受到上面那些狒狒的欺凌，由此产生的压力会影响她们的繁殖。低等级的雌性繁殖较晚、排卵频率较低，甚至会因为持续受到优势个体的恐吓而自发流产。

正如萨拉·布拉弗·赫尔迪所指出的，在灵长类动物中，“处于高等级的优势雌性不仅可以免受骚扰和剥削，而且拥有可以干涉其他雌性繁殖的特权”。[35]

这种对雌性生育能力的卑鄙打击具有严重的后果，可以说远远超过雄性之间最野蛮的竞争。它击中了雌性的要害：她宝贵的遗传资源。无法繁殖是最具毁灭性的惩罚。仅仅因为雌性灵长类动物没有天天挥舞着拳头，就认为她们不如雄性那样争强好胜，这种想法真是太天真了。她们之间的斗争只是更狡猾、更肮脏而已。

低等级的雌性狒狒最好的生存策略是玩一场巧妙的政治游戏，并通过战略联盟提升自己的社会等级，来保护她和她的后代。雌性灵长类动物被描述为“痴迷于地位差异或无礼的手势”。[36] 她们只是不像雄性那样在明面上竞争罢了。

从表面上看，一群雌性狒狒在午后的阴凉处里四处闲逛，吃着种子，互相检查对方的皮毛是否有蜱虫，这似乎是一个和谐的场景。但撕开母性天堂的外衣，雌性其实正通过梳理毛发、分享食物和照顾幼崽来算计和协商相互之间的复杂关系。几只雌性个体可能会一起围攻好斗的雄性，甚至互相照顾彼此的幼崽，但她们这样做是出于自私，是为了保护自己的生育潜力。这种外交策略需要个体具备强大的认知能力，并且很可能是包括我们在内的所有社会性灵长类动物大脑体积和智力增加的驱动力之一。[37]

## 致敬繁殖后代的首领！

在动物中，母系制度并不是女性主义者的伊甸园。通常，险恶的生殖暴政的暗流，操纵着团队合作和剥削之间的界限。这一点在可爱的电视明星狐獴（*Suricata suricatta*）的集体生活中表现得最为鲜明。狐獴暴力的等级社会制度与其甜美可爱的银幕形象并不一致。

我承认，不被狐獴迷住很难。我通常对传统意义上的可爱免疫，更喜欢那些奇奇怪怪的生物。但几年前，在参观南非的卡拉哈里狐獴项目时，我却完全被这些群居的小东西征服了。狐獴是狂热的喜剧演员，还喜欢用后腿站立，以致人们很难不把他们比作人类。他们天性喜欢挖洞，一旦在一个地方停下就会非常激动地挖掘，只不过通常收效甚微或一无所获。狐獴不时跟蝎子打架，或者在阳光下打瞌睡时翻倒，仿佛滑稽的小丑表演。然而，在闹剧的背后，狐獴社会更多地类似斯大林时期的苏联，而不是卓别林的影片。

狐獴通常以 3~50 只为一群生活，其中一只占优势地位的雌性垄断了 80% 的繁殖机会。[38] 其余的狐獴“平民”——她的亲戚、后代和一些雄性“游民”——帮助进行领地防御、哨兵守卫、洞穴维护、保姆工作，甚至哺育统治者的幼崽。这种只有少数个体进行繁殖而其他个体帮忙的分工，在科学上被称为“合作繁殖”[39]。这个词总是让我觉得委婉过头了。狐獴的表面友情并不是通过愉快的合作来实现的，而是通过公然的暴政来实现的。

狐獴社会的基础是亲缘关系密切的雌性之间无情的生殖竞争，这些雌性在怀孕时随时可能杀死并吃掉彼此的幼崽。这种吃掉幼崽的热潮受到万能的雌性首领的控制，她对进行繁殖的下属采取零容忍政策。[40] 她的目标是，在统治期间阻止她的任何雌性亲属生育，并让她们代为照顾她的孩子。这消除了她的幼崽可能遇到的任何不必要竞争，并保护它们不被吃掉。这也让她得以将所有精力投入繁殖更多的幼崽。这是一个值得为之奋战的重要位置。作为群体中体形最大、最暴力的狐獴，她将通过强夺、身体虐待、诱捕和谋杀来达到这一目的。

领导位置的空缺并不经常出现。一般来说，这个职位只有在女族长死后，比如死在了鹰爪下或敌对的狐獴群手中后才会空出来。然后，最高职位落到了群体中年龄最大、体重最重的雌性身上，很可能是女族长的女儿之一。

从这只狐獴继承至高无上的地位的那一刻起，她的体形就会增大，体内的睾酮水平会上升，她对所有其他雌性的敌意也会激增。她会对那些在年龄和体形上与她最接近的个体（最有可能是她的姐妹）表现出特别的敌意，而她们也是她最大的生殖竞争对手。

“如果你是一只雌性狐獴，你最好的选择——你生活中的希望——就是有人吃掉你的母亲。”剑桥大学行为生态学家、卡拉哈里狐獴项目创始人蒂姆·克拉顿-布罗克教授，用他字正腔圆的英国口音在电话中向我解释道，“可是，如果你的母亲被吃掉的时机不合适，那就不好了。最有利的情况是，当你是团队中最年长的下属时，你的母亲命丧黄泉。然而，如果你的一个该死的姐姐得到了这份工作，她就会把你赶出家门。”

25 年来，克拉顿–布罗克一直在记录野生狐獴的家庭生活。他解释说，被赶出家门的不仅仅是女族长的姐妹们。在统治期间，任何已经达到性成熟并可能进行繁殖的雌性，甚至还没能尝试交配就会被赶出群体。

“你经常会看到狐獴女族长驱逐她们的大女儿。她们真的很残忍：女儿如果不想走，就会被杀掉。如果你观察一个狐獴群，就会发现其中基本没有 4 岁以上的从属雌性，因为雌性首领会在她们 2~4 岁之间把她们驱逐出去。所以她们都离开了。”

这种驱逐遵循着一个陈旧的虐待升级计划。初级欺凌行为始于直接从下属嘴里掏出食物。在电视剧中，这可能像一个好玩的小插曲，但事实则非常黑暗。卡拉哈里沙漠中的食物非常稀少。狐獴可以吃的大多数生物，为了保护自己都演化出了有毒的装置，比如注入致命神经毒素的蝎子和从肛门高速喷出沸腾酸液的甲虫。这些都需要在吃之前先除去毒液。但是，首先必须得找到食物。沙漠中被太阳烤过的地面可能会像混凝土一样坚硬。我自己好不容易才找到一个蝎子洞，然后花了 10 分钟时间，艰难地试图用镐挖出一只蝎子。而狐獴只能挖得动软沙，并且可能要翻动堆积如山的沙土才能找到可口的东西。因此，抢劫来之不易的食物不仅是无礼的行为，更是对昂贵资源的霸占。

接下来是身体虐待：雌性首领会通过猛击其他个体的臀部以及随意撕咬尾巴、脖子和生殖器，来展示自己的力量。肉体欺凌可以加强首领的权威，还有额外的收益：由此产生的压力也可能会降低受害者的生育力。然而，她的主要目的是让受害者的生活变得非常痛苦，以至于受害者会主动离开这个群体。

“驱逐始于霸凌。尾巴根部的咬伤很常见。当你看到一只狐獴的尾巴根部有一块裸露的皮肤时，它很可能就是下一个离开种群的。”克拉顿-布罗克解释道。

与持续不断地被抢夺食物和啃咬生殖器相比，被流放听起来像在公园里散步一样轻松。但在这里，唯一比雌性狐獴首领更难以忍受的是卡拉哈里沙漠本身。没有多少环境会比这片广阔的半干旱大草原更严酷。在一年中的大部分时间里，降雨都是一种模糊的记忆；每天的温差可达45摄氏度。在盛夏，白天的温度高达60摄氏度；而在冬天，夜晚可能会结冰。如果不能在公共巢穴中拥抱着亲友温暖的身体，流浪在外的狐獴很容易在夜里一觉不醒。

更致命的是进入邻近狐獴群的领地。每个狐獴群都有大约2~5平方千米的活动范围，受到严密的巡逻和保卫。由于合适的洞穴和食物是稀缺资源，邻近的群体之间竞争激烈，经常发生激烈的战斗。根据克拉顿-布罗克的说法，他的研究区域里有好几个交战的帮派比邻而居。因此，一只流亡的狐獴会不可避免地进入竞争对手的领地。她一旦被领地的主人发现，就会被驱赶出去。如果不幸被抓住，她就死定了。

就算流浪的雌性狐獴没有被敌对的狐獴群杀死，还有数十只眼尖的捕食者等着把她当作盘中餐。狐獴觅食的软沙只能在干涸的河床、草地和沙丘上找到，这些地方几乎没有植被覆盖。这让饥饿的狐獴暴露无遗：在开阔的地方埋头挖沙子时，捕食者将一览无余。由于没有哨兵监视捕食者并发出警报，一只孤独的狐獴很容易被无数空中捕食者、野猫或豺狼抓到。

正是卡拉哈里沙漠的残暴赋予负责繁殖的独裁者必要的影响力，来执行她极端的管理政策。独自生存是一项极限运动，对许多动物来说，要么合作，要么死去。再加上卡拉哈里沙漠是一个古老的沙漠，大约有 6 000 万年的历史，它拥有演化出一些严重扭曲的“合作”关系的完美条件。除了狐獴，这里还有蚂蚁、白蚁，以及斑鸫鹛等集群鸟类，还有达马拉兰鼹鼠的庞大穴居社群。为了生存，这些动物都走上了繁殖极权主义和与此有关的“合作”道路。

旅行作家A. A.吉尔曾经指出：“这里没有浪漫。卡拉哈里沙漠是一种不道德、不受监管的市场力量，是一种由专业人士践行的纯粹的恶性资本主义。”[41]

如果“少女”狐獴发育得太快，而她又冒失地被流浪的雄性狐獴推倒，惩罚将是迅速而致命的。怀孕的从属狐獴将被首领毫不客气地驱逐，随之而来的压力通常会导致她流产。如果她设法在没有被发现的情况下足月妊娠并在巢穴中分娩，女族长将杀死并吃掉任何不受欢迎的幼崽（通常是她自己的孙子孙女），并将该雌性从群体中驱逐出去。

如果这还不够恐怖，那么除了被驱逐，这些最近失去亲人的雌性狐獴还有另外一个“合作”可能。但只有在一种情况下，她们可能会被允许偷偷溜回群体：为她们凶残的母亲哺喂幼崽。[42]

哺乳会严重消耗从属个体的能量储备，但如果不这样做，她们就会被流放或孤独地死去，这些被奴役的雌性别无选择。这种威胁解释了天性自私的个体的奇怪的利他主义行为。照顾首领的幼崽是一种惩罚形式，或者是为她们的错误行为支付的“罚款”。[43]考虑到该群体中雌性之间的亲属关系，她们共享部分基因，帮助抚养母亲的后代至少意味着自己的部分基因也能流传下去。这种遗传联系加强了从属个体做出牺牲的动机，并为合作提供了一些遗传优势。如果一名从属雌性设法取悦了首领并在群体中停留了足够长的时间，那么总有一天她也有机会继承首领的头衔并繁殖自己的后代。

“作为一名未成年的雌性，你最不想看到的就是母亲将你踢出群体。所以从某种意义上说，你必须按照她的规矩来。她比你大，有能力把你赶出去。所以你只能祈祷她被吃掉。”克拉顿–布罗克告诉我。

你并不会看到从属雌性联合起来推翻雌性首领。“结成联盟并‘篡位’，那是灵长类动物会做的事，”克拉顿–布罗克解释道，“狐獴不会结盟。她们非常愚蠢，肯定不是你确定保险方案时咨询的合适人选。”

只有当领导地位不稳定时，才会发生叛乱。假设一个虚弱的雌性因为年龄最大而继承了首领地位，但她可能不是体重最重的。此外，尽管首领强大，她也可能会生病或受伤。然后社群系统就崩溃了，随之而来的是血腥的混乱，几个差不多的候选继承人会为争夺首领位置而大打出手。除了对彼此的攻击升级，她们通常都会怀孕。结果就变成了一场吃掉幼崽的比赛。出生的第一窝会被怀孕的雌性吃掉，然后是下一窝。这场屠杀一直持续到最后一窝幼崽出生，无论它们的母亲是谁，它们都将是仅有的幸存下来的后代。在一项研究中，248 窝记录在案的幼崽中有 106 窝未能走出巢穴，这表明这些幼崽都被杀死了。[44]

狐獴的文化是紧张而嗜血的。一项研究调查了 1 000 多种不同哺乳动物的致命暴力行为，结果揭露了狐獴是地球上最凶残的哺乳动物——甚至击败人类，坐上了残酷的头把交椅。每只刚出生的狐獴都有 1/5 的概率被另一只狐獴杀死，凶手很可能是雌性，甚至很可能是它们的母亲。[45]

所有这些情况都使狐獴并不适合被选为有益健康的家庭娱乐形象，或者给值得信赖的汽车保险供应商代言。这种动物可能看起来可爱又滑稽，还被贴上了“合作”的标签，但其实每只个体都只为自己而活。没有神会创造出如此有缺陷又血腥的系统。但演化确实让它产生了，而且不知何故，这种系统不仅有效，还非常成功。雌性狐獴首领一年可以繁殖三四窝幼崽，而体形相近的其他哺乳动物通常只能一年繁殖一窝。一位名叫马比里的传奇雌性狐獴首领在长达 10 年的统治期间，成功生育了 81 只幼崽。

鉴于每 6~7 只狐獴中只有 1 只能够有效繁殖[46]，雌性狐獴繁殖成功率的差异甚至比那些互相对抗、竞争首领地位的雄性更大。克拉顿–布罗克告诉我，尽管马鹿付出了所有的努力来长出巨大的角、与竞争对手搏斗并积极充实了庞大的后宫群，他所记录的最成功的雄性马鹿终其一生也只繁衍了大约 25 只后代。

## 女王万岁！

合作繁殖的雌性的后代数量轻松击败了前面提到的雄性马鹿。合作生活的女王当然是社会性昆虫（所有种类的白蚁和蚂蚁，以及一些黄蜂和蜜蜂），这些动物的社会是繁殖极权主义的奇迹。数万只雌性个体中仅有一只有机会成为母亲。成为母亲的这只雌性可以非常多产，因为她唯一的工作就是产卵。在不育的“工人”和“士兵”的帮助和支持下，她安全地待在自己的王宫里专心产卵。

这个系统已经被白蚁砥砺到极致。自大约 1.5 亿年前的侏罗纪早期起，当恐龙还在地球上行走时，白蚁就在合作繁殖了。好斗大白蚁（*Macrotermes bellicosus*）不仅种植真菌，还在西非大草原上建造高达 9 米的高耸土堆作为巢穴，其内部的湿度和温度均可以调控。王宫位于巢穴的中心。与蚂蚁和蜜蜂不同，王宫里不仅住着蚁后，还住着蚁王，他们终身相伴。在许多白蚁物种中，蚁后演变成一个巨大的产卵机器，腹部膨胀了1 000多倍，仿佛一根约10厘米长的灰白色香肠。她的头部、胸部和腿部仍然很小，只能可怜巴巴地摆动，因为所有其他动作都被她怪异的、蠕动的腹部所限制。她巨大的蛆虫般的身体必须由一群工蚁喂养，而她自己所有的精力都用来产卵，每3秒钟一粒，连续一整天，持续20年。理论上讲，她每天可以产下2万多粒卵，一生中可以生育大约1.46亿只白蚁，这使她成为地球上繁殖最成功的陆生动物。[47]

这种合作繁殖的极端现象，涉及生育者和不育的工兵之间如此明确的繁殖劳动分工，被称为真社群性（也称真社会性，eusocial/eusociality，“*eu-*”来自希腊语，意思是“好”）。这其实也是一个高度主观的术语，因为事实上这种社会制度只对某只个体具有真正的“好处”，那就是负责繁殖的蚁后。除了蚁王，蚁群中其余数百万只白蚁都通过摄入蚁后肛门分泌的信息素而变得不育并保持低下的社会等级，[48]这一切都让英国的君主制突然显得相当合理。

真社群性是一种挑战个体哲学思想的异类生活方式，为无数科幻反乌托邦作品提供了灵感。据说奥尔德斯·赫胥黎在《美丽新世界》中就是把人当作社会性昆虫，并在此基础上建立具有5个等级的独裁统治制度。这个科幻作品中的社会出现在无脊椎动物（人类的远亲）中，无疑能让人们松一口气。然而，也有一种哺乳动物的群体被归为真社会性：极其古怪的裸鼹鼠。[49]

从那以后，遇见一只裸鼹鼠就永久地占据了我的动物遗愿清单的首位。但世界上唯一的真社群性哺乳动物并不容易找到。首先，裸鼹鼠一生都在地下度过，就像白蚁一样。在埃塞俄比亚、索马里和肯尼亚的干旱草原地下，裸鼹鼠在巨大的隧道中成群结队地生活，数量可多达300只，有些隧道可以长达数千米。黑暗、幽闭恐怖的生活方式意味着演化已经消除了非必要的奢侈功能，比如视力和皮毛，这些器官对裸鼹鼠日常的任务（寻找地下的植物块茎作为食物）来说是多余的。这些食物在东非的沙漠中很难找到，这也是裸鼹鼠需要合作的驱动力。一个努力寻找食物的裸鼹鼠群，每年可以转移 4.4 吨土壤。

裸鼹鼠很少（或者从不）冒险爬出地面，这也许是明智的。与卡拉哈里沙漠一样，这片撒哈拉以南非洲的土地非常荒凉。赤道地区的烈日只需几分钟就能把一只裸鼹鼠烤焦，而且这里土匪和恐怖主义猖獗，后者对研究人员来说可能问题更严重。有人告诉我，至少有一名裸鼹鼠科学家在该地区“失踪”，一直没有被找到。[50]

我每次访问肯尼亚时，都会在灼热的红土中寻找火山般的鼹鼠丘，这是裸鼹鼠的秘密迷宫的唯一地上证据。但我一直不走运，最终我遇到的第一个裸鼹鼠群不是在非洲的荒地里，而是在东伦敦一个非常热的橱柜里。研究裸鼹鼠的权威人士克里斯 · 福克斯博士在伦敦大学玛丽皇后学院饲养了一个裸鼹鼠群供研究使用。原来裸鼹鼠们已经在动物学系的顶层待了将近 30 年——离我家只有一步之遥。

裸鼹鼠果然没有让我失望，赢得了我遇到过的最离谱的动物这一头衔。当时新冠病毒正在伦敦肆虐，福克斯戴着画有鼹鼠的口罩迎接我，然后爬上 7 层楼梯，把我领进一间散发着甜酵母味道的闷热小屋。他把塑料饭盒和大量透明塑料管用胶带粘在一起做成笼舍，放置在 6 个宽架子上，模拟裸鼹鼠在沙漠地下的生活环境。这绝对是希思 · 鲁宾逊①式作品，不过它让福克斯和他的研究团队得以

① 希思 · 鲁宾逊是 20 世纪初的英国漫画家，擅长绘制结构极其复杂但功能又出奇简单的机器。——编者注

观察这种动物不为人知的社会生活，并试图破解其中的奥秘。

裸鼹鼠们沿着像某种工厂生产线一样的管子快速移动，看起来就像数百根长了腿的未煮熟的香肠。裸鼹鼠确实长相奇特，经常在丑陋动物排行榜上名列前茅。裸鼹鼠的拉丁学名为*Heterocephalus glaber*，意思是“皮肤松弛”和“头部形状奇特”的动物，这对裸鼹鼠外表的特殊性来说只是委婉的暗示。“这些动物看起来像长了牙齿的阴茎，”戴着印有裸鼹鼠形象的口罩的福克斯说，直率得让人震惊，并补充道，“当然我认为他们还是非常可爱的。”

裸鼹鼠的脸大概只有自己的母亲才会喜欢，当然，如果这位母亲不是一个冷若冰霜又好战专制的女王就好了。那皱巴巴的粉红色身体确实非常像阴茎，头盔似的脑袋尖端突出两对长得吓人的黄牙。这些门牙特别明显，因为裸鼹鼠的长牙会终生生长，并且突出于紧闭的嘴唇之外，这样裸鼹鼠就不会在用门牙挖土的时候窒息。两个黑点足以形容其退化的眼睛，裸鼹鼠没有外耳，整体形象仿佛“人形恶屌”①，这对一个由雌性领导的物种来说多少有些讽刺。

福克斯把手伸进其中一个饭盒，抓着一根光秃秃的短尾巴，掏出一根“剑齿香肠”递给我。这只小动物裸露的皮肤摸起来很有弹性，柔软得超乎想象。福克斯解释说，这有助于减少它们在隧道中活动时的摩擦。裸鼹鼠会产生一种新型的透明质酸，与你的昂贵面霜中承诺能让你永葆青春的成分一样。这种透明质酸使其皮肤特别有弹性，也可能是裸鼹鼠不会患癌症的原因。[51]

裸鼹鼠是一个真正的科学奇迹。这种动物是世界上唯一的冷血

① 这里指一部美国电影（*Bad Johnson*），有网友将片名译为“人形恶屌”，片中主角的“命根子”变成了人形。——编者注

哺乳动物，对癌症免疫，能够在没有氧气的情况下存活 18 分钟，并且没有痛觉。这些没有弱点的啮齿动物可以活 30 多年——比同等大小动物的预期寿命长 8 倍。所有这些特点都让硅谷寻找“不老泉”的生命实验室对这种动物特别感兴趣，[52]但实际上这些都是对地下极端环境的被迫适应。

在过去的 30 年里，福克斯一直在研究裸鼹鼠的真社群性社会。裸鼹鼠群由一位女王统治，她与 1~3 名选定的雄性一起完成群体的所有繁殖活动。她一年繁殖 4~5 次，一次会生下大约 12 只幼崽，也可能更多——曾有过一窝 27 只的惊人纪录。[53]尽管幼崽出生时发育程度很低，像一颗鲜红色的软心豆粒糖，表面裹着透明的“凝胶状”皮肤，[54]但繁殖数量很惊人。为了生出这么多的幼崽，裸鼹鼠女王的身体异常膨胀，就像白蚁的蚁后一样。像社会性昆虫的女王一样，裸鼹鼠女王的寿命比其他工鼠长 10 倍，但是她的生育能力并不会随着年龄增长而下降，使得她具有长得异常的生育期，并留下了数量庞大的后代。有记载表明，一位传奇的裸鼹鼠女王在 24 年时间里繁殖了 900 多只幼崽。[55]

除了女王选择的配偶，群体中的其他个体都是工人或士兵。福克斯告诉我，裸鼹鼠与社会性昆虫不同，这些从属个体的职业并不是固定的，而是可变的。体形较大的个体往往担任士兵，负责抵御入侵的外来鼹鼠或蛇等食肉动物；而体形较小的鼹鼠则是工人，整天都在挖掘植物块茎作为食物，用长有刚毛的后腿清扫隧道，照顾幼崽或清理排泄物。裸鼹鼠似乎对其排泄物非常在意。根据福克斯的说法，裸鼹鼠个性不同，有些个体似乎更喜欢某种工作。这也无妨，因为除非成为女王或女王的男伴，否则这些个体将把一生奉献给维持群体的运转。

"群体中99.99%的个体永远不会繁殖。"福克斯告诉我。与狐獴不同，从属裸鼹鼠从不通过偷偷摸摸的交配来挑战禁止繁殖的规则。他们没法这样做。裸鼹鼠女王通过抑制他们的生殖器官发育来消除任何为人父母的念头。雄性和雌性从属裸鼹鼠都处于青春期前的状态，甚至不具有成熟的生殖器官。因此，在这个真社群性系统中，从属个体的交配活动被完全排除。福克斯告诉我，对于不参与繁殖的个体，你甚至无法区分其性别。这些裸鼹鼠就像没有性别的小跟班，按照女王的吩咐在领地里四处穿梭，完成工作。

福克斯的整个职业生涯都在试图揭示裸鼹鼠女王抑制其他个体性器官发育的机制。最初人们认为，就像社会性昆虫一样，这一过程是通过信息素实现的：裸鼹鼠女王在领地周围撒尿，就像在士兵的茶中加入溴化物①。福克斯的工作证明，情况并非如此。其他研究人员提出，从属个体可能是食用了女王含有某种化学成分的粪便后被抑制性发育的。[56] 裸鼹鼠是狂热的食粪动物。裸鼹鼠幼崽经常向照顾它们的成人讨粪便吃。毕竟，吃粪便可以补充宝贵的肠道细菌、营养素和水分。但福克斯解释说，对女王来说，使用粪便进行如此大范围的群体控制意味着她要"像机枪扫射一样排出粪便"，但福克斯并没有观察到这种情况。

福克斯认为，裸鼹鼠女王通过轻微的身体霸凌，将从属个体限制在无性状态中。人们经常看到她推搡从属个体，让他们知道她有力量。为了避免被攻击，工人和士兵必须顺从；如果一个下属在隧道中遇到了女王，女王就会从他身上跨过去，把下属挤在身下。[57]

这种生理抑制的确切潜在机制仍有待研究。但福克斯认为，在非

---

① 溴化物旧时常用作镇静剂。——译者注

常基本的层面上，来自女王的这些对抗性暗示会转化为一种“压力”状态，改变下属的脑化学反应，并影响负责控制生殖的脑区。福克斯提出，促乳素（人体内称催乳素）在这一过程中可能起着关键作用。

“我们发现，不参与繁殖的雄性和雌性裸鼹鼠体内的促乳素水平非常高，这对人类来说是一种不孕症的表现。”他告诉我。孕妇和新妈妈体内的催乳素含量很高，它会刺激乳房分泌乳汁并减弱生育能力，直到当前的后代断奶。这种激素还与育幼行为有关。因此，促乳素在裸鼹鼠体内有可能具有双重作用：不仅阻止他们繁殖，还使他们能够更好地照顾群体中的幼崽。

裸鼹鼠女王要想在整个群体中保持统治地位，还需要做一些认真的跑腿活儿。

“我们知道她要消耗大量的精力在领地进行巡视。研究发现，女王的活跃度是群体中最高的，是活跃度第二名的个体的 2 倍以上，女王在 18 个月左右的时间里移动的距离相当于后者移动距离的 3 倍。”福克斯向我解释道。

福克斯认为，为了维持对群体的性抑制，这种无休止的巡视是必要的。福克斯告诉我，“裸鼹鼠女王真的不像一个懒惰的君主，她不会只是舒服地躺在巢室，等着其他人把食物送到嘴边（就像社会性昆虫）。王座真的很难坐，她必须一直主动地维持统治地位。”[58]

只要女王一直在巡视领地以维持领导地位，裸鼹鼠群就可以在和平的状态下运作数年，甚至是数十年。但如果任何原因导致女王的力量被削弱或缺失，一切都会崩溃。她的缺席将触发级别仅次于她的雌性在一周内性成熟，然后很快这一切都变成了现实版的《权力的游戏》。

“‘当你玩弄权谋的时候，要么赢，要么死’，这是一句名言，也确实适用于裸鼹鼠。他们在争夺王位的过程中肆意滥杀，自己也可能会被杀死。这太残酷了。”福克斯说。

这些特化的穴居动物已经发展出一种凶猛的咬合方式。他们全身有 1/4 的肌肉被用于咬合，以便挖掘坚硬的泥土，再加上尖利的长牙作为辅助。当雌性裸鼹鼠将这些挖掘工具变成武器时，场面会非常血腥。福克斯告诉我，笼舍的塑料管上沾满了鲜血，他的团队不得不想办法将打斗的雌性分开。“当这些长有致命牙齿的小东西们全都在互相啃咬的时候，你必须非常小心——她们会咬掉你的手指。”

看着这些皱巴巴的粉色小肉棒用黄色的长牙互相残杀，实在令人难受。“当她们开始相互打斗时，场景很可怕，你会感到有点儿无能为力。我们经常因此而不开心，尤其是当大周六的早上，突然接到实验室负责动物的人打来电话：‘哦，她们在打架！我不知道该怎么办。’”

裸鼹鼠极端暴力的原因在于，对其他雌性来说，女王的衰弱或失踪导致王位空缺，这提供了千载难逢的繁殖机会。在这个地下世界，独自生存是根本不可能的。裸鼹鼠只有组成大群，自我牺牲，才能存活。他们已经演化出了在恶劣环境中的生存方式：通过分工合作，分担责任。他们代表了不可思议的合作力量，也代表了生殖专制。

在一个原本非常成功的社会里，雌性爆发出这些极端暴力行为，这提醒人们注意到雌性具有强烈的生殖意愿，以及真社群性动物群体中酝酿着生殖竞争，并且不可避免地促生了动物界最暴虐的首领。

正如福克斯所说：“裸鼹鼠群是一个乌托邦式的杰出案例，但是很显然，潜伏在表象之下的是各种险恶和残暴。”

第 8 章

# 姐妹互助会的力量

在电影《马达加斯加》中，这个非洲大岛由一只语速很快的环尾狐猴统治，他名叫朱利安十三世国王。现实主义并不是动画大片的主要特征，但考虑到朱利安国王来自一个确实生活在马达加斯加的物种，认为这是电影中较为可信的角色之一也是情有可原的。但事实上，就像电影中弄错的企鹅一样，这个角色与实际情况相去甚远。在现实生活中的马达加斯加确实有很多环尾狐猴，但他们的首领不是国王，而是女王。制片人可能觉得，在自己喜欢的电影中强加雄性统治是很自然的，但在环尾狐猴社会中，雌性无疑才是占据统治地位的性别。

大多数狐猴物种都是这样的。这些奇特的灵长类动物类群只生活在马达加斯加岛上，通常由雌性领导。无论是单配制的光面狐猴（*Indri indri*），还是多配制的领狐猴，111 个狐猴物种中有 90%都是雌性在领导交配、社会和政治方面的事务。马达加斯加是一个专横的母猴之岛，一片由雌性灵长类动物统治的土地。

这个赋予雌性权力的故事与我们所熟悉的灵长类动物的父权制形成鲜明对比，后者的典型场面是专横的雄性黑猩猩凶猛地捶打自己的胸膛，用蛮力恐吓群体，也是我们的祖先中流行的社会模型。

这种雄性统治被认为符合达尔文性选择理论的基本预测，是雄性为得到雌性交配权而展开竞争的副产品，竞争会倾向于体形大、好斗、具有武器的雄性，然后这些雄性可以利用自己的强壮身体来征服体形较小、被动的雌性。

因此，人们一直认为雌性首领在哺乳动物中很少见。到目前为止，我们在书中遇到的斑鬣狗和裸鼹鼠的雌性首领已经演化出了明显的体形优势，这使她们能够扭转达尔文的“自然秩序”并压倒雄性。然而，狐猴两性之间的体形则很少有差异。那么在这种情况下，弱者（雌性）是如何成为统治阶级的呢？关于其他灵长类动物（包括我们自己）的力量起源和变化，狐猴社会又能告诉我们什么呢？为此，我前往马达加斯加南部干旱的腹地，一探究竟。

马达加斯加是地球上第二大岛国。尽管那里自然资源丰富，马达加斯加却是最贫穷的国家之一，有 3/4 的人口每天生活费不到 2 美元。这些事实累加起来表明，那里并不适合匆忙旅行的人前去。我从沿海城镇穆龙达瓦前往该国西南部偏远干旱的基林迪米泰国家公园的安科阿齐法卡研究站。在地图上，这段旅程看起来只有 40 千米多一点儿。作为一个经验丰富的非洲旅行家，我认为应该驾车大约 2 个小时就能抵达。结果证明是我太乐观了。我们一离开沉睡的沿海小镇，驾车就变成了《疯狂汽车秀》里的极端场景。

当我们沿着无边无际的白色细沙河床前行时，我的司机兰基仍镇静自若。有时，他会不加解释地离开我们乘坐的四驱汽车（我们都只会说几句法语，而且口音完全不同），然后徒步走进令人目眩的热雾中，检查前方是否有流沙。我们能看到的唯一的其他车辆是偶尔出现的破旧木头手推车，由成对的、饱经风霜的、好斗的瘤牛拉着。我们的驾驶速度从未超过二挡，而且这种龟速因无数“收费站”而进一步减慢。当地维佐部落的人颇有心思，放置了这些简陋的路障。妇女们脸上涂抹着乳黄色的树皮浆，保护她们免受烈日的伤害，向我们收取微薄的过路费。

行程进展缓慢，但我对这次冒险仍然感到很兴奋，直到迷路让我暂时失去了愉悦的心情。有人警告我不要在晚上开车，不是因为危险的“道路”，而是当地盗贼的威胁。盗窃牲畜是这些地区人们的一种生活方式，而土匪是这个人烟稀少的半沙漠地区为数不多的职业道路之一。我们没有手机信号，没有地图，没有人可以问路，而且目的地非常偏僻。由于语言不通，我甚至不确定兰基是否了解我们所面临的情况。

我没有水了，就在我想着可能不得不开始收集眼泪来应急解渴的时候，我们在一条长长的红色沙土小路的尽头找到了野外工作站，周围是尘土飞扬又死气沉沉的森林。工作站很小，只有一个充当厨房的小木屋和另一个派其他一切用场的单坡顶小屋。但这比我们之前几个小时看到的居所都要更像人住的地方了。此外，有一位40多岁的迷人女性，穿着连探险科学家也要惊呼专业的野外工作服。这就是工作站的主人丽贝卡·刘易斯博士，她是得克萨斯大学奥斯汀分校的生物人类学副教授，也是研究狐猴群体中雌性优势的权威专家。

刘易斯帮我在一块小空地上支起帐篷，然后带我深入森林，在她的拍摄对象入睡前一睹其芳容。当我们嘎吱嘎吱地踏过散落路上的干枯树叶时，我感到兴奋的情绪升腾起来。刘易斯研究的维氏冕狐猴（*Propithecus verreauxi*），恰好在我的必看物种前十名单中。早在我知道这种动物是由雌性统治种群之前，我就想见见这些奇怪的长着大眼睛、毛发雪白的原猴类动物，因为他们有着独特的移动方式：不会走路，只会跳舞。

冕狐猴居住的落叶林由地球上一些最顽强的植物组成，它们能够承受数月的干旱——一个与茂密丰饶的热带雨林截然不同的世界。这里生长的是一些细长的灰色树木，树枝的强度不足以支撑冕狐猴的重量（一只冕狐猴和一只猫差不多重）。这使得冕狐猴无法沿着纤细的树枝四足行走，或者像猴子亲戚一样从一棵树荡到另一棵树。

冕狐猴用超大的脚和手来缠绕和握紧树干，用长长的腿来跳跃，从而解决了在树上运动的问题。他们颇擅此道：冕狐猴像弹球机里的球四处弹射，大腿细长有力，可以一跃 30 英尺高，从一个树干跳到另一个树干。不过，当冕狐猴下到地面时，这种运动系统就会暴露出缺陷，长腿、短臂和搞笑的大脚使他们无法四足行走。所以，冕狐猴不得不侧身跳跃前进，张开双臂以保持平衡。这是证实演化论真实性的一个很好的例子：没有哪个造物主会设计出如此疯狂的移动方式，除非他真的有一种邪恶的幽默感。

“对我来说，他们就像神奇女侠一样，是出色的跳高运动员，而且富有力量。”刘易斯谈到她的狐猴时说。

当我们赶上冕狐猴群时，他们已经结束了一天的跳跃和舞蹈，开始专心休息。不过，即使是在休息时，也能看出来雌性占据优势地位。冕狐猴通常以大约 2~12 只个体组成的小家庭为单位生活，其中包括一名雌性族长、她的后代和一两只成年雄性。我遇到的这群冕狐猴的雌性族长被刘易斯称为“埃米莉”，正坐在树顶舒服地搂着她的孩子，准备好面对即将到来的寒冷夜晚。与此同时，成年雄性坐在她们下方（这是一种常见的社会等级的表现），都是孤零零地单独待着。这里晚上气温可能会降至 10 摄氏度，刘易斯告诉我，她经常看到雄性像这样被冷落在一边。

雄性冕狐猴都是“二等公民”，被迫将最舒适、阳光最充足的睡眠位置和最好的食物让给雌性首领。任何抵抗都会遭到凶狠的打击。按刘易斯的说法，我来得正是时候，能够看到雌性行使统治权力。在干旱的冬季，大部分树叶都凋落了，只剩下木头骨架，科灵迪保护区变得一片荒凉。我从未见过如此死寂、安静的热带森林：没有虫鸣，没有鸟叫，只有踏在枯叶上的噼啪声打破了寂静。显然，对食叶的狐猴或其他任何动物来说，这时候几乎没有什么可吃的。“冬季的冕狐猴体重会减少 15%~20%，这是一段非常艰难的时期。”刘易斯告诉我。

猴面包树为冕狐猴提供了一片寄托希望的绿洲。这些树具有庞大的根系，将水分储存在肥大的桶状树干中。当森林中的其他植物都奄奄一息时，它们会结出果实：橙子大小的绿色绒球，其中的种子富含脂肪和热量，像圣诞树上的装饰品一样从猴面包树矮小的枝条上垂下来。唯一的问题是果壳很硬，而冕狐猴的牙并不坚硬。他们的门齿已经愈合成一个精致的牙梳，适合梳理柔软的皮毛，而不是啃开木头。

刘易斯告诉我：“雄性会不停地啃果子，只为穿透木质的外壳，获得里面富含油脂的种子。他们花了很多时间啃咬木质果皮，以至于会损坏自己脆弱的牙齿。而当雄性终于啃开果皮时，雌性会过来猛打他的头，说道：‘哦，多谢。这个我拿走了！’”

第二天早上，我有幸见证了一次这样的互动的尾声。我们在上午 9 点左右进入森林，趁着冕狐猴还在树上睡觉。他们起得真晚，我在研究其他灵长类动物时黎明就得出发。在森林里度过寒冷的夜晚后，冕狐猴行动迟缓，需要一会儿日光浴来恢复活力。之后，在埃米莉的带领下，他们跳进干燥的灌木丛寻找早餐。冕狐猴们迅速地穿过枝丫交缠的森林，比我们快得多。快赶上他们的时候，我能听到高高的树枝上发出的响亮争吵声，以及明显是雄性发出的顺从的吱吱声。然后我看到，成年雄性“马菲亚”正在地上蹦蹦跳跳，在落叶堆中寻找一团团鲜橙色的猴面包树果肉，种子还附着在上面，正是头顶上的雌性吃剩的残羹冷炙。刘易斯告诉我，这很常见。在一只雄性被偷走几个果实并忍受足够的殴打后，如果他够聪明，他就会退到地上寻找雌性首领吃剩下的食物。

“老实说，我不知道为什么雄性冕狐猴会留在群里。”她说，“他们经常挨打，也得不到好吃的，生活得很艰难。”

自20世纪60年代年轻科学家艾莉森·乔利首次发现雌性狐猴具有强悍的优势地位以来，这种现象就一直困扰着科学家。乔利生于美国，2014年在英国去世，享年76岁，是一位颇有远见却鲜为人知的女性灵长类动物学家。她创立了一个环保活动品牌，帮助保护了许多马达加斯加特有的野生动物，并提出灵长类动物的高级智商是为了管理复杂的社会关系而不是制造工具而演化出来的。这与当时的主流观点背道而驰，但今天已经被普遍接受了。

乔利一生撰写了100多篇科学论文，尽管她取得了如此多的学术成就，她在一些同时代的人（比如戴安·弗西和珍·古道尔）面前却依然黯然失色，而且她对科学的贡献不知何故被忽视了，也许是因为她非主流的研究观点。当弗西和古道尔描述非洲大陆上占优势地位的银背大猩猩和雄性黑猩猩的等级制度时，乔利在马达加斯加默默记录了一些完全不同的东西——充满敌意的雌性阿尔法个体。

乔利在1962年来到马达加斯加岛，当时她才25岁，刚从耶鲁大学获得了博士学位，并获得了一笔丰厚的“人造卫星时代的研究经费，让人感到自豪”[1]。她在与世隔绝的南部的贝伦蒂保护区定居下来，开始记录岛上奇特且鲜为人知的灵长类动物的生活。最让她着迷的是荒谬但颇具魅力，现在也非常著名的环尾狐猴（*Lemur catta*）。乔利发现这种身上有条纹的超级巨星有一些相当惊人的行为，一些原本被认为是雄性优势物种所特有的行为。

首先，在环尾狐猴中，大部分领地防御工作都是由雌性完成的。她们有发达的气味腺，能比雄性产生更多的化学信号——与你的预期相反。与雄性相比，雌性似乎对同性的气味更感兴趣，尤其是正在繁殖的雌性。最健康的雌性会分泌大量的脂肪酸酯，对外展示着她们的强壮和性感。同样地，在其他动物中，这通常是雄性才做的事情。这表明她们的气味信号可能同与其他雌性的竞争有关，而雄性不会对她们构成太大威胁，因此可以忽略。[2]

雌性环尾狐猴会在不同群体的“对峙区”和群体之间的战斗中留下更多的气味标记。当她们误入邻近领地时，她们会不断嗅探邻居的气味标记，但不会留下自己的气味。[3]

这种行为很有趣，类似雄性黑猩猩进行“领地巡护”时的情况。进行巡护时，雄性黑猩猩通常很兴奋，但他们离开自己的领地进入邻居的领地时就会突然变得安静，以避免被领地的主人抓住。如果真的遇到外来个体，他们就会小题大做，尖叫着拍打树干。这些雌性狐猴会利用气味做一些非常相似的事情。雌性会偷偷溜到隔壁领地，检查附近雌性的气味，借此评估竞争者的情况，但不会留下自己的任何气味。她们悄悄地进行调查，避免邻居报复。如果确实遇到了其他个体，她们会突然发疯似地开始做气味标记，试图吓跑对方。这比尖叫和敲击树干要委婉得多，但本质上是一样的。

雌性环尾狐猴也会动用体力。据描述，雌性环尾狐猴对两性都“非常凶狠”[4]。她们会恐吓甚至驱逐从属的雌性，而被驱逐对群居物种来说可能是致命的。她们对怀抱幼崽的母亲也毫不留情，导致幼崽经常在打斗中丧生。

雌性对低等级个体的敌意在灵长类动物中并不罕见，我们已经在母系制度的狒狒中见到了欺凌行为，但攻击雄性并不多见。一项针对雌性环尾狐猴攻击行为的研究发现，雄性遭受严重伤害的可能性是雌性的三倍。有些雄性甚至死于来自雌性的暴力。[5]

在马达加斯加岛，我看到雄性环尾狐猴经常遭受身体骚扰（被撕咬、推搡和击打），然后被迫让出食物、舒适的床铺或阳光充足的位置。和冕狐猴一样，这些环尾狐猴非常喜欢日光浴：双腿叉开，双臂伸展，舒服地翻起白眼，像20世纪70年代去西班牙贝尼多姆的英国人一样贪婪地享受阳光。如果一只雄性环尾狐猴胆敢在早餐前的日光浴时间占据阳光最充足的地方，他会迅速被雌性强行驱逐。

乔利注意到雄性环尾狐猴会“害怕雌性”的“恐吓”行为。雌性会利用她们的权力谋取私利，但有时也会维持秩序。乔利描述了这样一个事件：雌性出面干预，阻止了一只成年雄性欺负幼年个体，并“让他回到原处”。他得出结论说，环尾狐猴是唯一一种“所有雌性都比所有雄性地位高”的野生灵长类动物。[6]

乔利的全新观察结论于1966年在一本名为《狐猴行为：马达加斯加野外研究》的书里公之于世。除了记录了她对雌性霸权的细致观察，乔利还大胆地指出，邪恶的雌性狐猴可能提供了“对我们人类历史的特别令人兴奋的一瞥”。[7]

马达加斯加的狐猴属于原猴类，也就是我们最原始的灵长类动物亲戚。狐猴是灵长类动物主要演化路径的早期分支，随后灵长类才分化为新世界猴（栖息在美洲的猴类）和旧世界猴（非洲和亚洲的猿猴，这一支演化出了所有的类人猿，包括我们）。大约5 000万~6 000万年前，现代狐猴的祖先来到了与世隔绝的马达加斯加岛。没有人准确知晓这是如何做到的，但最主流的观点是，狐猴乘着漂浮的植物形成的“木筏”来到了岛上。随后这些开疆拓土的灵长类祖先群体在这个广袤且动物相对稀少的岛屿上孤立地演化，分化出各个不同的物种，从体重不超过30个回形针重量的小巧的贝氏倭狐猴（*Microcebus berthae*，世界上最小的灵长类动物）到可以比肩银背大猩猩的已灭绝的封氏古大狐猴（*Archaeoindris fontoynontii*）。

乔利认为，狐猴、新世界猴和旧世界猴这三种演化路线的交会点提供了对我们共同祖先，即“最先与其他同类建立社会联系的原始猴类”[8]的宝贵见解。她对这种凶猛可怕的灵长类早期分支的雌性的研究，削弱了这样一种观念，即强烈的雄性优势制度是所有灵长类动物的自然状态，或者至少应该如此。

然而，乔利的开创性发现无人问津。即使是她付出最多努力得到的启示，也未能破坏“大多数灵长类动物群体内部的秩序是由等级制度维持的，这最终主要取决于雄性的力量”[9]这一流行观点。

在20世纪六七十年代，灵长类动物学界被显眼的雄性支配系统催眠了。对雄性支配的痴迷在该学科于20世纪20年代出现时就开始了。动物学家索利·朱克曼对狒狒（旧世界猴谱系的一部分）的开创性研究工作为此奠定了基调。他在1932年写道：“雌性狒狒总是被雄性支配，在许多情况下，雌性狒狒的态度是极端被动的。"[10] 尽管朱克曼研究的是圈养狒狒，对野生种群来说这些动物种群密度太高，也不具有代表性，但他的观察结果发展成了一种理论，随后成为灵长类动物学的标志性理论：雄性支配的等级制度是灵长类动物生活的决定性原则。这种等级制度控制资源（食物和那些"被动"的雌性）的获取，并依据打斗能力确立。

第二次世界大战之后，对人类战争起源的关注迅速席卷了新兴的灵长类动物学领域，为它的发展提供了动力。狒狒属动物成为首选模型，因为这些动物生活在大草原上半陆栖的大型社会群体中，类似于环境科学家认为的我们的祖先居住的环境。狒狒的残酷文化符合人们对人类祖先的雄性统治和侵略性的认识。雄性狒狒确实很吓人，他们的体形可以达到雌性的两倍，而且他们演化出了可怕的犬齿，与豹子的一样长，这些都有助于争夺对后宫群的控制权。

后来，在 20 世纪 70 年代后期，黑猩猩成为人类世系的模型。珍·古道尔对这种动物好战本性的揭示激发了这样一种观点，即人类男性一定天生喜好暴力。这种观点受到哈佛大学体质人类学教授理查德·兰厄姆等人的欢迎，他与许多其他有影响力的男性科学家一起，推动人们将我们的灵长类祖先视作黑猩猩诸多特征的映射：父权制，以雄性为社会纽带，而且极具敌意。

兰厄姆在他的畅销书《雄性暴力》中写道："对我们祖先的追寻最终得出了一个与我们在当代世界所熟知的事物极为相似的形象：一只现代的、活生生的黑猩猩。"[11]

这种对将少数旧世界陆栖灵长类物种作为人类演化模型的迷恋，导致了人类学家卡伦·施特里尔所称的"'典型'灵长类动物的迷思"[12]。这些特殊的以雄性为中心的猴子社会成为公认的所有灵长类动物的社会模式。然而，随后的系统发育研究表明，旧世界猴很难代表原始的灵长类动物。他们的行为实际上是高度特化的，是为应对特定环境挑战而量身定制的，远不具有代表性。[13] 总的来说，灵长类社会比我们熟悉的狒狒和黑猩猩的父系社会更加多样化。但这种自然多样性被忽视了，被忽视的不仅是狐猴，还有新世界猴。①

大约 4 000 万年前，新世界猴从旧世界猴中分化出来。这些猴类栖息在中美洲和南美洲，并且与狐猴一样，少有对抗性的雄性优势的社会。大多数物种都是和平又平等的，就像我们之前遇到的夜猴一样，两性体形相当，共同承担育幼的工作。而当某个性别表现出优势地位时，比如娇小（并且超级可爱）的松鼠猴、狨猴和绢毛猴等动物中，雌性似乎占据了上风。

一天晚上，在我们的露营地吃完晚饭后，刘易斯宣称："人们认为狐猴很奇怪。可是，新世界猴也很奇怪！"

20 世纪 60 年代，乔利发现的争强好斗的雌性狐猴断然不符合流行的旧世界灵长类动物行为模型。她们对雄性的支配并没有为我们灵长类动物祖先的社会演化提供新的视角，而是被忽视或陷入语义辩论的泥潭。由于人们不愿承认雌性的优势地位，这种现象被视为有策略的雄性"骑士精神"，或者被简单地降级为雌性的"喂养优先权"。

根据刘易斯的说法，对雌性优势地位的研究仍然是"在学术上被孤立的"[14]，经常被视为"马达加斯加的奇事"——一个终究无法被检验的假设。但鉴于只有 10% 的狐猴社会不是雌性占据优势

---

① C. H. 索思威克和 R. B. 史密斯于 1986 年发表的一篇论文指出，在 1931—1981 年这 50 年间，仅 10 个属的灵长类动物就占了关于灵长类动物野外研究的所有文献的 60% 以上。其中 9 个属都是旧世界猴。[15]

的，这种明显不科学的论点站不住脚。它还忽略了全球范围内的其他哺乳动物，从食肉动物到啮齿动物和蹄兔，据描述这些哺乳动物群体也是雌性支配的，表明了这不是马达加斯加特有的现象。

雌性狐猴的有趣之处在于，她们在体力上并不强大，却能占据优势地位。除了少数雌性体形稍大的物种外，大多数狐猴的两性都没有体形差异——这通常与更平等的社会有关。那么，雌性狐猴是如何在不具备体形优势的情况下获得优势地位的呢？

刘易斯认为雌性狐猴的力量来源是显而易见的。她有雄性想要的东西：未受精的卵。“雌性有卵子，她就可以说：你想让它受精吗？你猜怎么着？如果你想要这个，就先把吃的给我。”刘易斯告诉我。

狐猴的繁殖期特别短：冕狐猴一年只有95.5个小时，而环尾狐猴的繁殖期离24个小时还差4分钟。刘易斯解释说：“从经济学的角度来看，如果只有一只雌性处于发情期，那么她应该拥有很大的权力，因为供不应求意味着需求旺盛。”

但演化还有其他可能性。一旦一次只有一两只雌性发情，就会激起雄性竞争，他们试图控制这种宝贵的资源。雄性会演化出更大的体形和武器，用以击退情敌；作为副产品，这会带来体形优势，使他们能够控制雌性，并降低了卵子的资源影响力。因此，让雌性拥有更多统治权，也会让雄性演化出第二性征，然后从体形方面削弱雌性的权力。

这就是达尔文的性选择理论的基础，马鹿（*Cervus elaphus*）是教科书上的典型案例。雌性马鹿每年的发情期很短，促使雄性也进入发情期。为了相互竞争，雄性马鹿演化出霸道的鹿角并增大了体形，这反过来又使他们在身体上相对雌性具有了优势。

就冕狐猴而言，雄性确实会为了雌性而进行体力竞争，而且战斗会变得相当血腥。但出于某种原因，这并没有如达尔文所预测的那样导致他们的体形超过雌性。刘易斯认为这可能与马达加斯加独特的环境和冕狐猴的奇怪运动方式有关。最近的一项研究表明，在干燥的森林中生活时，敏捷胜过蛮力。如果你被竞争对手追赶，而你的个头太大，速度太慢，你就会被抓住；如果体形太小，你被抓住时就很难虎口逃生。因此，演化倾向于选择中等的体形和强壮的长腿，这解释了为什么有竞争力的雄性狐猴没有演化出更大的体形，而雌性狐猴保留了她们的力量和社会优势地位。[16]

还有进一步的演化动力在发挥作用。正如我们在鸭子的生殖器中看到的那样，性冲突也参与其中。雌性狐猴会滥交，但雄性狐猴已经演化出一种偷偷摸摸的伎俩来独占她们宝贵的卵子，无须身体上占优势或相互打斗：他们的精液会像橡胶一样硬化，形成一个“交配栓”。当雌性只有很短的发情期时，雄性可以用凝固的精液堵塞她的阴道来暂时维持她的贞洁。这些交配栓可能会变得非常大，环尾狐猴的交配栓体积超过 5 立方厘米。①[17] 他们不会让后续的雄性无法交配，但需要先去除交配栓才行，这就造成了一个重大的交配障碍。当雌性的发情期只有一天甚至更短的时间时，这可能就会影响结果了。

莱斯大学生态学和演化生物学副教授艾米·邓纳姆最近的一项研究发现，交配栓在受孕期较短但无两性体形差异的物种（如狐猴）中更为常见。[18] 她认为，这种另类的守卫配偶方式提供了一个

① 圣地亚哥动物园的艾伦·迪克森和马修·安德森创建了一份灵长类动物的交配栓目录，并附有得分从 1（未凝结）到 4（坚实的交配栓）的官方精液凝固等级。他们发现了一个有趣的模式：雌性越是混交，交配栓就越坚固。根据这一评价标准，人类的得分为 2，“精液变成凝胶状并保持半流体状态，但没有明显的凝块”。[19]

新的思路，可以解释为什么雄性狐猴没有演化成利用体形和武器来支配雌性。

根据邓纳姆的说法，这种单态现象可能是理解雌性优势地位、摘取狐猴研究的“圣杯”的关键。[20] 博弈论预测，当两名参赛者势均力敌时，获胜者将是最看重奖品的人。由于雌性生殖成本较高，因此雌性的营养需求比雄性更高，更容易挨饿。营养不良的雌性不太可能产生优质卵子或支持怀孕和哺乳，但瘦弱的雄性仍然可以射出有活力的精子并将其基因传递到下一代。因此，雌性在生殖健康方面损失更多，按照理论预期，她们会更加努力地争取资源。身体打斗的代价也很高，因此雄性选择服从雌性并在其他地方寻找更多食物，而不是进行一场他们不太可能获胜却可能造成重大伤害的长期战斗，这是明智的选择。考虑到大多数狐猴两性体形相当，而且在这个环境严酷、季节性很强的岛上食物非常稀缺，这就可以解释为什么雄性狐猴在头部被打了几下后，会再三放弃手中珍贵的猴面包树果实。

雌性狐猴也天生喜欢激烈的竞争。我们在第 1 章研究斑鬣狗时遇到的杜克大学教授克里斯蒂娜·德雷亚指出，许多狐猴也有同样露骨的奇怪生理特征——“雄性化”的外生殖器。[21]

雌性斑鬣狗是地球上最霸道的雌性哺乳动物之一。多数情况下，她们都比雄性更凶猛，并拥有长达 8 英寸的阴蒂，其形状和位置与雄性的阴茎完全一样。她们还有一个假阴囊，而且没有外部阴道开口。因此，她们只能通过“假阴茎”交配和分娩。

雌性狐猴不那么极端，但仍然长有一些非常猥琐的部位。冕狐猴和鼠狐猴的阴道只在短暂的繁殖季节开放一天左右，而在一年中的剩余时间里都是封闭的。一些狐猴物种有一个假阴囊，其“表皮与雄性的阴囊相同”[22]；许多狐猴拥有形状类似阴茎的阴蒂，细长、下垂，而且可以借助勃起组织和内部骨骼变硬。雌性环尾狐猴的阴蒂和雄性的阴茎一样粗，几乎和阴茎一样长，尿道从其中穿过，让雌性能够像雄性一样用“阴茎”排尿。

德雷亚用Skype软件与我通话时开玩笑说，雌性环尾狐猴甚至可以（用“阴茎”）“在雪地上写下自己的名字”。这不仅仅是一个适合派对上逗趣的冷知识，还透露了与之相关的特定激素活动。“这很不寻常，”德雷亚解释说，“它是暴露于雄激素的标志性特征。”

果然，就像斑鬣狗一样，怀孕的环尾狐猴体内的睾酮水平升高，还有另一种鲜为人知的雄激素——雄烯二酮（A4）。德雷亚和她的团队最近发现，根据环尾狐猴雌性怀孕期间体内的A4水平甚至可以预测她所生雌性后代的优势地位。在最近的一项长期研究中，他们测量了怀孕雌性体内A4的水平，然后监测了她们的后代所经历的打斗激烈程度。[23]“如果妈妈体内的A4水平很高，她的雌性后代所受到的攻击就相对较少。”德雷亚告诉我，“也就是说，她会成为首领。”

似乎产前浸泡在雄激素中会使这些雌性胎儿产生攻击性，让她们成年后具有竞争优势。但是，如果演化的全部目标是更多地繁殖后代，这种对抗优势就是一把双刃剑。对斑鬣狗来说，当一群个体为了啃食同一具尸体而激烈竞争时，攻击性的增加可能会帮助她和她的幼崽击退对手；但代价是她们需要通过阴蒂分娩，这也是一个巨大的挑战。对初次分娩的斑鬣狗来说，这就像从消防水管中挤出哈密瓜一样惨不忍睹。这也解释了为什么斑鬣狗中多达60%的分娩会导致死产，以及10%的初产母亲会因分娩死亡。[24]

“雌性暴露于雄激素会产生一连串的负面影响，”德雷亚解释说，雄激素化的雌性成年后可能会在繁殖和育幼方面遇到困难，“所以这些雌性占据优势的物种所面临的问题是，她们必须找到一种方法，在享受暴露于雄激素的优势的同时，最大限度地减少有害影响。”

这是一种微妙的平衡。在德雷亚所研究的雌性占据优势的物种中，雄激素暴露带来的害处是显而易见的。与斑鬣狗一样，在原本贫瘠的马达加斯加干旱森林中，雌性环尾狐猴及其后代可能会因为凶猛地抢夺珍贵的食物而受益。但她们的攻击性水平如此之高，以至于狐猴母亲经常与其他雌性发生激烈打斗，甚至导致自己的幼崽在打斗中伤亡，这并不是一个理想的结果。[25]

大量的雌性哺乳动物，从狐獴到花园中常见的鼹鼠，都具有某种程度的“雄性化”生殖器。德雷亚认为最有意思的是原猴类动物，包括马达加斯加的狐猴、亚洲的懒猴和非洲的灌丛婴猴在内的一系列灵长类动物中也存在这一现象。所有这些灵长类动物都属于最原始的灵长类动物谱系，大约 7 400 万年前从新世界猴和旧世界猴中分化出来。[26]德雷亚由此认为，雄激素介导的雌性优势行为可能不仅是狐猴的祖先状态，而且是包括我们在内的所有灵长类动物的祖先状态。

刘易斯博士得出了同样的结论。在一篇尚未发表的论文中，她绘制了现存和灭绝物种的生理特征谱系图，并推断出所有狐猴（其实包括所有灵长类动物）的共同祖先很可能是单态的。雄性优势只存在于雄性体形较大的物种中，这表明我们的共同祖先一定是两性平等或者雌性完全占优势的。

这一革命性观点摧毁了认为攻击性父权制是所有灵长类动物的共同天性的假设。这在德雷亚看来非常合理，她认为我们一直在通过错误的视角看待雌性优势这一“难题”。

“大家总是说：‘为什么你会认为是雌性占据优势地位？’可为什么不是呢？”她在Skype上大声对我说，带着积蓄已久的愤怒，“你发现了一种胎盘哺乳动物，其繁殖成本由雌性承担。为什么不会出现雌性比雄性地位更高的情况？”她认为，答案是如果通过雄激素暴露增加攻击性来实现优势地位，就会带来一些代价高昂的副作用，只有某些物种才能演化出解决方案并维持其生殖健康。其他雌性动物则找到了解决这一冲突的方法，不需要通过阴蒂分娩也能占据优势地位。

## 姐妹们团结起来！

“人们认为权力完全依靠打斗获得，”在马达加斯加的一个晚上，我们在露营地吃米饭和鱼干时，丽贝卡·刘易斯向我解释道，“但事实并非如此。”

在传统理论中，动物社会的权力被定义为通过身体恐吓获得优势地位，这种看待权力的方式非常以雄性为中心。刘易斯认为，我们需要找到一种对权力结构进行分类的新方法，以识别体形小但力量强大的雌性动物的支配性影响。

“我在美国南部的密西西比州长大，你永远不会说在那里女性占优势地位，”她告诉我，“但女性也拥有强大的力量，你绝对不能惹别人的母亲、姐妹、妻子或女儿。所以我从小就明白，权力有不同的形式。”

正如刘易斯所见，权力可以来自身体优势或她所说的“经济杠杆”，这可能是关于在哪里能找到最好的果树、控制未受精卵的获取或战略联盟的专业知识。

佐治亚州亚特兰大埃默里大学的灵长类动物行为学教授、著名的荷兰灵长类动物学家弗朗斯·德瓦尔也认同，雌性动物的权力被低估了。我曾在伦敦遇到他，他告诉了我“妈妈”的深远影响，那是他在荷兰阿纳姆研究的圈养黑猩猩群中的雌性领袖。

“‘妈妈’是太后。”德瓦尔告诉我。

在黑猩猩群中，雄性首领被认为是优势个体。但是，如果没有“妈妈”的支持，任何雄性首领都无法崛起并统治这个群体，这给了她巨大的权力。雄性可能通过尖叫和打斗吸引了注意，但毫无疑问，她才是“幕后大佬”。[27]

在20世纪70年代，德瓦尔职业生涯的早期，他第一次见到“妈妈”。当时这位新崭露头角的灵长类动物学家被征召到阿纳姆，去记录新建立的实验性圈养黑猩猩群体的社会等级制度。他很快注意到群体的中心是一只雌性黑猩猩，一副祖母的样子，什么都看在眼里，不听任何人胡说八道。“她的目光中蕴藏着巨大的力量。”他在自己的第一本书《黑猩猩的政治》中写道。[28]

“妈妈”赢得了周围所有人的尊重，包括德瓦尔。第一次与她面对面对视时，她让这位身高6英尺多的高大灵长类动物学家“觉得自己很渺小”[29]。“妈妈”身材粗壮，很有威慑力，但德瓦尔说她也有幽默感。她很容易就与所有黑猩猩建立了联系——无论是雄性还是雌性，并建立了群体中独一无二的支持网络。

“妈妈”是群体中地位最高的雌性——雌性领袖，她在这个位置上待了40多年，直到去世。德瓦尔认为她的地位来自她独特的魅力和社交技巧。在黑猩猩群中，雌性的等级由年龄和性格决定。当雌性被安置在动物园里时，她们通常会迅速又轻松地建立等级：一只雌性会向另一只雌性表明她的顺从，仅此而已。雌性的等级制度是稳定的，很少有争议。根据德瓦尔的说法，她们是由“来自下层的尊重，而不是来自上层的恐吓和力量”[30]维持的，或许最好将其描述为从属等级制度。①

雄性黑猩猩的情况就完全不同了。等级部分取决于身体素质，但更重要的是取决于与其他雄性的战略联盟。雄性首领的地位经常受到挑战，并且非常不稳定。权力斗争通常涉及复杂且不断变化的联盟，德瓦尔将其比作人类的政治谋略。

当阿纳姆的黑猩猩群体局势趋向白热化时，争斗的个体总是求助于“妈妈”，德瓦尔觉得她是“天生的外交官”[31]。她不害怕介入正在打斗的雄性，还会有目的地安慰失败者，紧张局势很快得到了缓解。

“妈妈”的权力来自姐妹们的支持。阿纳姆黑猩猩群里的每只雄性个体都知道，他们需要“妈妈”站在自己这边，因为她代表所有雌性。这使她成为一个强大的盟友，但她也并不是公正的。她会在雄性的权力斗争中选边站队，支持一只雄性对抗另一只。如果一

---

① “从属等级制度”这个词最初是由杰出的灵长类动物学家特尔玛·罗厄尔在20世纪70年代创造的，她认为人们过分强调支配地位，而对服从的关键作用关注较少。她认为，主要原因是男性同事们“无意中”将灵长类动物“拟人化”。[32]和艾莉森·乔利一样，罗厄尔是一位默默无闻的女性灵长类动物学家，她挑战传统思维，有时甚至是以挑衅的方式。据说，罗厄尔曾在发表论文的时候，不显眼地签上“T. E.罗厄尔”来掩饰自己的性别，但这种简单的伪装仍然造成了问题。1961年，她向《伦敦动物学会杂志》提交了一篇论文。学会对此论文印象深刻，并邀请罗厄尔从剑桥过来给研究者做一次演讲。但当人们发现“T. E. 罗厄尔”实际上是一名女性时，事情就有些尴尬了。当时，受限于她的性别，她能够发表演讲，但不能和其他人一起吃饭，学会的解决办法是让她坐在幕布后别人看不见的地方吃饭。不用说，她拒绝了。[33]

只雌性个体敢于支持错误的雄性，她会发现自己得罪了领导，直到她转而效忠“妈妈”最喜欢的雄性，麻烦才会结束。

“她仿佛是一个政治党派的组织秘书，保证大家都表达一致。”德瓦尔向我解释道。

雄性都知道他们必须讨好“妈妈”。他们会为“妈妈”梳理毛发，逗弄她的孩子。如果“妈妈”从他们手中抢走食物，他们既不会抢回来，也不会抱怨。他们忍受她所做的一切，只是为了得到她的支持。

德瓦尔告诉我：“我们需要摆脱认为优势行为是什么特殊事物的观点。我们需要做出区分。身体上的优势在许多物种中显然属于雄性，但还有等级优势发挥作用，在这方面同性之间的交流往往比两性之间的交流更多。”

等级是由谁服从谁来衡量的，黑猩猩通过鞠躬和咕噜声向高等级的个体表达尊敬。这些外在的地位标志反映了德瓦尔所说的“正式等级制度”[34]，就像制服上的军装条纹一样。

“最后才是权力，”德瓦尔告诉我，“这意味着你对群体中的社会进程有多大影响，而这很难定义。”

德瓦尔认为，权力隐藏在正式秩序的背后。黑猩猩群体的社会结果取决于谁在家庭关系和联盟网络中处于最核心地位。凭借优越的社交网络和调解技巧，“妈妈”具有非凡的影响力。尽管在正式等级方面，所有的成年雄性都高于她，但他们都需要她并尊重她。“她的愿望就是群体的愿望。”德瓦尔说。[35]

在其他典型的“雄性占据优势”的灵长类动物中，人们也观察到了雌性首领的“造王之力”。密歇根大学杰出的人类学教授芭芭拉·斯穆茨记录了雄性恒河猴和雄性长尾黑颚猴等在谋求和维持统治地位的时候，受到高级雌性支持的强烈影响。[36]

雌性长尾黑颚猴会留在她们出生的群体中，并与她们的亲属形成牢固的终生联系，而雄性长尾黑颚猴则分散并加入其他没有亲缘关系的群体。这给了雌性巨大的权力。有血缘关系的雌性组成的母系群体会形成稳定的核心，并合作反抗雄性的优势地位。雌性还会阻止某些雄性加入群体，并将其他一些雄性赶出去，在这个过程中偶尔会伤害甚至杀死他们。[37]

"这本质上是雌性群体。雄性个体可能会进进出出，但雌性首领是中心人物，拥有很大的权力。"德瓦尔告诉我。

作为群体的稳定核心，雌性往往也是群体的大脑：她们掌握关于环境的关键知识，知道在哪里可以找到最好的食物或安全的休息地点。雌性哺乳动物通常比雄性活得更长，这使得她们富有经验。这种智慧为雌性提供了领导群体的力量。[38]例如，在卷尾猴觅食和进行群体活动的时候，通常是体形较小的雌性表现出领导能力，而不是"阿尔法雄性"，这挑战了把支配地位和领导地位当作一回事的古老假设。[39]

几十年来，研究人员更关注阿尔法雄性戏剧性的政治手腕及在其优势等级中喧闹的恶作剧，而雌性的母系社会影响一直被忽视。人们认为雌性灵长类动物过于专注抚养幼崽，无法自行组织成任何一种权力结构。1970年，以创造"雄性结盟"一词而闻名的加拿大著名人类学家莱昂内尔·泰格写道："雌性灵长类动物似乎在生物学上没有被赋予掌控政治制度的能力。"[40]

这些刻板印象正在慢慢转变。对雌性群体研究得越多，就会发现她们掌握的群体权力越大，这削弱了假定的阿尔法雄性的控制权。[41] 传统观点总是从身体优势的角度看待问题，低估了她们对社会的影响。

“妈妈”的故事的有趣之处在于，她从一个由无亲缘关系的雌性组成的社交网络中汲取了力量。阿纳姆的灵长类社群虽然已经尽力模拟自然环境，但依然是人造的，让陌生的雌性彼此靠近。她们还拥有充足的食物，不必争夺食物资源，从而使雌性有机会结成联盟。

这种实验场景表明黑猩猩的社会角色是多么灵活，以及他们多么容易适应不同的环境。在野外，雌性黑猩猩并不享有这种同盟的权力。与雌性长尾黑颚猴不同，一旦雌性黑猩猩进入青春期，她就会离开出生的群体，独自在森林里觅食，过上游荡的生活。她一路上遇到的任何雌性都将被视为竞争对手，她也不会与之结成联盟。如果她碰巧加入了一个群体，群体里就不会有熟悉的家庭成员，唯一与她存在亲密联系的将是她的后代。

相反，雄性黑猩猩则不会分散开，而是在家人的陪伴下度过一生。雄性黑猩猩构成了族群的核心，他们在一生中将发展出复杂的社会关系和至高无上的社会权力。

因此，分散模式可以成为预测社会性灵长类动物权力动态的一种巧妙方法。颇具影响力的哈佛大学人类学家理查德·兰厄姆将这一观察结果表述为一个被广泛引用的理论，该理论预测，选择留在其出生群体中的性别将发展出最牢固的社会联系。[42] 兰厄姆的开创性论文以少数几种灵长类动物为基础，在这几种动物中，以这种方式迁徙的都是雌性而非雄性。这些被判决过一种可怜的、无能为力的、没有伴侣的生活，没有同盟的雌性灵长类动物是每个女性主义者的噩梦。兰厄姆指出，她们都屈服于具有身体优势的雄性，在两性关系中承受“不重要、无差别”的痛苦，几乎没有结盟的证据，也没有明显的属于自己的支配等级。

除了黑猩猩，不结盟的雌性灵长类动物还包括大猩猩、疣猴和阿拉伯狒狒（*Papio hamadryas*）。这些动物中的雌性是灵长类中地位最低的，人类学家赫尔迪称之为“非人灵长类动物中最可怜、最不独立的”。[43]

你不会想转世成为雌性阿拉伯狒狒的。这些旧世界猴群居生活，在索马里、苏丹和埃塞俄比亚的半沙漠荒地中觅食种子和嫩枝，艰难地过活。这种狒狒的两性异形是非常极端的：魁梧的雄性体形是雌性体形的两倍，雄性长着可怕的犬齿和华丽的白色鬃毛；相比之下，雌性是一种看起来神经兮兮的棕色小动物。

健壮的雄性以一种独特的骇人方式聚集并维持着大约10~20只雌性个体组成的后宫群，在她们还未进入青春期时就将她们从家中绑架而来。从第一天起，还未成熟的雌性就要遭受日常的家庭暴力，以保证她们坚定不移地服从这个绑匪。例如，如果她因为突然想喝水而跑远了几米，雄性就会追逐并攻击她，有时还会把她从地面上提起来。然而，这些“爹味十足”[44]的雄性很少会对他的人质造成严重伤害。他们的暴力行为经过精心调整，对雌性进行恐吓和控制，但并不会对这些宝贵的生殖资源造成无法弥补的损害。

这与人类社会有非常明显的相似之处。女性对自己生活的控制能力最弱、遭受男性暴力的风险最大的群体，正是在很小的时候就被迫与亲人分离并且得不到支持的女性群体。

兰厄姆的不结盟雌性研究造福了正在人类近亲物种中寻找自然状态下雄性优势的证据的人类学家。更令人沮丧的是，兰厄姆断言父权制（雄性留下，雌性离开）可能是类人猿的社会模式，这意味着我们的女性祖先也会同样被孤立、脆弱无助并受到压迫。

然而，有一种灵长类动物打破了兰厄姆定律，拯救了对我们过去和未来的雌性赋权的希望：倭黑猩猩。

弗朗斯·德瓦尔称倭黑猩猩是“给女权运动的礼物”。[45] 黑猩猩群是好战的父系社会，而倭黑猩猩群则是和平的母系社会。我们与两者的亲缘关系一样近。这些默默无闻的类人猿的非常规生活方式，对雄性侵略性根植于灵长类动物生活中的观念做出了最后的致命一击。

倭黑猩猩是 5 种类人猿中最稀有的一种，只存在于位于刚果民主共和国的刚果河南岸茂密的热带雨林中，而且数量很少——不到 50 万平方千米的领地里只有不到 5 万只个体。

倭黑猩猩的故乡地处偏远、政局不稳，再加上其数量稀少，让他们在 20 世纪一直不为人所知。事实上，他们是最后被科学描述的大型哺乳动物之一。倭黑猩猩最初是由分类学家在一所比利时殖民博物馆尘封的档案中发现的。那是 1929 年，一位名叫恩斯特·施瓦茨的德国解剖学家正在检查一个头骨，该头骨因其体积小而被描述为幼年黑猩猩。然而，有一些细微但明显的差异困扰着这位解剖学家。后来，施瓦茨终于意识到这个头骨属于一只成年个体，并向全世界宣布他偶然发现了一个新的黑猩猩亚种。

倭黑猩猩（*Pan paniscus*）最初被归类为侏儒黑猩猩，现在则被认为是独立的物种。他们确实看起来很像其近亲黑猩猩，只不过个头更小、性格更温顺、毛发更少。像黑猩猩一样，雌性倭黑猩猩的体形大约是雄性体形的 2/3，她们也是从出生群体中迁移出来的。然而，她们的社交生活与黑猩猩截然不同。成年的雌性倭黑猩猩不会成为孤独的流浪者，而是加入某个群体并与无亲缘关系的雌性结成联盟。这种姐妹关系的力量使她们能够控制体形更大的雄性。这种关系的形成和维持不是通过打斗和身体恐吓，而是通过科学家所说的“G-G摩擦”，即“生殖器–生殖器摩擦”的简写。换句话说，雌性倭黑猩猩已经演化出了通过相互慰藉来推翻父权制的能力。

年轻的雌性倭黑猩猩进入另一个群体后，会挑选一两只年长的雌性进行特别关注，通过频繁的G-G摩擦和梳理毛发来建立关系。如果成员之间互惠互利，建立密切的联系，年轻的雌性就会逐渐被群体接受。然后，这只年轻的雌性会找到配偶并生下第一批后代，她的地位就会变得更加稳定，也更加接近核心。[46]

这种性行为在其他野生灵长类动物中并没有记录。雌性倭黑猩猩沉迷于G-G摩擦，其频率高于任何其他类型的性活动。这是她们首选的社交润滑剂，有助于提高社会地位、促进合作并调节无亲缘关系的雌性之间的紧张局势，尤其是在觅食期间。她们也确实看起来很享受。参与G-G摩擦活动的雌性会发出那种咧嘴笑和尖叫声，表明她们确实玩得很开心。

“我可以确定她们达到了高潮，”艾米·帕里什告诉我。“她们的阴蒂位置表明她们可以从这种性行为中获得最大的刺激。”

帕里什博士是第一位揭示雌性倭黑猩猩群体团结的独特秘密的科学家。一个炎热的夏日，我在圣迭戈动物园跟她见面。那里有一群倭黑猩猩，正是这些倭黑猩猩帮助她获得了这个启示。这位自认是女性主义者的达尔文主义者有着非凡的履历，曾接受过在世最伟大的灵长类动物学家的点名指导。她极度聪明，在我们会面时戴着一副爱心形状的粉红色太阳镜，立即赢得了我的心。

帕里什选择倭黑猩猩作为她的博士研究内容，并且30年来一直在记录他们的社会生活。那时，人们对这种体形较小的大型类人猿知之甚少。帕里什在圣迭戈野生动物园观察他们的行为，并很快注意到雌性之间的特殊友谊，这显然违反了兰厄姆定律。

“让我着迷的是雌性彼此之间的亲密程度：她们一起外出、玩耍，并对彼此的幼崽非常友好，”她告诉我，“我们一般认为雌性在有亲缘关系的情况下能够融洽相处，但没有血缘关系时，我们在哺乳动物中看不到这种情况。你会看到她们要么回避，要么敌对。”

觅食时间特别容易出现冲突，但倭黑猩猩不会如此。当我们坐在圣迭戈动物园的观景台上，观察倭黑猩猩晚餐时的行为时，帕里什指出了这一群体中的雌性领袖“洛蕾塔”是如何控制食物分配的。食物通常需要用性活动换取。雄性和雌性倭黑猩猩都会用性换取食物，因此，他们会愉快地坐在一起吃东西。这与黑猩猩形成鲜明对比：在黑猩猩群中，雄性先吃，而雌性坐在安全距离外，直到雄性吃饱为止。

“紧张情绪会阻碍长期关系的形成，我认为性有助于为消除任何紧张情绪奠定基础。”她告诉我。

毫无血缘关系的雌性倭黑猩猩确实会通过梳理毛发和性行为，形成长期的稳定关系。帕里什指出，她们也会互相支持并组建联盟。与雄性黑猩猩不同，雌性倭黑猩猩不会利用她们的联盟相互打斗，而是用来压制好斗的雄性。

帕里什注意到，雌性倭黑猩猩会给雄性造成严重的流血伤害：伤口很深，手指和脚趾被咬掉，她甚至目睹了睾丸被刺破的情况。她的导师弗朗斯·德瓦尔寄给她一份清单，列出了他在圣地亚哥研究倭黑猩猩时记录的25起受伤事件。几乎所有事件都是雌性对雄性的攻击。帕里什把网撒得更广，发现世界各地动物园都有令人震惊的故事。例如，在德国斯图加特的威廉动物园，两只雌性倭黑猩猩袭击了一只雄性，并将其阴茎咬成两半（显微外科医生修复了损伤，这只雄性得以继续繁殖）。

每个动物园都有关于雄性“犯错”的民间故事，因为这种打斗模式并不是人们认为的“自然”状态。帕里什从另一个角度审视了数据，并得出了具有里程碑意义的认识：在这个物种中，占有优势地位的是雌性。“以前在倭黑猩猩中从未描述过这种现象。”

我在圣地亚哥的倭黑猩猩群中也看到了这一点。丽莎，一只立志成为首领的雌性个体，一直通过欺负地位低的雄性个体“马卡西”来展示她的权威。马卡西的手指曾多次被咬伤并流血，因此丽莎和马卡西现在被分开，以防止进一步伤害。

“很明显，雌性倭黑猩猩不是闹着玩的。这种行为的后果很严重，对雄性来说很危险，所以他们非常害怕雌性。”帕里什告诉我。

结果是雄性倭黑猩猩的攻击性远不如雄性黑猩猩。“这些年来，他们可能已经吸取了教训。”德瓦尔告诉我。

雄性倭黑猩猩与他们的母亲非常亲近，母亲的地位和权威可以保护儿子免受其他雌性的欺凌。马卡西的母亲不在圣地亚哥动物园，这让他很容易受到攻击。在野外，雄性倭黑猩猩的母亲通常会在附近。因此，虽然来自其他雌性的威胁是真实存在的，但倭黑猩猩实际上比他们的黑猩猩表亲更和平。

黑猩猩的领地意识很强。相邻的群体相遇时，场面会充满敌意：雄性毛发竖起，四处撕咬，这些肢体语言令人生畏。他们尖叫着，用力拍打树干，甚至会互相残杀。与之形成鲜明对比的是，当倭黑猩猩群体相遇时，并不会出现打斗的迹象。

“他们一开始可能会叫几声，但很快场景就看起来更像是野餐而不是战斗。”弗朗斯·德瓦尔告诉我。尽管是一场大家在做爱的野餐。

“性交流是倭黑猩猩避免冲突的方式。”德瓦尔补充道，这就是为什么这些非常规的猿类被称为“要做爱不要作战”的嬉皮猿。

倭黑猩猩的性生活有创意而无拘束。例如，雄性会通过“阴茎击剑”[47]来取悦彼此，你会看到他们在树枝上晃来晃去，并一起摩擦他们的“剑”（如果你能做到，那就太棒了）。对雌性来说，最频繁和最受青睐的性行为是G-G摩擦。如果一只雌性倭黑猩猩同时面对雌性和雄性，她们会选择与另一只雌性进行G-G摩擦，而不是与雄性发生性行为。

“没有完全异性恋或同性恋的倭黑猩猩。他们都是双性恋。”帕里什告诉我。

与人类一样，倭黑猩猩的性交与生殖之间并不等同，雌性经常在生育期之外发生性行为。但由于倭黑猩猩的平均交配时间仅为13秒，他们的性行为快速、频繁，看起来就像我们的握手一样随意。

同样常见到令人印象深刻的是，倭黑猩猩会深深地凝视着对方的眼睛，热情地舌吻，进行口交，甚至还会使用时髦的性玩具。俄勒冈大学的生物人类学家弗朗西丝·怀特曾经看到一只雌性倭黑猩猩把一根棍子做成有很多突起的自慰棒，然后开始尽情享受。

但引起最大轰动的是他们性行为中最保守的那部分。当倭黑猩猩进行异性性交时，他们通常以传教士式体位进行。人们在任何其他灵长类动物中都没有真正见过这样的行为。黑猩猩几乎从不进行面对面的性交，而倭黑猩猩在1/3的野外交配中会这样做。[48]

早在20世纪50年代，就有人首次猜想倭黑猩猩的性行为在某些方面反映了我们人类的性行为，但相关科学家选择用拉丁语进行报道，试图掩盖这一有争议的发现。1954年，爱德华·特拉茨和海因茨·埃克在报告中提到，海拉布伦动物园的黑猩猩交配方式更像狗，而倭黑猩猩则更像人。在那个年代，面对面的交配姿势被认为是人类独有的，是一种文化创新，需要对新人言传身教（因此被称为“传教士式体位”）。因此，这些早期研究被国际科学界刻意忽视了。直到20世纪70年代性解放运动兴起，倭黑猩猩的性生活才被公众所知。

倭黑猩猩实现社会和谐和等级制度的这种新奇方式，在野外以及动物园里的人为环境中都可以见到。在刚果民主共和国的卢伊科塔勒森林中，人们甚至记录到雌性倭黑猩猩使用专门的手势和哑语来表达对G-G摩擦的渴望。雌性会用一只脚指向她肿胀的外阴，然后摆动臀部模仿摩擦动作，见到这种表现，另一只倭黑猩猩就会过来抱住她开始性交。[49] 该论文的作者指出，这种手势在语言演化中具有重要作用——指向某物的能力也与促进人类的合作和行为协调有关。

与黑猩猩一样，倭黑猩猩与我们人类的基因有将近99%是相同的。他们都可以被称作我们最近的表亲。在800万年前，黑猩猩和倭黑猩猩的祖先与我们的祖先分离开来。很久以后，这两个类群才分化形成各自的物种，这就是为什么他们彼此之间的相似性要比与我们的相似性多得多。

德瓦尔认为，如果这种演化路线符合实际情况，那么倭黑猩猩经历的转变可能少于人类或黑猩猩，因此他们可能最接近这三个现代物种的共同祖先。美国解剖学家哈罗德·J. 柯立芝最终确定了倭黑猩猩的分类位置。20世纪30年代，他就提出倭黑猩猩可能与共同祖先最相似，因为黑猩猩的解剖学特征显示他们在演化过程中发生了更多的特化。

研究人员曾对倭黑猩猩与南方古猿（一种人类祖先）的身体比例进行了比较。当我在圣迭戈动物园观看倭黑猩猩的行为时，我惊讶地发现，他们站立或直立行走时看起来就像是直接从艺术家对早期原始人的描绘场景中走出来的，尤其是女族长洛蕾塔，她身上散发出睿智与赤裸裸的权威气质。

与生活在附近围栏中的其他雄性灵长类动物首领（比如长着红色长发、两腮鼓起的红毛猩猩，或者肌肉发达的银背大猩猩）相比，洛蕾塔的体格并不突出。事实上，用帕里什博士的话说，“她看起来有点儿像史莱克”，因为她大耳招风，头顶荒芜。在我们看来这样严重的脱发实在悲惨，但在倭黑猩猩中这是女族长地位崇高的标志。梳理毛发会导致脱发，所以等级越高，毛发就越少。脱发使得洛蕾塔的皮肤近乎裸露，这让她看起来比多毛的黑猩猩更像人类了。

洛蕾塔对帕里什博士的反应几乎填平了人类与倭黑猩猩之间的基因鸿沟，让我不寒而栗。匆忙的喂食时间过后，倭黑猩猩们安定下来，开始注意到在玻璃另一侧注视他们的人类。倭黑猩猩饲养员说，洛蕾塔会向她点头，这让她感到很特别。我想知道这位年迈的女族长是否会注意到帕里什博士的出现。

她们于 1989 年首次相遇，当时帕里什还是一名初出茅庐的博士生，而洛蕾塔则是一位年轻的女族长。几年里，帕里什每周 7 天、每天 24 小时都在记录洛蕾塔和她的族群的行为。自那以后，帕里什会定期来看洛蕾塔。灵长类动物和灵长类动物学家见证了彼此成长为年轻的母亲和老练的长者。所以我很期待洛蕾塔把帕里什当成朋友，而实际发生的事情令我震惊。

洛蕾塔一下子就认出了帕里什博士，并立即直奔而来。这只倭黑猩猩笔直地站在玻璃的另一边，用她琥珀色的眼睛深情地凝视着帕里什的眼睛，并连连点头。帕里什用同样的表示认可的身体语言点头回应。然后，洛蕾塔靠在玻璃上，把头贴在上面。帕里什也照做了，两“人”隔着玻璃互相模拟梳理了20多分钟。有时候，洛蕾塔将她的手放在玻璃上，这边的科学家则将手放在倭黑猩猩的手对应的位置上，就好像玻璃不存在一样。

这真是一个感人至深的场景，让我喉咙哽咽。并不是我一人如此，周围的动物园游客同样被这两位老朋友相亲相爱的情景所震撼。大家全都沉默了，我甚至浑身发抖。后来帕里什告诉我，我目睹的情景确实属于特殊情况：她和洛蕾塔已经一个多月没见面了。通常她们不会如此激动地长久问候。

我惊叹于帕里什如此荣幸，能够体验到这种联系，并与一种非常接近人类但又不是人类的动物有这么多的共同经历。这是一种非常特殊的关系。这位睿智的“老妇人”不仅帮帕里什揭开了倭黑猩猩的和平母系社会的秘密，还让我们人类明白了一个重要的道理：父权制和暴力并非我们的DNA所决定的。

倭黑猩猩虽然与黑猩猩同属跟我们人类亲缘关系最密切的灵长类动物，但其群体的气氛与黑猩猩截然不同。这促使我们重新审视人类祖先的演化模式，认识到非亲属雌性之间的互相包容、灵活的社会结构（其中雌性之间的合作不受分散模式的影响），以及可能存在的雌性对雄性的系统性优势等级，即便雄性在体形上占有优势。

倭黑猩猩为人类学提供了一个新的视角，让我们不再把父权制作为祖先的普遍特征。实际上，父权制（雄性优势）在灵长类动物中其实很罕见，这让人忍不住思考，为什么许多人类社会中都出现了这种制度并成为主流呢?

帕里什以前的导师、才华横溢的芭芭拉·斯穆茨，将倭黑猩猩写进了一篇新论文。该论文分析了在人类演化过程中，这种程度不同寻常的性别不平等是如何产生的。她认为导致这种不公平的原因来自我们的祖先从狩猎采集逐渐转向集约化农业和畜牧业的过程。虽然狩猎合作使男性有可能控制食物资源，但女性对采集食物的贡献使得男性对资源的控制程度非常有限。然而，随着社会生产方式向集约化农业和畜牧业转变，土地的使用面积变小，这限制了女性的活动，使男性能够控制更多的资源，激励他们与其他男性结成政治联盟，以便战胜男性竞争对手并控制女性。

采集食物的生活方式使男性更难限制女性的活动和可获取的资源，因为女性能够自己寻找资源。一旦女性的活动受到限制，男性获得了对肉类等优质食物的控制权，女性就失去了独立生活的能力，成为男性的财产。随着财产的继承和父权制的形成，孩子是否为父亲亲生成了一个问题。语言能力的演化使男性对女性的控制得到了巩固和提升，因为语言能够创造和传播男性优势/女性从属和男性至上/女性卑微的意识形态。[50]

“父权制的根源在于我们类人猿祖先的历史，”斯穆茨说，“但有许多具体的形式反映了独特的人类行为。”[51]

并不是所有的人类学家都愿意欣然接受倭黑猩猩研究的结果，并且重新审视人类历史。“一些研究黑猩猩的同事并不太兴奋，”帕里什告诉我，“40 年来，黑猩猩垄断了‘人类近亲’的‘市场’。我们所有的人类演化模型都是基于具有攻击性、雄性结盟和雄性优势的黑猩猩提出的。”

学术界是竞争和自负的温床，研究人员都希望他们研究的动物是与人类演化最相关的，并为此进行激烈的竞争。如果你的职业生涯围绕着证明人类父权制的根源贯穿于黑猩猩文化，并且你已经进行了深入的研究，那么将一生的研究数据一笔勾销并重新开始着实不是一件容易的事情。

帕里什告诉我："我认为这令人震惊，是因为它与我们所认为的'自然'截然相反。人们对这一新观点的反应中带有很多性别歧视。我的一些男同事不想承认倭黑猩猩社会是雌性占优势地位的。"

德瓦尔同意帕里什的观点：想要将倭黑猩猩边缘化的灵长类动物学家从来都不是女性。"都是男人。"他告诉我，然后讲了一个有趣的故事来举例，描述了一位杰出的男性生物学家对德瓦尔关于倭黑猩猩的报告的愤怒反应。

"有一位德国老教授站起来说，"德瓦尔模仿着他愤怒的语气，"'那些雄性出了什么问题？'我解释说，他们没有任何问题。他们过着美好的生活。他们有很多性生活，我看不出他们有什么问题。但他真的很担心这些雄性倭黑猩猩。"

就像艾莉森·乔利对狐猴社会等级的揭示被搁置一旁一样，许多灵长类动物学家也人为地削弱了倭黑猩猩中雌性的优势地位，并重新定义为"雄性的骑士精神"或"雌性育幼优先结合雄性社会优势"。[52]

南加州大学著名的黑猩猩研究者克雷格·斯坦福颇具野心，言语十分直接。帕里什告诉我："他争辩说，这不是雌性优势，而是雄性的战略性尊重，雄性这样做是为了获得更多的交配机会。他真的不会放弃那个观点，仍然把它放在他的教科书中。这太离谱了，真让人生气。"

有些人甚至拒绝承认女性对原始人类演化的父权制模式有任何影响，视之为"女性主义产生的政治幻觉"。[53]

不过，现今只有少数反对者还坚持这种陈旧的观点。大多数人都认可，在圈养环境中，雌性倭黑猩猩对雄性具有支配优势。德瓦尔解释说，在野外，等级制度更加复杂，但倭黑猩猩首领通常是一两只雌性，然后才可能是雄性。大多数雄性倭黑猩猩的社会等级都低于大多数雌性。

“想象一下，如果我们先了解了倭黑猩猩，然后才是黑猩猩和狒狒，”弗朗斯·德瓦尔挖苦道，“那么我们很可能认为，早期原始人生活在以女性为中心的社会中，性交具有重要的社会功能，战争很少出现或不存在。”[54]

最后，对人类历史最成功的重建可能是黑猩猩和倭黑猩猩特征的混合。围绕着我们到底是更像黑猩猩还是倭黑猩猩的争论可能会永远进行下去，但对我来说，这不是最重要的。过去的已经过去，无法改变，然而，未来可以改变。这就是倭黑猩猩能给我莫大的鼓舞的原因。她们的故事告诉我们，雄性并非天生就相对雌性具有优势地位，是否具有这种能力取决于环境和社会因素。赋予雌性权力的关键因素是得到（从家人到朋友的）姐妹同盟的力量，以推翻压迫性的父权制社会，并建立一个更加平等的社会。

帕里什也表示同意：“我们有很多东西要向雌性倭黑猩猩学习。女权运动认为，如果你像对待亲姐妹一样对待没有血缘关系的女性，你就能获得权力。倭黑猩猩告诉我们这是真的。她们给了我们很大的希望。”

但愿如此。

第

9

章

# 睿智的虎鲸祖母

西雅图市中心的未来主义天际线似乎很难作为第一次遇到地球上最强大的掠食者之一的背景。但它就在那里——喷出一道白色的水雾，后面是一条又长又细的黑色背鳍，大约 6 英尺高，划开普吉特海湾泛着银色光泽的水面，这里是美国的这座“翡翠城”的水上后花园。

镇上有虎鲸，让我真的感觉就像在摇滚明星面前一样。西雅图港是美国第三繁忙的工业港口，空中回响着运输汽车的轰鸣和巨型货船的咆哮，在这交通高峰时段，虎鲸悠闲地游弋，只有 6 吨重的杀手才能做到如此漫不经心。

大约有 25 头鲸在繁忙的海湾中游荡，其中还有一头幼鲸，我脑海里响起了电影《落水狗》的配乐。一艘巨大的货轮从距离鲸群特别近的地方经过，他们也并没有潜入海水深处；相反，虎鲸们抓住机会在浪花中翻滚，展示非凡的魅力。

这是一场精彩的表演。虎鲸从水中一跃而起，再旋转落下，看起来玩得很开心。我起了一身鸡皮疙瘩。震惊的不止我一个：甲板上挤满了睁大眼睛的观鲸者，他们挥舞着相机，每一次呼吸都伴随着激动的喘息——这是一种在观鲸旅游行业中被称为“虎鲸高潮”

的快乐声音。

“恭喜你中了彩票！”当地资深虎鲸观察者阿里尔·伊塞斯告诉我，“南方居留群①已经好几个月没有这样聚在一起了。”

我参与了一场相当特别的活动：虎鲸派对。虎鲸（*Orcinus orca*）是海豚科动物中最活跃的成员，跟体形较小的“表亲”海豚一样是高度社会化的生物，具有与之相匹配的聪明才智。虎鲸的大脑重达 7 千克，其表面积比地球上其他任何动物的脑都大，[1] 可以进行语言、社会认知和感觉知觉等复杂的思维过程。

虎鲸生活在大约 5~30 只个体组成的大家庭中。当熟悉的家族相遇时，他们会进行“问候仪式”。他们两群相对，各自排列成行，并在水面好奇地徘徊，持续几分钟之后，虎鲸们就陷入了混乱的狂舞。

南方居留群由 3 个这样的小群组成，分别被称为J、K和L，他们以特别爱玩闻名。我目睹的热闹场面（侧身翻滚和跃身击浪）是 11 个月以来，整个J小群和K小群的成员第一次聚在一起。

一架电视直升机在头顶盘旋。“最近鲸群成了大新闻。”阿里尔告诉我。

在过去几年中，虎鲸南方居留群已被列入濒危名单。野生鲑鱼种群是他们唯一的猎物，其数量骤减是造成这群虎鲸数量减少的主要原因。然而，无论是污染的增加（以毒素的形式储存在虎鲸脂肪中），还是嘈杂的海上交通（干扰他们通过回声来定位日益减少的猎物），这些复杂的因素也都有一定的影响。

过去，夏季人们每天都能在萨利希海看到这些“常驻居民”（与

① 北太平洋的虎鲸被分为居留型、过客型和远洋型。——译者注

在这些水域中看到的其他短暂出现的虎鲸群相反），但现在他们的行动正变得越来越难以预测。

"'奶奶'死后一切都变了。"阿里尔告诉我。

"奶奶"的正式名称为"J-2"，是J小群中年长的祖母。这只虎鲸老太太也是南方居留群的首领，统领着70多头虎鲸，她的地位连新来的水手都看得出来。当她想让大家随她改变前进方向时，她会立起来，用2米宽的尾鳍拍打水面，然后其他个体都会游过来。"这相当于她在说：'来吧，孩子们！'"阿里尔告诉我。

"奶奶"消失在2016年10月，估计当时她的年龄在75~105岁之间，这是有记录以来寿命最长的虎鲸。但这位年迈的女族长最不寻常的并不是年龄。事实上，她在40岁左右就停止了生育，但又活了几十年，享受着不再生育的生活。这一阶段的生活至少和她可繁殖的时间一样长，甚至可能更长。

更年期在动物界极为罕见。理论上来讲，它根本不应该存在。自然选择对丧失繁殖能力的个体相当无情，而且这有充分的理由。如果生存的目的是繁殖，那么当雌性动物不能再生育后代将基因传递下去时，她活着的理由何在？著名的长寿动物，如加拉帕戈斯陆龟、金刚鹦鹉和非洲象，都可以持续繁殖至暮年。

因此，长期以来，我们人类一直被认为是具有更年期的怪胎。直到最近，我们所知道的唯一能活到生育年龄之后的哺乳动物还是圈养的。当生殖衰老与躯体衰老脱钩时，真正的更年期就出现了，这意味着生殖器官比身体其他部分老化得更快。动物园中的动物（比如大猩猩）之所以会经历更年期，是由于人类提供了充足食物和医疗保健，其寿命被人为地延长了。在野外，雌性大猩猩的寿命约为35~40岁，而在圈养条件下她们甚至可以活到60岁。所以，这些大猩猩的身体和大脑比卵巢更持久。据我们目前所知，在全球的 5 000 种哺乳动物中，野外环境下会自然经历更年期的只有 4 种齿鲸和人类。①

发现自己与虎鲸有关系是一件奇怪的事情。

作为一个特定年龄的女性，我正与自己逐渐衰退的生育能力斗争，随之而来的还有漫无目的且看不见的威胁。此刻，“奶奶”绝经后的故事对我来说无法忽视。我感觉自己迫切需要见到一头更年期的虎鲸，并寻找是什么赋予了我们这种奇怪的相似特征。

从表面上看，人类与虎鲸几乎没有共同点：我们最近的共同祖先生活在约 9 500 万年前，是一种类似鼩鼱的小型生物，由此演化出包括鲸类、人类、蝙蝠和马在内的多种哺乳动物。那么，这位虎鲸祖母是如何看似违反了自然规律，并成为南方居留群的领袖的？关于人类的领导力和更年期，“奶奶”又能教给我们什么？也许更紧迫的问题是，当我们面对逼近的生态末日时，失去女族长意味着什么？

我们对虎鲸生活的大部分了解要归功于南方居留群。对他们的研究已经持续了 40 多年，但早年间人们花了好一段时间才搞清楚这个鲸群是母系社会。正如鲸类研究中心（CWR）的创始人兼最初的南方居留群虎鲸研究科学家之一肯·巴尔科姆告诉我的那样：“雌性本应该是后宫群。”

当 20 世纪 70 年代对虎鲸南方居留群的研究开始时，研究人员

① 会经历更年期的 4 种齿鲸是虎鲸、短肢领航鲸（*Globicephala macrorhynchus*）、独角鲸（*Monodon monoceros*）和白鲸（*Delphinapterus leucas*）。[2]

经常发现由几头成年雄性组成的群体，这可以根据他们明显更大的体形（雄性体长可达 9 米）和高耸的背鳍清楚地辨认。通常，你会看到这些雄性护送少数更小型的个体（身体短 1~2 米，背鳍也相对较矮）。这些小型个体通常被认为是雌性。

据“虎鲸网络”（Orca Network）组织的霍华德·加勒特（20 世纪 80 年代初期他也曾在CWR工作）所说，根据对海狮等其他群居海洋哺乳动物的研究，人们通常认为雄性会利用他们的体形优势来主动控制一些雌性作为后宫群，所以迟早会有人看到成年雄性虎鲸为争夺优势地位而打斗，以及强迫雌性进行交配。

几年的密切观察过去了，但这种打斗行为从未出现过，反而发生了一件非常出人意料的事情。一些原本被认作雌性的鲸长出了高大的背鳍，并且“看起来转变成了”雄性。①更令人惊讶的是，他们并没有离开鲸群，而是继续与其他雌性和雄性个体一起游泳。

加勒特说：“人们慢慢意识到，许多‘雌性’实际上是未成年雄性，他们即使是在成年之后，也会继续和母亲待在一起。”[3]他声称，起初人们不愿意接受这个结论。没有其他已知哺乳动物的母亲和（不管是什么性别的）后代之间会终生维持亲密联系，总是存在偏向某一性别的分散机制（个体迁出群体）。在社会性哺乳动物中，离开群体的通常是儿子。其中一些虎鲸母系群体可包含多达 4 代的

---

① 虎鲸对交配的态度非常随意。“基本上任意两只个体间都会交配，”在“野生虎鲸”（Wild Orca）组织工作的贾尔斯博士告诉我。青春期的儿子初次性经历的对象是母亲或年迈的女族长的情况并不罕见。我们已经知道雄性虎鲸也会与其他雄性进行“剑斗”。目前，尚不清楚这是不是他们学习运用这个 6 英尺长的“武器”，并掌握棘手、流畅的四维性爱方式的途径，还是说他们只是从中获得快乐。但可以肯定的是，这些虎鲸绝对不是雌性。

雄性和雌性虎鲸。这种独特的结构是否与雌性异常的繁殖后寿命有关？

埃克塞特大学动物行为学教授达伦·克罗夫特认为确实如此。在过去的10年里，克罗夫特一直被更年期和支撑它的社会制度之谜所困扰。“很明显，从演化的角度来看，更年期是不具有适应性的，”他告诉我，“所以它的存在让我着迷。”

人类更年期之谜产生了数十种理论，也引发了数十年的争论。一种流行的解释是，由于现代医学的发展，绝经后的妇女就像动物园里的大猩猩一样，其身体的寿命超过了卵巢的寿命，这暗示更年期并不是真正的自然现象，女性本应该在50岁左右就随着生育能力消退而优雅地死去。

值得庆幸的是，狩猎采集社会中更年期的存在推翻了这一理论。“大量的证据表明，更年期不是我们寿命延长的产物，而是深深植根于我们的演化历史。”克罗夫特告诉我。

从演化角度对更年期做出的解释很广泛，我喜欢称其中一种为“休·海夫纳假说”。这并不是由那位已故的休闲运动装浪子（休·海夫纳）提出的假说，但我相信那些喜欢兔女郎的老家伙们会赞同这种命名的。

这种假说指出，女性更年期是人类男性偏爱年轻女性的演化结果。[4] 早在2013年，来自安大略省麦克马斯特大学的三位男性科学家就提出了这种令人极为沮丧的理论，并用一些时髦的数学模型证明了男性对年轻漂亮女子的偏爱如何导致有害突变的积累，从而导致年长女性的卵巢（甚至包括她们的希望和梦想）比身体的其他部分更早枯萎和死亡。

与此相对的是更长久的、对女性主义者更友好的“祖母假说”。

该假说于 1998 年提出，认为女性在中年时走出生育竞争，将精力集中在抚养子女（和孙辈）上，而不是产下更多的后代，这样一来反而会显著增加后代的生存机会，也就是让自己的遗传基因更多地流传下去。[5]

人类学家克丽丝滕·霍克斯基于对现实生活中的狩猎采集社会的观察，而不是抽象的数学模型，提出了这一理论。她注意到坦桑尼亚哈扎人的母亲们需要权衡精力，选择是去寻找食物，还是照顾新生婴儿。但是，如果祖母们能够帮助挖掘和分享食物，作为一种回馈，她们的孙辈也会更健康、更早断奶。

鲸类研究中心积累了对虎鲸南方居留群的生活和家庭关系长达数十年的详细记录，为克罗夫特提供了另一种更年期模型动物，最重要的是，为他提供了一个数据集来验证各种理论。

当我向他询问“休·海夫纳假说”时，他告诉我没有证据表明雄性虎鲸更喜欢与年轻雌性交配：“我看不出这对雄性虎鲸有任何好处。”事实上，我听说情况恰恰相反：绝经雌性虎鲸的性生活明显像滥交的美洲狮，人们经常能看到她们主动与青春期的年轻雄性进行交配。

通过 40 多年的水下录像、野外记录和背鳍照片识别，克罗夫特和他的团队确实发现，绝经后的雌性往往游在虎鲸群的前面，引导家庭前往最好的觅食地点，尤其是在食物短缺的时候。

除了人类，虎鲸是地球上分布最广的捕食者。从北极到南极，高度特化的狩猎技能使这些世界性的杀手能够捕食不同海洋中特定类型的猎物。例如，新西兰海岸外的虎鲸专门吞食黄貂鱼。阿根廷的虎鲸会冲上海岸，抓走海滩上的海狮幼崽。沿着阿拉斯加的乌尼马克海峡，那里的虎鲸在 5 月会集合起来伏击年轻的灰鲸；在南极洲，虎鲸会利用同步游泳产生波浪，将海豹从安全的浮冰上冲下来，让海豹落到他们的嘴里。这些特殊的虎鲸族群被生态学家称为生态种，因为他们尽管仍是同一物种，但栖息在不同的地理区域，也不会相互交配。不仅如此，众所周知，虎鲸还会“说”不同的方言，代代相传的专业狩猎技术也被类比作文化。

虎鲸南方居留群捕猎太平洋鲑，最好是帝王鲑。成年虎鲸每天必须吃掉 20~30 条鲑鱼才能保持健康。萨利希海（横跨美国和加拿大西部边界）是一个传统的觅食地点，鲑鱼在游过太平洋西北部、顺着河流的支流上溯产卵之前，会大量聚集在这里。虎鲸在这里尽情享用这些肥美的大鲑鱼。

只有睿智又狡猾的捕猎者才能定位这些短暂的鲑鱼热点地区，因为鲑鱼群的位置会随着年份、季节甚至潮汐而变化。虎鲸必须决定是花费精力跟随鲑鱼洄游，还是在“鲑鱼深海餐厅”闲逛着期待新的鱼群出现。这是一项复杂的认知工作，而且现在变得更加困难，因为鲑鱼前往产卵场的途中必须穿越巨大的混凝土水坝，障碍重重。再加上海水变暖和数十年的过度捕捞，鲑鱼数量锐减。当鲑鱼供不应求时，只有具有多年经验的虎鲸才知道如何找到猎物，有这种能力的正是那些最年长的女族长。

“这几乎就像在一个城市里，外卖店每个月只营业一个晚上，你需要知道今晚有哪个外卖店营业。”克罗夫特通过 Skype 与我通话时解释道。

圈养的虎鲸已被证明具有非凡的图像记忆能力，时隔 25 年后仍能记住测试图案。[6] 这些聪明的虎鲸老太太不仅是生态和文化知识的活图书馆，而且非常慈爱：“你会看到一只 60 岁的雌性虎鲸捕捉鲑鱼，将它分成两半，然后把一半给了她 30 岁的儿子。这太不可思议了。”克罗夫特告诉我。

尽管这个绰号很难听，但根据鲸类专家的说法，雄性虎鲸是“巨婴妈宝男”。他们一生中的大部分时间都生活在离母亲几英尺远的地方，母亲的狩猎经验帮助他们活了下来，这意义重大。

克罗夫特的团队发现，如果一头雄性虎鲸在 30 岁之前失去母亲，他在第二年死亡的可能性会增加 3 倍。如果母亲在他 30 岁后去世，他在接下来的一年里死亡的概率则要高出 8 倍。但如果母亲在更年期后死亡，他在第二年死亡的概率就会增加 14 倍。数据是无可辩驳的：与母亲早逝的雄鲸相比，母亲长寿的雄鲸更有生存优势，而且随着母子的年龄增长，生存优势变得越发明显。因此，这些绝经后的虎鲸支持霍克斯提出的祖母假说。

根据克罗夫特的说法，这个理论仍然存在一个问题：它没有解释为什么雌性会在生命中途停止繁殖。“看看大象，”克罗夫特惊呼道，“年长的雌性是生态和社会知识的宝库，但她们并没有更年期。”

大象的雌性族长也是地球上最强大的雌性动物之一。她们是家族的首领，具有高深的智慧，能够战胜狮子，会与其他雌象结成政治联盟，并在干旱时期想起古老的水源位置。这些魅力四射的巨人与虎鲸（实际上也包括人类）有很多共同点：长寿，脑袋大，有复杂的沟通技巧和庞大、流动的社交网络。

萨塞克斯大学动物行为与认知教授凯伦·麦库姆找到了一种巧妙的方法来衡量这些老太太的社会知识和决策能力。她前往肯尼亚的安博塞利非洲象研究项目所在地，该项目自 1972 年以来一直对当地大象进行监测，那里的象群是人类监测时间最长的象群，几乎与虎鲸南方居留群一样长。凯伦带着扩音器和录音机四处走动，对其中的一个大象家族播放其他家族的录音，然后观察象群的反应。[7]

紧张的大象们停下手头的事情，聚集成群，呈防御队形，并嗅探空气以获取更多有关入侵者的情报。拥有年长雌性族长的家族在评估风险方面表现优良，只有在录音来自不熟悉的象群时才会有所动作。那些有年轻雌性族长的家庭则会很快做出防御反应，根据麦库姆的说法就是“草木皆兵”。

年长的雌性首领不仅擅长辨别敌友，还能分辨雄狮和雌狮的吼声。这是一项至关重要的技能，因为尽管雌狮和雄狮的吼声听起来很像，但他们带来的威胁截然不同。雌狮通常是主力猎手，但对小象来说，只有体形大上 50% 的雄狮才是真正的威胁。

年长的雌性首领具有超强的辨别能力，让她的家族保持安全、放松，并专注于那个古老的优先事项：吃。麦库姆的研究向我们表明，年长的雌性首领思维敏捷且自信，这种领导能力会带来后代数量的增加，支持了祖母假说。

所以，你会觉得这些老太太应该从繁殖后代的跑步机上走下来，将精力集中在抚养已有的后代上。尤其是考虑到大象的妊娠期长达 22 个月，这是极大的体力消耗，而且她们的幼崽需要 5~6 年才能完全断奶。尽管听起来离谱，但确实有人见到安博塞利象群的雌性首领 60 多岁时还在分娩。上了年纪之后，她们的繁殖速度确实减慢了，但并没有像我们在虎鲸和人类身上看到的那样急剧下降。研究表明，雌象的卵巢在 70 多岁时仍能正常工作，[8] 因此理论上，她们可以持续繁殖，直到死亡。

如果祖母假说成立，那么雌性晚年的繁殖代价一定非常巨大，否则虎鲸或者其他任何动物都没有理由停止繁殖。克罗夫特和他的同事们指出，解开虎鲸更年期之谜的关键在于她们独特的社会结构，以及个体的利益冲突而不是合作。

生育是一件代价高昂的事，但对虎鲸来说，生“儿子”和生“女儿”的成本之间存在有趣的差异。年轻的雌性虎鲸在15岁左右开始繁殖，这时她需要多吃40%的鲑鱼才能产出足够的乳汁来满足幼崽生长发育的需求。因此，当幼年雌性虎鲸发育到性成熟时，她会导致群体的营养需求明显增加。

雄性虎鲸则完全不同。不同小群混在一起时，他们会与母系亲属以外的雌性交配，尽管在进行交配的时候他们可能依然与母亲十分亲密，但他们的后代将在其他小群中长大。因此，对一位虎鲸母亲来说，喂养“儿子”的后代（孙辈）的工作是由另一个母系群体完成的，这比养“女儿”的代价要低得多。演化论预测，虎鲸母亲对雄性后代的溺爱将远远超过对成年雌性后代的。一项为期12年的虎鲸食物分享研究确实证明了这一点。[9]同时，演化论还预测，一旦雌性后代性成熟，由于某些独特的亲缘关系变革，虎鲸母亲与女儿之间会发生利益冲突。

当雌性虎鲸出生时，她的父亲在另一个虎鲸群中，因此她与自己所在虎鲸群中的雄性亲缘关系很远。随着年龄增长，她会生育儿子和孙子，与族群的亲缘关系也随之增加。因此，母亲与本族群的亲缘关系总是比她们的女儿和孙女更密切。这种亲缘关系的不对称性加剧了同时繁殖的雌性世代之间的冲突。自然选择将偏爱年轻的虎鲸母亲，她们对大群体的成功不感兴趣，而且会积极争夺有限的资源。这一预测得到了以下观察结果的证实：当虎鲸母亲和女儿同时繁殖时，年长母亲所生的幼崽在15岁内死亡的可能性几乎是年轻母亲所生幼崽的2倍。[10]

这种年长母亲的社会成本的增加为雌性虎鲸提供了演化动力，促使其在中年时停止繁殖，这样她就可以投资于她的儿子和孙子，并停止与她的女儿和孙女竞争。这种动机在雌象身上并不存在，因为她们的儿子和大多数群居哺乳动物一样，最终会离开他们出生的群体。因此，随着时间推移，雌象与群体成员的亲缘关系会越来越远，或者至少不再有直系亲属关系。那么，大象首领最好的选择就是继续繁殖直到死去。

克罗夫特认为，这种“繁殖冲突假说”[11]也可以解释祖母假说在其他更年期生物（如我们人类）中的作用。

正如我们在上一章中发现的那样，人们认为古人类的女儿们会分散加入新的家族。最初，年轻的女性外来者与该家族没有任何关系。但一旦她开始生孩子，她与该家族的亲缘关系就会变得越来越近。随着年龄增长，帮助女儿和孙女抚养孩子对她来说会变得更加有利，因为新生儿会与其他后代直接竞争资源。克罗夫特说：“因此，如果考虑到人类亲缘关系的不对称性，那么演化将青睐年轻时更主动竞争、年老时更乐于助人的女性。”

关于人类的这种家庭冲突的证据说法不一。一项研究分析了前工业化时代 200 年间芬兰人的数据，为此提供了有力的支持，而另一项针对挪威女性的小型研究则没有提供支持。“我们很难在人类身上检验这种假说，因为我们无法再回到演化的历史中。这就是为什么虎鲸系统作为检验这些假设的方式，如此令人兴奋。”克罗夫特说，“谁会想到，通过观察海洋中这些长着牙齿的鲸，能够发现这么多关于我们自身演化的信息？”

在这些 6 吨重的带齿游动“鱼雷”中研究更年期，当然也伴随着挑战。其中一个要解决的基础问题是：究竟如何监测能够反映虎鲸生殖衰老的性激素？采集血样又危险（对科学家来说）又有侵入性（对虎鲸来说）。有一种伤害性较小但有臭味的替代方法是收集粪便样本。所以在9月一个阳光明媚的下午，我与野生虎鲸组织的研究和科学主任、虎鲸南方居留群的官方科学粪便收集者德博拉·贾尔斯博士一起，巡游萨利希海，寻找虎鲸粪便。贾尔斯在过去10年里一直研究南方居留群，认识其中的每一个个体，她是我与虎鲸雌性族长亲密接触的最佳领路人。

贾尔斯从圣胡安岛出发。圣胡安岛位于加拿大和美国西北部地区沿岸，那里的峡湾是上一个冰期冰川作用的遗迹，后来被海水淹没，形成了数百个崎岖的小岛。从西雅图乘坐水上飞机，只需航行60分钟就能抵达圣胡安岛。航程景色壮观，我鸟瞰了疯狂的冷水流和海带森林，它们使萨利希海成为海洋生物的天堂。在岛上的主要城镇——弗赖迪港镇，到处都是虎鲸的形象：木制的虎鲸从路灯一跃而下，从壁画中破墙而出，在纪念品商店的橱窗里向我招手。

只需要驾车20分钟就能横穿这个小岛，我在斯纳格港与贾尔斯会面，她的快艇停靠在那里。她告诉我，人手短缺意味着我立即得到了"升职"，接手侦察和铲屎任务。上千个问题飞速掠过我的脑海。作为养狗人，我对捡粪便并不陌生，但很难想象有足够大的袋子能够装下虎鲸的粪便。深绿色的海水看起来又深又冷，更不用说还要跟顶级捕食者一起游泳了。需要潜水吗？吉尔斯递给我一张大网，告诉我不要担心：虎鲸的粪便会漂浮，挺大个儿的。

"粪便绝对是一座金矿，有很多可以挖掘的信息。"贾尔斯告诉我。她的团队不仅可以利用粪便样品监测虎鲸的雌激素水平，还可以监测其压力水平和妊娠激素水平。他们可以分辨虎鲸的食物组成，并检查是否存在寄生虫、细菌、真菌和微塑料等。利用粪便样本不仅可以查看萨利希海的鲸类动物的健康状况，还可以检查他们所在的整个生态系统。

不过，贾尔斯必须首先找到粪便。考虑到海洋如此广阔，即使是像虎鲸这样庞大的动物，其排泄物也很难被发现。幸运的是，贾尔斯得到了“埃巴”的帮助：一只来自萨克拉门托市的流浪狗，被救助、收养并接受了嗅探鲸类粪便的训练。

埃巴的鼻子轻轻抽动，其中包含3亿个嗅觉感受器，而我们人类只有微不足道的600万个，这意味着她嗅出粪便的能力比我们高出约40倍。她能从1海里[①]外闻到鲸类粪便的味道，是完美的捡粪伙伴。这只混种的救援犬是一个充满活力的白色小球，显然很享受她作为保护工作者的新使命。“有一只狗做同事，上班会变得容易得多。另外，看看我的办公环境多好。”吉尔斯说着，指向周围泛着银光的蓝色海洋，海水在秋日低垂的阳光下闪闪发光。

我们遇到的第一批鲸是圣胡安海峡沿岸的一对座头鲸，她们4米宽的胸鳍有节奏地扬起，优雅地暗示着她们有30吨重的巨大身体。这些庞大的野生动物背后有一个成功的保护故事。在20世纪上半叶，座头鲸的数量因商业捕鲸行为而大量减少，自1966年禁止捕猎座头鲸后又重新恢复，给人留下了深刻的印象。去年，当地的座头鲸个体识别目录记录到了100只不同个体的尾部照片（尾部相当于座头鲸的指纹），而今年的记录是400只。

吉尔斯把航向设定在座头鲸消失的尾巴后面约50米处，执行“远距离粪便追踪”。像虎鲸一样，座头鲸以鱼类为食物（最好也是帝王鲑），因此他们的排泄物会提供一些与虎鲸南方居留群的健

---

① 1海里≈1.85千米。——编者注

康状况相关的信息。与鲸类的亲密接触也让我学到了一些新知识：鲸的呼吸真的非常非常难闻。我发现自己被一团挥之不去的恶臭包围，就像夏天掀开垃圾桶的盖子一样，我认为这说明我们距离粪便来源不远了。但贾尔斯很快就让我直面事实："那只是呼吸。你觉得那很难闻吗？你应该闻一下小须鲸的气味，那会让你想吐。"

我只能尽量往好处想，并在船前的"办公室"与埃巴会合。贾尔斯让我扫视水里，看是否有凝胶状的东西。一开始，煎蛋水母和一些腐烂的海草团让我错认了几次。然后，我发现了一团餐盘大小的黏糊糊的棕色东西在水面上下浮动。我们折返，让贾尔斯仔细检查。"很遗憾，你又看错了。那是船底泄漏的污物。"她说。那确实是排泄物，但不是鲸的，而是人类的。

在海洋中拖网捕捞合适的粪便可能不是大多数人的理想工作，但贾尔斯无怨无悔。6 岁时，她就梦想着拯救虎鲸南方居留群。那时是 20 世纪 70 年代，威胁这些虎鲸的不是饥饿和污染，而是捕捞。为了满足海洋公园的展示需求，这些虎鲸种群遭到了残酷的掠夺；将近 40% 的虎鲸南方居留群个体从萨利希海被捕捉，并被囚禁在水族馆中供人类娱乐。

"我们做了许多事情，导致这些动物濒临灭绝，这让我既难过又愤怒。"贾尔斯带着明显的情绪告诉我。

我非常清楚，我遇到贾尔斯的时候，虎鲸正处于一个非常黑暗的时期。在"奶奶"去世后的 18 个月里，南方居留群又失去了 7 头虎鲸，包括另外 2 名绝经后的雌性首领。一些虎鲸个体明显消瘦了，身体从一颗肉肉的弹头形变成了饥饿导致的干瘪的"花生头"。种群数量达到了近 30 年来的最低点——只有 73 只个体，繁殖的速度也不够快，无法恢复种群数量。贾尔斯的粪便激素研究表明，由于营养压力，70%的妊娠失败了，其中的23%处于妊娠晚期。

最令人心碎的消息来自一只刚出生的幼崽，它的母亲“塔勒阔”背着它的尸体游了17天，这一消息登上了全球新闻。全球的媒体都猜测，这位年轻的母亲是否正在哀悼她死去的孩子，而对贾尔斯来说，这是显而易见的。“说她一点儿都不悲伤，简直是一种侮辱。”她告诉我，“这些虎鲸非常像我们人类，老实说，我认为他们甚至超过了我们。他们的大脑有一些部分是我们人类所没有的。”

虎鲸的脑部集合了各种高级元素，庞大、奇异又复杂。即使对人类来说，虎鲸相对有限的脑部灰质也相当复杂。虎鲸的脑是地球上最重的，大约7千克，而且巨大。你可以轻松地将5个人脑装入虎鲸的脑中，虎鲸的脑容量是同体形哺乳动物平均脑容量的2.6倍——比类人猿的脑容量还要大。脑相对于身体的大小叫作EQ指数（又称为脑量商），被认为能够初步地显示智力高低。人类的EQ指数约为7.4~7.8，黑猩猩的约为2.2~2.5。雌性虎鲸的脑化指数约为2.7，高于黑猩猩，也超过了同类雄性。雄性虎鲸尽管体形较大，但EQ指数仅为2.3。这种两性差异直接打脸了达尔文声称的男性智力优势，并且被认为与雌性虎鲸增强的社交和领导能力有关，因为这些都需要更强的认知能力。① [12]

当然，大小不是一切，但与人类相比，虎鲸还演化出了更多负

① 抹香鲸在两性之间表现出更大的EQ指数差异。[13] 雌性抹香鲸的EQ指数是雄性的两倍多（雌性为1.28，雄性仅为0.56）。这种二态现象的显著程度在哺乳动物中是独一无二的。此外，与虎鲸一样，抹香鲸的这种两性差异被认为与雌性对社交技能的需求增加有关。雄性抹香鲸是独居动物，而雌性则生活在大家庭中，社交互动和个体间的交流必不可少。求爱的时候，难以想象雌性抹香鲸会发现雄性是多么寡言少语。

责思维的脑区。他们的大脑占脑容量的 81.5%，[14] 而我们人类只有72.6%。计算能力是通过新皮质（负责复杂思想的大脑皮质区）的大小和表面积来衡量的，而虎鲸的新皮质是地球上最复杂的。如果这不足以让你感到惊奇，虎鲸还有一个神秘的额外的脑叶，位于精巧的新皮质和边缘系统（处理情绪的部分）之间。

为了搞清所有这些令人难以置信的统计数据到底有什么意义，我与洛里·马里诺博士进行了交谈。她致力于鲸类动物神经解剖学研究 30 年之久，并对搁浅虎鲸的脑部进行了磁共振扫描（MRI）。她告诉我，这种被称为旁边缘叶的脑部结构只存在于海豚和鲸类身上。它在两个相邻脑区之间建立了密集的连接，并表明虎鲸处理情绪的方式可能是我们人类无法理解的。

"我认为虎鲸会有一系列的情绪，从你（在西雅图）看到的喜悦到绝望。"她告诉我，"我认为虎鲸情感的某些维度可能是我们没有的，也是我们很难理解的。"

根据马里诺的说法，虎鲸大脑的其他部分也参与社会认知和互相交流，这些部分也异常复杂。"所以有趣的是，虎鲸的大脑有很多部分比灵长类动物的大脑更复杂，这些部分具有非常有趣的功能——社会认知、意识、解决问题，所以问题就变成了'虎鲸的心理活动是怎样的？'"

马里诺认为虎鲸是情绪复杂、思维敏捷的动物，与我们相比，"沟通维度更多"。虎鲸是为数不多的通过著名的镜子测试的动物之一，能够注意到镜子中的是自己的倒影，表明他们有自我意识。然而，虎鲸绝非自私的动物。马里诺推测这些"有复杂社会性的机灵鬼"[15] 甚至可能具有与群体和个人相关的弥漫式自我意识。这可以解释他们异常高的社会凝聚力，但也可能对他们有不利的影响。南方居留群个体会被大量捕捉的原因是，当一只个体被捕获时，其家人会留在身边，就很容易也被捕获，这令人感到悲哀。“他们完全有能力逃走。”马里诺告诉我，“但离开家族对他们来说是不可想象的。”

鲸类研究中心的无人机为研究这些亲密的社会纽带关系提供了全新的视角。在过去的40年里，虎鲸研究人员能够研究的只是背鳍的形态和身体的反光，现在他们能够看到水面下发生的事情了。“这就像第一次掀开鱼缸的盖子往里看。”达伦·克罗夫特告诉我，“虎鲸的生活范围遍及整个海洋，他们不仅在彼此旁边游动，还互相接触。”

如果你生活在一个像海洋一样广阔的单调三维空间中，每天都要前往很深很远的地方，就没有一个像家这样的场所可以让你每晚返回其中，拥抱爱人并感到安全。家族群体就是家、安全空间和生存的关键。因此，虎鲸与家人保持亲密的联系是值得的，尽管是以我们可能难以理解的方式。

虎鲸当然也表现出非凡的社会支持水平，包括互相照看幼崽，以及照顾残疾者。贾尔斯告诉我，有一只来自食哺乳动物过境群的雄性虎鲸患有脊柱侧凸，但他依然是家族中重要的一员。“家人们给他带来了食物。”她告诉我，“他很难跟上队伍，但家人们绕回来并给他带来大块海豹肉，或者是他们刚刚捕到的任何食物。在许多人类文化中，他们会把那个人抛在后面。”

我不禁想到，有多少人类领导会从旁边缘叶移植中获益——变得更像这些睿智而富有同情心的雌性首领，拥有深不可测的情感和互相支持的包容社会性。

不过，并不是所有的雌性虎鲸都能成为伟大的领导者。贾尔斯告诉我，就像我们一样，虎鲸有不同的性格，有些个体比其他的任性。“有一些‘女族长’并不是好的领导，群里其他人去哪里，她们就去哪里。也有一些雌性首领明显有自己的想法，积极地指挥着她们的小群体。”

性格与领导力之间的关系在安博塞利的象群身上得到了更深入的研究，与快速移动的水下哺乳动物相比，这些大象的行为更容易观察。安博塞利的常驻科学家维姬·菲什洛克博士告诉我，性格差异对大象的雌性首领也具有重要影响。不过这很难量化，因为家庭成员往往会从祖先那里继承一些性格特征，无论是自信、好奇、紧张还是对新事物的恐惧。菲什洛克的导师辛西娅·莫斯（安博塞利项目的创始人）和苏格兰斯特林大学心理学教授菲莉丝·李最近的一项研究分析了这些象群的雌性首领，发现领导大家族更需要较高的影响力、知识水平和洞察力，才能够赢得其他个体的尊重并让他们放心跟随，而不是借助优势地位和运用暴力（比雄性黑猩猩之类的动物要少）。[16]

大象和虎鲸（以及类人猿和我们人类）一样，拥有所谓的裂变–融合社会结构，这意味着其社会生活是流动的。族群的大小不是固定的，而是变化的，可能每个小时都有成员离开和重新加入。“没有人会告诉他们该去哪里，但这种领导者是一个有吸引力的社交中心，”菲什洛克告诉我，“雌性首领是将所有个体凝聚在一起的黏合剂。”

2009 年安博塞利遭遇可怕的旱灾后，菲什洛克和她的团队发现，失去年长睿智的雌性首领会破坏象群的社会结构。这是几十年来最糟糕的情况：河水蒸发殆尽，草原干涸成沙尘。安博塞利项目象群数量减少了 20%。老年个体对干旱特别敏感，因为他们的牙齿已经磨损，无法吃下耐旱的坚韧植物。结果，2009年的旱灾夺去了安博塞利80%的50岁以上雌性首领的生命。其中有一头名叫“厄科”的64岁传奇雌象，领导她的家族将近40年：她死亡的后果与虎鲸南方居留群失去“奶奶”非常相似。

“失去雌性首领会影响到每只个体。”菲什洛克告诉我。最明显的是，这个族群的生态和社会知识被剥夺了，而这正是他们度过艰难时期最迫切需要的。他们不再知道还有谁能迅速地做出自信的决定，这在群体中造成了广泛的混乱。然而，同样具有破坏性的是丧亲之痛对社会结构和情感的影响。

“我认为这是一种涓滴效应，”菲什洛克告诉我，“悲伤的动物对其他个体反应冷淡。因此，这会进一步影响到他们之间的亲密关系；他们有点儿抑郁，茶饭不思，也不会去满足群体的需求。”一项关于偷猎对坦桑尼亚米祖米地区大象种群影响的研究发现，在失去老族长的群体中，大象体内的压力激素水平最高。

菲什洛克认为，在这些群居动物中，雌性族长去世很容易导致家族迅速分裂，其原因就是悲伤情绪的影响，这正是安博塞利团队在厄科死后观察到的情况。

菲什洛克说，厄科的妹妹“埃拉”时年44岁，是家族中第二年长的个体，她本来可以继任首领，但“她独自走开，谁都不想搭理”。在这种情况下，另外两只雌性个体成为可能的族长候选人：37岁的“尤多拉”和27岁的“伊妮德”。在雌象族长的竞选中，年龄及其所代表的智慧通常是决定性条件。但尤多拉“有点儿古怪，而且个性张扬”，她的性格不利于担任首领。因此，厄科的大女儿伊妮德成为新族长，尽管她比尤多拉小了10岁。菲什洛克告诉我：“但这种情况非常罕见。”

安博塞利的象群花了两年时间才重新建立起社会结构，并从旱灾的打击中恢复过来，好在他们现在正在蓬勃发展。“真正厉害的是象群的数量已经开始增长了，”菲什洛克告诉我，“看来，完整的年龄结构（群体中包含年轻和年长的个体）是实现该目标的关键因素之一，因为这能够促使新旧首领自然更替。”

虎鲸南方居留群仍深陷危机带来的痛苦之中。“时间会告诉我们失去所有这些年长雌性个体的后果，这真是一件令人感到恐惧的事情。”贾尔斯告诉我。

虎鲸们变得越来越分散。当贾尔斯和我终于赶上南方居留群时，全群的23只个体中只有2只在圣胡安岛西海岸外的传统“鲑鱼自助餐厅”觅食，这个地方曾经可以吸引整个小群。首先，我看到了“洛博”高耸的背鳍，这是一只19岁的雄性虎鲸。他浮出水面的位置离船太近了，我的心都漏跳了一拍。然后，我注意到他的母亲莉亚也在附近游来游去。莉亚42岁，可能正处于生育能力的顶峰，并且可能像我一样正忍受着中年剧烈的激素水平起伏。我忍不住问贾尔斯，她是否认为虎鲸在更年期也会情绪烦躁和潮热汗出。

贾尔斯告诉我，虎鲸基本上是“一根有隔热保护的香肠”，因此很难监测体温。她想起这些年来有3次注意到年长的雌性脱离家族，独自离开。“这可能是因为她们感到烦躁，或者是她们需要一些独处时间，谁知道呢。”她说。比较激素水平可以提供进一步的线索。潮热和情绪激动都与雌激素水平下降有关，而雌激素会影响血清素水平——一种与快乐有关的神经递质。但科研人员尚未在虎鲸粪便中开展这些测试。

尽管如此，与这头虎鲸的交流还是鼓舞了我。莉亚（和我一样）是一个即将进入人生下一阶段的社会性动物。对她来说，卵巢功能的衰退预示着重新掌控生活。她不会从社会中消失，反而会登上舞台的中心——年长者的洞察力将赢得家族的尊重，并推动她的事业向前发展。作为南方居留群中仅存的 8 头绝经雌性之一，她有可能成为新的“奶奶”吗？

“每个人都在问哪些雌鲸将接手（‘奶奶’的工作），但我认为虎鲸们甚至都没有机会思考这个问题。”贾尔斯告诉我。她认为根本没有足够的帝王鲑让虎鲸们能够全部聚集在一起，这正在影响他们传统的生活方式。“我感觉好像他们的整个文化结构都在瓦解。”

这种文化是问题的一部分。萨利希海有很多虎鲸可以捕食的猎物，但虎鲸南方居留群专门捕杀鲑鱼，即使饿死也不会追逐任何其他东西。他们尽管与捕食海洋哺乳动物的其他虎鲸群生活在同一水域，却占据不同的生态位，而后者的数量正在激增。偶尔有人看到南方居留群的一头虎鲸和海豹幼崽玩耍，但令保护工作者沮丧的是，这些虎鲸还没有将海豹幼崽视为食物。

大多数时候，我们认为文化会带来巨大的优势，但南方居留群向我们展示了文化保守主义的风险。在这个瞬息万变的世界中，识时务者为俊杰，墨守成规者可能会陷入死胡同。目前最迫切的事情是让新上任的雌性首领开拓创新，别再把海豹等鳍脚类动物当玩具，而是当成食物。数千年前，他们的鲑鱼文化也是这样开始的。但谁知道这种行为改变是否会及时出现，以拯救这些虎鲸呢？

这意味着，作为所有这些变化的始作俑者，我们人类有责任在自己没有旁边缘叶的大脑中唤起足够的同情心，改变我们的习惯，以免为时已晚。

“如果我们人类不能全面改变自己的行事方式——从航运到渔业再到海洋污染，那么我们将会毁灭这个虎鲸群体。这会让我们万劫不复，我们已经对他们做出了这样残忍的事情。”贾尔斯说着，她声音颤抖，几乎忍不住流下了眼泪，“这些虎鲸就像是煤矿中的金丝雀，告诉我们环境出了问题。如果我们能够拯救这些生命，那将是一件了不起的事情。”

第 10 章

# 不需要雄性的自在生活

黑背信天翁看起来就像大块头的海鸥。尽管他们可能是 22 种信天翁中体形最小的一种，但其翼展仍然会让篮球巨人勒布朗·詹姆斯都显得娇小。这些海鸟庞大的身体适合动态翱翔。这是一种特殊的飞行形式，使这些信天翁能够以最少的能量消耗飞越这颗蓝色星球，借助海洋上升气流在高空翱翔数千千米，在此过程中几乎不用扇动翅膀。黑背信天翁可以在海上度过数年之久，他们的脚蹼从不接触地面，这使得这些马拉松选手成为水手、诗人和神话制造者眼中的神灵。

繁衍后代的需要粗暴地结束了黑背信天翁浪漫的游牧生活，迫使他们降落在偏远的栖息地那些喧闹、拥挤的岩石上。黑背信天翁喜欢夏威夷的岛屿，经过 6 个月的孤独生活后，他们每年 11 月会聚集在一起交配并养育一只幼鸟。这项工作不能单独完成。黑背信天翁雏鸟的生长速度非常缓慢，需要将近 6 个月的时间才能离开巢穴独立飞行。在那段时间里，雏鸟的父母必须组队觅食，远至阿拉斯加以北。父母中的一个在海上度过数周时间，寻找枪乌贼来养活自己和满足雏鸟不断增长的需求，而另一个则守在巢穴旁，保护他们这份吵闹又饥饿的基因投资。

这样的团队合作需要高度的信任、理解和奉献，这就是为什么黑背信天翁也象征着另一种长久耐力：单配制。黑背信天翁的寿命为60~70年，终生都只有同一个伴侣。正如生物学家所说，他们的“离婚率”是所有鸟类中最低的。他们对长期忠诚和家庭生活的热爱赢得了来自远方的赞颂。2006年，当劳拉·布什访问夏威夷时，这位当时的共和党第一夫人称赞黑背信天翁夫妇对彼此做出的终生承诺。不过，大家（尤其是布什夫妇）当时并不知道，在这些忠诚的伴侣中，有超过1/3是女同性恋。

“你不能简单地认为一对伴侣就是异性。”当我们在夏威夷莱桑岛的黑背信天翁栖息地中小心前进时，林赛·扬告诉我。

扬博士是环太平洋保护组织的执行董事，自2003年以来一直在研究黑背信天翁。很少有人比她更了解这些鸟类，而我有幸陪同这位加拿大生物学家来到瓦胡岛最西端，对位于卡伊娜点的栖息地进行每周例行普查。卡伊娜点像一根指向海洋的手指，锯齿状的火山山脊仿佛巨龙的后背，地上是缓和起伏的黄沙，爬满多叶的本地匍匐植物。这里狂野多风，是一个与火奴鲁鲁的风情酒吧和高层公寓完全不同的世界。因此，卡伊娜点是许多濒危海鸟（信天翁、鲣鸟和鹱类）的珍贵保护区。在过去的20年里，唐纳德·特朗普梦寐以求的那种巨大的金属栅栏，保护着这些鸟类简陋的地面巢穴免受野猫、入侵的大鼠和野蛮的越野车的伤害。在保证内部安全的情况下，莱桑岛已成为海鸟的天堂，并意外地蓬勃发展成扬所说的“世界上‘同性恋动物’比例最大的地区”。[1]

生物学家对夏威夷的黑背信天翁已经进行了一个多世纪的观察记录，但直到2008年才发现了他们非常规的婚姻方式。[2]原因也很容易理解。我跌跌撞撞地追上扬的脚步，不停地被无数隐蔽的鹱类洞穴绊倒（这些洞穴像捕兽夹一样分散在地面），却被一群体形和鹅一样大的鸟盯上了。所有鸟都带着同样的固定表情，因为脸上的羽毛而看起来困惑又愤慨。不管是从他们的身体还是行为看，我都无法区分性别。

有一个地方被扬的同事称为“单身酒吧”，我在这里看到鸟类用仪式化的舞蹈热情地互相求爱。几只黑背信天翁会聚集在一起，像一个无声的迪斯科舞厅里的舞者一样摇着头。过了一会儿，其中一对的节奏会互相同步，然后他们之间的互动升级，开始嗅闻对方的“腋窝”，上下敲击鸟喙并在空中摇摆，然后发出哀怨的哞哞声。

单身个体会花数年时间参加这些黑背信天翁“迪斯科舞会”，评估每个舞伴的才能，最终选择一个伴侣。鉴于他们将共度漫长的余生，这种谨慎当然是明智的。黑背信天翁需要找到一个可以与之交流和协调的伴侣，所有这些同步舞蹈似乎都是考验的一部分。这是一场精彩的表演，与阿根廷探戈一样充满激情。对我来说，哪对有好事发生是显而易见的，随着越来越协调的舞蹈引发共振，你几乎可以感受到他们之间迸发出的激情。但并没有迹象显示这对伴侣是异性还是同性。就连扬也没有办法分辨，当我问起时，她只是耸了耸肩。

然而，有一个奇怪的现象让扬和她的同事保护生物学家布伦达·曹恩认为，这些鸟一定有什么特别之处。一只雌性黑背信天翁在每个繁殖季节只能产下一枚卵，因为她需要投入太多的能量，所以她无法再产卵。然而，在卡伊娜点的许多巢穴中都有两枚卵，或者有一枚就产在外面，仿佛是从巢中滚了出来。

科学家称这种现象为“超常产卵”，自 1919 年以来，在夏威夷就常常能记录到这种现象。鸟类学家为这些双生蛋想出了很多解释，但都不太可能成立。有人认为有些雌性确实有能力产下两枚卵，而另一个人则指出是其他雌性将卵“倾倒”在这些巢穴中。后一种理论是20世纪中叶的信天翁科学元老哈维·费希尔提出的，他还带着保守的观点热情地宣称，“滥交、一雄多雌制和一雌多雄制在这个物种中闻所未闻”[3]。但事实证明，这个论断确实有些鲁莽了。

这些传统主义者从来没有想过对这些超常产卵的黑背信天翁进行性别检查，来确定他们是不是真的一雌一雄。但美国鱼类和野生动物管理局的生物学家布伦达·曹恩这么想了，当时她正在附近的考艾岛研究一个黑背信天翁群体。曹恩注意到，有些特定的巢穴每年都会出现两枚卵。黑背信天翁会年复一年地回到同一个巢穴，因此超常产卵的出现不可能是随机的，这种情况是在同一对配偶身上反复发生的。曹恩凭直觉从一对超常产卵的黑背信天翁身上取下羽毛，并将它们寄给林赛·扬，以便在实验室中分离出DNA，通过基因确定这些鸟的性别。

当结果显示两只鸟都是雌性时，扬认为她一定是弄错了。“我的第一反应不是‘我有了一个伟大的发现’，而是‘我把实验搞砸了’。”

所以，扬对卡伊娜点的每一对超常产卵夫妇取了样。实验结果表明她们全是雌性，让扬觉得自己一定是在野外调查阶段搞错了。因此，她又回到栖息地采集了更多的血样，但依然得到了同样的结果：这些黑背信天翁伴侣都是雌性。

她的下一个反应是：“除非这个结果是完全无可争辩的，否则没有人会相信我。”因此，她花了大约1年的时间来检验实验室结果，以保证实验结果的准确性。最后，扬重复进行了4次以上的野外采样和实验检测，才有信心公布结果。最终结果确实令人震惊：

自 2004 年以来，卡伊娜点的 125 个鸟巢中有 39 个属于雌性–雌性配对，其中有 20 多个巢从未观察到超常产卵现象。

自 2004 年他们开始在卡伊娜点进行记录起，数据就一直保持一致：每年大约有 1/3 的黑背信天翁伴侣都是雌性与雌性配对。扬认为，这些雌性一定是寻找机会与雄性交配，但随后选择与另一只雌性同窝孵卵。

但是，她们为什么要这样做？

事实证明，这些雌性黑背信天翁在各个方面都是先驱者。卡伊娜点的栖息地相对较新，20 世纪 80 年代后期，人们对这一地区开展了保护工作，清除了入侵性捕食者和越野车辆的威胁，从那以后黑背信天翁才开始在这里筑巢。在此筑巢的个体是其他无人的夏威夷群岛（如莱桑岛和中途岛）上大型群体的后代，那些岛屿上有超过 100 万只成年个体繁殖。

年轻的雌性黑背信天翁往往喜欢冒险，她们会从出生的地方飞到新的区域。年轻的雄性更有可能待在家里，并在出生地进行繁殖。这使得卡伊娜点和考艾岛等新的繁殖地点缺乏可以合作繁殖的雄性。由于黑背信天翁无法只依靠单亲养育幼鸟，这些富有开拓精神的雌性黑背信天翁就从现有夫妇中选择雄性作为精子捐献者，然后与另一位雌性合作，共同辛勤抚养幼鸟。

虽然两只雌性黑背信天翁都可能产下受精卵，但其中只有一枚卵能够孵化。鸟类有孵卵区（其腹部有一片没有羽毛的区域，用于调节卵的温度），但只够孵化一枚卵。所以，其中一枚卵总是会被丢弃。不过哪一枚被丢弃似乎是完全随机的。两只雌性之间几乎不可能发生竞争并将对方的卵推出巢穴。扬非常确定，雌性并不知道哪枚卵是自己的，她们似乎只知道要坐在某个圆形的东西上。“我甚至见过有雌鸟试图孵化一个排球。”她告诉我。

因此，雌性黑背信天翁与另一只雌性伴侣进行繁殖的成功率最多只有与雄性伴侣繁殖的一半（只有一半的可能将自己的基因遗传下去）。但这也比根本不繁殖要好得多。这些创新的全雌性伴侣面临的主要挑战在产卵后的头几周。异性伴侣中的雄性会首先孵卵，这样饥饿的雌性就可以休息三个星期，吃下大量的枪乌贼来补充产卵消耗的能量。如果两只雌性都下了蛋，那么其中一只必须留在巢穴中孵卵，也就意味着她得忍饥挨饿。因此，全雌性伴侣的弃巢率更高。但是，扬告诉我，如果她们克服了这个障碍，那么雏鸟的出飞率将与异性夫妇一样高。

她说：“如果她们能坚持到卵孵化，就一样能养好小鸟。”

其中一些雌性黑背信天翁会与雌性合作一两个繁殖季，然后换一个可挑选的雄性伴侣。鉴于雌性的数量比较多，扬认为卡伊娜点的雄性黑背信天翁成了更为挑剔的性别。她的观察数据表明，这些雄性会喜欢已经成功养育了一只幼鸟的好妈妈，不去管这只雌性作为伴侣合不合适。有趣的是，这种“逆转”性选择的情况并没有像理论所预测的那样导致雌性竞争加剧，而是导致雌性合作行为增加，这大概会让达尔文抓狂。

一些雌性黑背信天翁可能从不改换雄性伴侣，即使不是终身伴侣，也会多年维持同性伴侣关系。扬不知道这是为什么，但她们的结合似乎很有效。在我们的卡伊娜点栖息地之旅即将结束时，扬向我介绍了其中一只这样的雌性黑背信天翁：99 号，又叫“格雷茨基”。

“这实际上是一个男性名字。”扬笑着说，看起来有些尴尬。一些科学家不赞成给动物起名字，如果弄错了性别，就更糟了。早在知道黑背信天翁会同性结合之前，扬就遇到了这只鸟及其伴侣，并认为这是一只雄性。这位年轻的生物学家以她最喜欢的加拿大冰球运动员、方下巴的猛男韦恩·格雷茨基的名字给这只鸟取了个绰号，那位“有史以来最伟大的冰球运动员”[4] 的球衣号码恰好是 99 号。

虽然性别不对，但我觉得这个冰球冠军的名字似乎很适合这只鸟。自从扬 17 年前开始监测这些黑背信天翁以来，格雷茨基和她的雌性伴侣就一直在一起，实际上她们相守的时间可能更长。在那段时间里，她们已经成功地共同抚养了 8 只幼鸟，她们的后代也繁殖了另外 3 只幼鸟。无论是在异性还是同性伴侣中，她们都是当地繁殖最成功的一对黑背信天翁。

那么，她们的长期繁殖成效背后的秘诀是什么？

首先，我认为她们选择的巢址很优质。格雷茨基自豪地停在栖息地的最高点，可以欣赏到壮丽的日落美景，俯瞰着栖息地的广阔土地，眺望着太平洋汹涌的海浪。更重要的是，她们并不像其他一些夫妇那样把鸟巢建在裸露的沙子里，那是不明智的。她们的巢令人过目难忘，是一个泥土和植物做成的环，藏在夏威夷本土野蔷薇灌丛的叶子下。这种深绿色的矮灌木会为她们的雏鸟提供重要的掩护。雏鸟长着柔软的灰色羽毛，并且不会排汗，在夏威夷炎热的阳光下曝晒对新生雏鸟来说是一个非常严重的威胁。雏鸟唯一能做的就是躺在巢穴里，把笨重的大脚伸到阴凉处试图降温。我在午后的高温下像猪一样大汗淋漓，因此对雏鸟的行为印象深刻，这种降温系统本来可以在演化中得到改进。

格雷茨基的第 9 只雏鸟随时都会孵化。当扬温和地鼓励格雷茨基站起来，露出她的蛋让科学家检查时，这只鸟防御性地对着我们敲击嘴巴。扬惊讶地发现蛋上仍然没有要裂开的迹象。通常情况下，有经验的父母孵的卵会先孵化，通常在65天后，雏鸟就会出壳。这只雏鸟和今年该栖息地的其他雏鸟一样迟到了，扬认为这与最近的气候变化有关，值得关注。

扬退后一步做好记录，格雷茨基弯下身体遮住蛋，并发出尖锐的叫声。“她在和她的雏鸟说话。”扬告诉我。我想象着格雷茨基大概在鼓励她的雏鸟快点出壳，她很可能一直在这样做。黑背信天翁有一系列的声音和身体动作来促进互相之间的交流，令人印象深刻。聊天从小就开始了：即使在这个未出生的阶段，9号雏鸟也可以回应它的妈妈。

黑背信天翁伴侣成功的关键在于沟通、协调与合作。格雷茨基和她的伴侣显然已经做到了。扬告诉我，当格雷茨基的搭档最终从阿拉斯加捕鱼归来接替“冰球冠军”照看鸟卵，以便让她去觅食的时候，两只鸟沉迷于同步的爱情舞蹈，像异性黑背信天翁伴侣那样互相爱抚和梳理羽毛。

“她们做的每件事都与异性伴侣完全相同。在我们能够辨别的行为中，同性和异性伴侣之间没有区别。”她告诉我。

这些亲密的身体动作通过刺激“拥抱激素”（催产素）和多种让人感觉良好的内啡肽的释放，加强了鸟类之间的亲密关系，就像人类的接吻、爱抚和性行为一样。[5]除了促进爱的感觉，催产素还可以降低压力水平并促进社会认知，这对于在海上飞行数周或数月后寻找伴侣以及缓解极度饥饿带来的创伤都非常有用，更不用说避免在拥挤、竞争激烈的筑巢环境中与邻居发生冲突了。

在鸟类中，高水平的“社交梳理”与合作育幼和低“离婚”率有关。[6]也许格雷茨基和她的伴侣繁殖成功的秘诀就在于她们的亲密无间，这让她们多年来一直彼此深爱。

“黑背信天翁就像人一样，”扬突然用罕见的拟人化语言承认道，“很大一部分个体是单配制的，并且长期与同一个伴侣在一起。跟人类一样，也有一些个体会婚内出轨，有一些会离婚……各种关系都存在。”

这些关系的范围现在还包括对长期关系的承诺，以及通过从其他已具有伴侣的雄性那里获得精子来生产下一代。因此，扬的研究可能削弱了黑背信天翁作为异性单配制象征的形象。但这个形象本来就是一个不切实际的投射，是西方宗教非自然的道德愿望强加给这些鸟的。

相反，这些事实暗示了一些更鼓舞人心的东西：自然界中性别角色的先天灵活性，以及动物们进行行为创新，应对具有挑战性的新的社会和生态环境的能力。随着生态环境恶化，这将变得越发重要。超过 65% 的夏威夷海鸟在低洼的珊瑚礁岛上筑巢，因此受到海平面上升的严重威胁。95% 的黑背信天翁以及其他濒危的鲣鸟和鹱类在中途岛和莱桑岛上筑巢，但预计到 21 世纪中叶，这两个岛都将被海水淹没。[7]

因此，这些开拓性的女同性恋者在新的高地建立了新的栖息地，实际上是在保护她们的物种。

如果科学界能够暂时摘下以异性恋为中心的有色眼镜，重新审视其他两性趋同且雄性较少的物种，可能也会发现其他雌性合作繁育的例子。一篇发表于 1977 年的论文记录了加利福尼亚州圣巴巴拉岛筑巢的西美鸥（*Larus occidentalis*）出现“超常产卵”和“雌性同性配对”的现象，表明肯定有更多女同性恋海鸟伴侣，遗憾的是这篇论文鲜为人知且很少被引用。

这篇论文的作者是来自加利福尼亚大学的乔治 · L. 亨特和莫

莉·华纳·亨特，他们认为该研究是关于鸟类同性配对的第一份报告，尽管他们知道早在 1942 年就有关于环嘴鸥超常产卵的报道。论文中的西美鸥雌性配对占所有繁殖配对的 14%，也被认为是对岛上雄性西美鸥短缺的一种适应。[8] 随后，在马萨诸塞州鸟岛的粉红燕鸥（*Sterna dougallii*）中也报告了类似的情况，[9] 扬博士确信还会有很多其他的例子等待被发现。

黑背信天翁并不是生活在夏威夷的唯一女同性恋先驱。在瓦胡岛的最后一天，我疯狂地跑遍了整个岛，想见到一种更进一步、完全没有雄性的生物。哀鳞趾虎（*Lepidodactylus lugubris*）的种群全是雌性，没有雄性。这是一个超级成功的物种，在没有任何雄性的情况下通过自我克隆在这些岛屿立足。

完全由雌性组成、靠自我复制延续的蜥蜴听起来像是来自科幻小说，让我完全无法抗拒。我一听说瓦胡岛上有这种动物存在，就立即向各位爬行动物学家发出了一堆紧急电子邮件。几次之后，我最终联系上了住在岛另一边的名为安伯的女士，她显然可以带我寻找这种动物。

安伯·赖特博士是夏威夷大学生态学助理教授。按照和她在电子邮件中的约定，我成功找到了她。当时她正在大学农业研究站的一个角落里修剪长草，我的突然出现吓了她一跳——由于割草机震耳欲聋的轰鸣声，她听不到我从后面靠近。之后，赖特博士慷慨地同意带我去找这种神奇的壁虎。

这个大学研究站是夏威夷农耕生活的一个缩影：芋头、甘蔗和咖啡等当地作物整齐地排列在小块土地上，旁边是高耸青翠的火山山脊。我的野生壁虎追逐活动结束于这片农业田园中最不健康的角落——垃圾堆。

壁虎是夜行动物，白天需要躲避可能的捕食者。她们没有眼睑，我猜想这可能会让她们难以在夏威夷耀眼的阳光下睡觉。赖特抬起一大块废弃的塑料栅栏板，我终于发现了她们。大约 6 只哀鳞趾虎被粗鲁地惊醒，并急忙寻找掩护。这位生态学家、专业的蜥蜴饲养员弯下腰，果断又轻巧地抓住一只仔细检查。

哀鳞趾虎尽管如此独特，却长得很普通，身体呈不起眼的米色，尾巴又长又肥，体长（不包括尾巴）约 4 厘米。像所有的壁虎[①]一样，如果被捕食者捕获，她就会断尾逃生，断掉的尾巴以后会重新长出——这种生物的第二个很像科幻小说的特征。她的第三种超能力是能够在任何表面上攀爬，无论多么光滑。利用足部的黏性垫，她可以随意倒挂在天花板上。赖特鼓励我去感受她伸出的小手。确实很黏。这种黏性不是因为什么类似胶水的物质，而是因为她的足部纳米级的纤维会与接触的任何东西交换电荷，从而附着在上面。[10]这种附着机制非常有效，美国宇航局正在利用它来开发一种“宇航员锚”，让机器人在太空进行维修时能够固定在空间站的外部。[11]

赖特把她翻过来，透过肚子上半透明的皮肤，我可以清楚地看到她腹股沟里有两个白色的斑点——大约有嘀嗒糖那么大。“那些是她的卵。”赖特告诉我。与其他大多数动物不同，这只小壁虎的卵不需要精子来完成受精。她所要做的就是找到一个安全的地方来安置卵，无须任何雄性参与，这些卵就能孵化成母亲的完美小复制品。

① 壁虎是爬行纲蜥蜴目壁虎科动物的统称，哀鳞趾虎归属于壁虎科鳞趾虎属，因此既是壁虎，又属于蜥蜴的范畴。——编者注

这只壁虎看着我，舔了舔她金色的眼球。她没有眼皮，所以无法通过眨眼来润滑，舔舐是滋润眼睛的唯一方式。她脸上挂着某种神秘的微笑。因为她没有面部肌肉，所以这其实是一个固定的笑容，没有流露任何真实的情感，但又似乎恰到好处。我也回以微笑。

这种小壁虎已经演化出一种狡猾的方法来应对繁重的繁衍工作。她不需要寻找合适的异性并努力吸引对方的注意，已经摆脱了这种耗能的考验。她也不需要额外储存能量以供成功交配，更不需要冒着被当场吃掉的风险——交配对参与者来说是一件分散注意力的事情，猛烈的交配动作使其非常容易被捕食者发现。

这种鳞趾虎是一个雌性蜥蜴制造机，在她短短 5 年的生命中，能够繁殖出 300 多个自己的克隆体。

当然，这原本是不可能的。卵子和精子是通过减数分裂过程产生的。在这一过程中，生殖细胞的染色体复制之后，细胞会分裂 2 次，产生 4 个子细胞，每个子细胞都有原始细胞的一半 DNA。这意味着卵子只含有体细胞一半数量的染色体，精子也是一样。正是卵子与精子的结合恢复了染色体数量的平衡，为下一代做好准备。

哀鳞趾虎演化出了某种方法，欺骗了这个基本过程。她加入了一个非常独特的雌性俱乐部，该俱乐部由大约 100 种已知的脊椎动物（包括鱼类、蜥蜴和两栖动物等）以及许多只有用显微镜才能看到的无脊椎动物组成，这些动物的性生活（或者说，缺乏性生活）正在全面推翻传统的演化范式。[12]

她们独特的无性生殖能力被称为“parthenogenesis（孤雌生殖），来自希腊语，意思是“处女”和“出生”。这种能力使哀鳞趾虎不仅可以在夏威夷群岛生存，还可以栖息在斯里兰卡、印度、日本、马来西亚、巴布亚新几内亚、斐济、澳大利亚、墨西哥、巴西、哥伦比亚、智利等许多地方。事实上，你前往任何太平洋或印度洋沿岸温暖的地区，都可能遇到哀鳞趾虎。她们在傍晚户外昏黄的光线下闲逛，贴心地为你吃掉蚊子，并愉快地喊喊喳喳叫。

想想真是令人难以置信，但全球数量庞大的哀鳞趾虎都是少数原始雌性的克隆。作为一个物种，她们的全球影响力和适应性引出了一个问题：到底为什么要为交配烦恼呢？

这是“问题之王”[13]，也许也是演化生物学中最大的谜题。你看，交配是代价高昂的行为。除了寻找和吸引配偶的种种麻烦，它还导致物种的繁殖潜力减半，因为实际上只有一种性别（一半的个体）可以产卵。

孤雌生殖物种的增殖速度是有性生殖物种的两倍。她们能快速繁殖和扩散，很适合开拓新的栖息地。①哀鳞趾虎在公元400年左右与波利尼西亚人一起抵达夏威夷，并在“二战”时期搭乘船只扩散到整个太平洋。她们在抵达的任何地方几乎都能站稳脚跟。像许多其他孤雌生殖物种（例如大理石纹螯虾和一种南极蠓——*Eretmoptera murphyi*）一样，哀鳞趾虎被认为是“杂草物种”或“外来入侵物种”。这是一个贬义且高度主观的标签，在像夏威夷这

---

① 全雌性物种繁殖力翻倍的能力并没有逃过寻求利润最大化的农业科学家的眼睛。[14] 对于家鸡和火鸡这两种主要的家禽，人们已经经过选择性培育产生全雌性的品系。多莉羊是另一个例子。1996年，她由苏格兰一只羊的乳腺细胞克隆而来，以性感的多莉·帕顿女士的名字命名，并闻名全球。然而，创造她的背后原因鲜为人知，其实这反映了50年来人们试图通过消除有性生殖来增加农业哺乳动物产量的愿望。

样的年轻火山岛上有点儿讽刺，因为那里几乎没有什么生命可以自称真正的本地物种，尤其是人类。

这些单性“杂草物种”是爆炸性的机会主义者，其快速增殖可以胜过繁殖速度较慢的有性生殖。尽管孤雌生殖具有经济优势，但全雌性物种依然是少数派。大自然仍然沉迷于性别之分。

无性繁殖的问题是所有后代的基因都与母亲相同。从本质上讲，这是近亲繁殖的终极形式，除了减数分裂期间偶尔出现的复制错误，没有办法创造更多的遗传多样性。因此，无性繁殖的动物更容易受到寄生虫、疾病和环境波动的影响，缺乏基因多样性来应对这些问题。

如果没有瘟疫且环境稳定，雄性就显得有些多余了。但对雄性来说幸运的是，世界在不断变化，我们需要有性生殖来重新洗牌，以保持遗传多样性。有性生殖的优势在演化中被保留下来，这就是最成功的“杂草物种”通常会采用两种繁殖方式的原因。

有一种自我克隆的小生物擅长破坏人工种植的作物，让园丁熟悉又痛苦。是的，我说的是蚜虫。这种吸食汁液的小型昆虫大约有4 000种，破坏农作物且传播疾病，非常不招人喜欢。不过，在克隆圈子里，蚜虫可是专家。

在夏季开始时，一只雌性蚜虫会生下50~100只雌性后代，每只体内都有正在发育的胚胎。就像胖乎乎的绿色俄罗斯套娃一样，这种世代重叠将若虫的成熟时间缩短至10天，使蚜虫的数量可以成倍增长。例如，某些种类的甘蓝蚜（*Brevicoryne brassicae*）在一个繁殖季节中最多可以繁殖41代。因此，理论上来说，如果不被瓢虫吃掉，夏初孵化的一只雌性蚜虫可以产生数千亿个后代。①

在秋天，一旦作物被啃食殆尽，并且蚜虫种群达到一定的数量，雌性蚜虫就会与雄性蚜虫交配，进行有性生殖并产下具有必要遗传多样性的卵，以应对来年可能的环境变化。这是一种预防机制，将蚜虫变成了园丁最大的敌人。最后，蚜虫总是赢家。

因此，雌性蚜虫需要靠雄性来维持遗传多样性。此外，雄性有另一个重要作用：有性生殖可以防止减数分裂过程中自然发生的有害突变积累。在有性生殖的物种中，当精子和卵子结合时，借助对方的健康基因，这些复制错误就会被消除。无性繁殖物种没有这种奢侈的机制，因此这些错误注定要一直复制，数量不断增加，直到引发遗传学上的“突变崩溃”[15]。

这听起来很不好，也解释了为什么与那些至少部分有性生殖的物种相比，完全无性生殖的物种常以短命著称，为这些恣意挥霍的全雌性物种打上了“演化死胡同”[16]的负面烙印。

有性生殖物种约出现在100万~200万年前，而无性生殖的物种历史很少超过10万年，或者至少理论上如此。但是有一批全雌性物

① 18世纪著名的法国博物学家雷内·雷奥米尔计算出，在夏季，如果一只蚜虫的所有后代都存活下来，并按照法国军队的四人并排来排列，其阵线将延伸27 950英里，足以超过地球赤道的周长。说雷奥米尔对蚜虫非常着迷并不为过。这位狂热的昆虫学家在他的畅销书《昆虫史》中满怀热情地写到，尽管他花了很多时间寻找，但他无论如何都找不到一只雄性蚜虫，也没有找到一对正在进行“交配”的蚜虫。他甚至试图连续数天观察一只未交配过的雌性蚜虫，以便抓到她产卵前的交配行为，但失败了。随后，一位名叫查尔斯·博内的年轻科学家接手了这个实验。博内把一只未交配过的雌性蚜虫关在一个罐子里，从早上4点到晚上10点不分昼夜地观察了整整33天。他非常确信这只蚜虫没有交配过，但她产下了95只蚜虫。他对蚜虫的持续观察得到了回报。1740年，博内成为第一个反驳自然界中有性生殖普遍性，并宣称存在孤雌生殖的人。

种公然蔑视了这一预测。正如传奇生物学家约翰·梅纳德·史密斯所说，这些“演化恶棍”[17]已经引起了科学界的恐慌，对整个性别问题质疑。

你可能会觉得自己有很长一段时间没有性生活了，但与蛭形轮虫相比，这算不上什么，这种动物对独身的执着在动物界是无与伦比的。这些扁形动物的微观近亲已经大约8 000万年没有尝过性生活的味道了。轮虫纲的所有450种轮虫都是雌性的。她们在半咸水中生活，例如水坑和污水处理池等地方，这放在Tinder（一款相亲软件）的个人资料中恐怕没什么吸引力。但这些自我复制的姐妹并不在乎，因为她们已经解决了在自然选择中生存和无性生殖情况下演化的难题。

蛭形轮虫能够在演化中如此长寿的原因是一个科学家持续研究并引发大量思考的领域。然而，她们成功的秘诀之一似乎是能够从其他生命形式“窃取”基因，这很可能是通过其食物实现的。

蛭形轮虫的饮食并不令人羡慕，鉴于其生活环境，这也没什么好奇怪的。她们主要靠一些“有机碎屑”（别问是啥）、死细菌、藻类和原生动物为食，可以说是任何能放进嘴里的东西她们都吃。一些科学家认为，蛭形轮虫可以从食物中提取DNA，并通过一种被称为“水平基因转移”的过程来完善自己的基因组。研究表明，这些轮虫中多达10%的活跃基因可能是从其他物种那里偷来的。总而言之，蛭形轮虫可能整合了来自500多个其他不同物种的外来DNA，拼接成了自己的弗兰肯斯坦式基因组。[18]这一过程是否通过吞食完成尚无定论，但这些窃取的基因在没有交配行为的情况下，为蛭形轮虫提供了急需的遗传变异。这些外来基因也可能造就了蛭形轮虫的另一种超常能力：对干旱和辐射极强的抵抗力。

在自然界版的电视真人秀节目《幸存者》中，蛭形轮虫可能是存活到最后的生物。她们可以经受数年的干燥和高强度辐射。据我们所知，她们是地球上抗辐射能力最强的生物，甚至超过了著名的水熊①。蛭形轮虫可以承受足以将你或我融化成脓水的辐射的100倍剂量，还能转身就生几个健康的女儿。

蛭形轮虫之所以能够在如此苛刻的环境中生存下来，并复制出有生命力的后代，是因为其遗传信息整合了外来基因，能够编码修复断裂DNA的酶。她们所居住的临时水源经常会干涸，在等待下一场雨的过程中，蛭形轮虫可能要当很多年的“干尸”。这种脱水对她们的DNA具有与辐射相当的破坏作用（只是不那么极端），好在她们偷来的基因修复工具包能够帮助修补。一个附加的益处是，这也可能是蛭形轮虫在没有雄性的情况下存活数百万年的秘诀：窃取基因和重建基因组的过程可能为蛭形轮虫提供了与有性生殖一样的演化优势。

这是个大新闻。在蛭形轮虫出现之前，有性生殖已经垄断了改组基因的市场。但现在我们发现至少还有一种其他方式（雄性们，请注意）。

事实证明，许多其他全雌性物种一直在隐藏自己的年龄，并且其演化的健康程度比预期要好。[19] 她们已经演化出各自的隐秘方式来应对突变崩溃和遗传单一性的威胁。2018 年，人们发现单性钝口螈已有 500 万年的历史。这个物种能够长久生存的原因是“偷窃生

---

① 水熊：又称缓步动物，是一类可以进入休眠、干燥状态的微小生物，在这种状态下可以承受极端高温、接近绝对零度的温度、有毒气体和极端辐射，甚至可以在真空的太空中幸存。即便如此，水熊也无法像蛭形轮虫一样承受 500~1 000 戈瑞剂量的辐射。

殖”。她偶尔会从密切相关的物种那里偷取精子，这些精子用于刺激卵子而不是给她的卵子授精。然而，她会每千年一次将“偷来”的精子的一部分基因整合到自己的基因组中，以保持遗传多样性。[20]

这是激动人心的时刻。这种遗传诡计的发现模糊了有性生殖物种和无性生殖物种之间的界限，甚至挑战了物种的基本定义。这些全雌性的先驱者正在挑战关于性别普遍性的异性恋主流传统观点，并为遗传学和演化生物学开辟了新的研究领域。例如，不同克隆谱系之间尽管遗传基因相同，但存在惊人的生理和行为差异，这表明表观遗传学（基因表达方式的差异）可能在发挥作用，并促进了一些变异的产生，即使在这些基因相同的物种中也是如此。[21]

至于哀鳞趾虎，其孤雌生殖的秘诀在于这是两个近缘物种的杂交种。[22] 杂交种通常被认为是不育的，本应该不能繁殖。但是反生物学常规的哀鳞趾虎没有阅读这份使用说明书，相反，这种杂交触发了她的克隆开关。

哀鳞趾虎的杂交父母物种在遗传上相距够远，使得其染色体组不能配对；但他们的亲缘关系又近到支持进行某种形式的减数分裂。这种杂交方式的“最佳击球点”可能也触发了许多其他已知的单性脊椎动物进行孤雌生殖。由此产生的克隆雌性个体仍然缺乏有性生殖的基因混合机制，这种机制能够提供稳定的变异来对抗环境变化。但是，在她们特殊的减数分裂过程中，不同的杂交染色体组之间似乎发生了一些混合，有助于限制近亲繁殖的不利影响随时间积累。[23] 一些个体甚至还有另外一套染色体，这意味着杂交种也在进行杂交。这可能赋予了她们进一步的遗传变异，并延长了物种的寿命。这一切都是很新的知识。就像原版《银翼杀手》电影中的Nexus-6（第6代复制人）一样，这些克隆物种的寿命比预期的要长，但并没有人知道到底会有多长。

这些单性小蜥蜴最令人好奇的特征是，尽管不需要通过交配来繁殖，但她们并没有完全戒掉交配的习性。40 年前，以色列教授耶胡达 · L. 沃纳博士在柏林发表了一篇晦涩难懂的论文，描述了瓦胡岛上这些哀鳞趾虎的“同性性行为”[24]。他观察到雌性互相攀附和爬跨，一只扮演“雄性”角色，另一只扮演“雌性”角色。

这并不是关于蜥蜴女同性恋的唯一报告。全雌性的沙原鞭尾蜥在产卵前也会长时间沉迷于求爱和“交配”行为，甚至采用其近亲喜欢的“甜甜圈”交配姿势。[25] 最初，这些“拟交配”行为被认为只是简单的退化，是过去交配行为的残留。但为什么要扮演不同的性别角色呢?

在许多有性生殖的蜥蜴物种中，求偶和交配是刺激产卵所必需的。由于没有雄性帮助刺激卵巢排卵，这些狡猾的雌性沙原鞭尾蜥就通过转变“性别角色”来互相帮助。

当两只雌性沙原鞭尾蜥被饲养在同一个容器中时，她们会在每个月的产卵周期轮流转换性别角色。第一个月，其中一只蜥蜴作为爬跨的“雄性”，而下个月她则会扮演被爬跨的“雌性”。这种奇怪的角色扮演程序是由激素驱动的。一旦被放置在同一个围栏中，两只雌性蜥蜴的周期就会同步而相互交错——大约每两周会有一只蜥蜴排卵。排卵后体内高水平的孕酮会触发雌性表现出雄性行为，开始爬跨。这种复杂的行为是由神经回路控制的。在雄性动物体内，这一神经回路通常受睾酮控制，[26] 但在单性的沙原鞭尾蜥中也会被孕酮激活。这种机制让这些全雌性的蜥蜴能够转换性别角色，并最大限度地提高生育力。[27] 研究证实，没有机会进行拟交配行为的沙原鞭尾蜥产卵的数量很少。

这些单性沙原鞭尾蜥已经超过了该物种的预期演化年龄，并最大限度地提高了她们的繁殖适应性，而这一切都是在没有雄性的情况下进行的。但这种全雌性群体是乌托邦还是反乌托邦社会呢?

20 世纪 80 年代，俄克拉何马大学的贝丝·勒克博士进行了一项绝妙的实验，选择了几种不同的鞭尾蜥（既有无性生殖的物种，也有有性生殖的物种），并将其安置在同一个围栏中，进行近距离观察。全雌性物种的行为与有性生殖物种截然不同：同性伴侣更有可能共用洞穴，而有性生殖的物种晚上则多独自休息。有性生殖个体之间的互相攻击行为也比无性物种多出 4 倍。[28] 有性生殖的物种在试图偷取食物时会发生更多的打斗，进行更多的追逐，并且优势等级之分更明显。

全雌性克隆体的DNA序列 100%相同，这使得她们之间的亲缘关系比有性生殖的鞭尾蜥要近得多。这种密切的亲缘关系可以解释她们之间合作行为的增强。勒克观察到，有性生殖的鞭尾蜥的大部分攻击行为都是由雄性个体发起的，这表明至少在鞭尾蜥中，雄性的缺席会让群体更加包容。所有这些都让我想转世成为一只单性鞭尾蜥。

沙原鞭尾蜥坚定地扛起了无雄性生活的大旗。这些全雌性物种的成功展示了两性冲突的一个新维度：雄性不仅要为了卵子的受精权而竞争，还可能要为了基本的存在而竞争。现在人们认为，雄性提供的遗传多样性没有以前我们以为的那么重要了，没有了雄性的负担，全雌性群体的繁殖力是两性兼有群体的两倍。最近的数学模型表明，演化不一定偏向有性生殖，即使它的确增加了有益的变异。[29] 因此，性别问题仍然是一个谜。

但是，对于更复杂的社会，雄性不仅仅是精子捐献者或排卵刺激者，那么他们应该能安然存在了吧？最近日本的一项发现表明可能也不行。

2018 年，京都大学的矢代敏久报告发现了第一个全雌性白蚁群体。[30] 先前研究者在一些蚂蚁和蜜蜂物种中已经记录了全雌性群体，但这些物种的群体本身就主要由蚁后和雌性工蜂组成。矢代的发现很重要，因为白蚁群是由蚁后和蚁王通过有性生殖产生的两性后代组成的。在传统的白蚁群体中，两性都被认为在维持复杂社会方面发挥着重要作用。因此，雄性的缺失将兼具遗传学和社会意义。

从人类的角度来看，白蚁是社会性昆虫世界中不受欢迎的弃儿。蜜蜂因其授粉技能而受到称赞，蚂蚁因其勤劳而得到赞美，但白蚁则是对人类文明的侮辱，啃噬着我们珍视的一切：我们的图书馆、家园，甚至是我们的现金——2011 年一群游荡的白蚁钻进了一家印度银行，吃掉了 22 万美元的钞票。

白蚁是最初的“反资本主义无政府主义者”[31]，坦率地说，这更值得我们尊重。自恐龙时代以来，白蚁就一直在做着惊人的事情，通过劳动分工维持复杂的社会。白蚁种植真菌，将纤维素转化为糖，还建造了配有“空调系统”的巨大摩天大楼。现在我们可以将推翻父权制也添加到该列表中。

矢代博士的团队从日本的 15 个地点收集了 74 个成熟的树白蚁（*Glyptotermes nakajimai*）群体。其中 37 个群体全都是雌性个体，而其余的则是两性都有。与两性群体相比，全雌性群体中的个体有一条额外的染色体，表明这两种树白蚁群可能正在分化成不同的物种，最初在大约 1 400 万年前就开始分道扬镳。

这两种树白蚁群的社会构成也不同。在两性群体中，蚁王和蚁后生下雌性工蚁和雄性工蚁，工蚁承担从保姆到武装警卫的各种工作，而且在以后的生活中工蚁往往会继续繁殖。而全雌性群体则由大量合作的蚁后统治，兵蚁的数量较少。矢代博士据此推测，全雌性兵蚁甚至可能比两性蚁群中的兵蚁效率更高。

在之前的一项研究中，矢代博士发现雌性白蚁通过“关闭精子通道”[32]并封闭腹部的精子储存器官（受精囊）来控制向无性繁殖的转变，这样雄性就无法再为卵子授精。这样的蚁后会继续进行孤雌生殖，产生与自己基因相同的雌性后代。

有可能雌性树白蚁也通过关闭受精囊，主动拒绝了与雄性进行有性生殖。这种科幻场景不太可能发生在蚁后的刻意控制之下，但矢代得出结论，这种革命性的全雌性白蚁社会提供了第一个证据，证明“雄性曾经在某些动物社会中发挥过重要作用，但如今他们在这些社会的新演进形态中已可有可无”。[33]

性别似乎正在失去其演化优势。这对雄性来说可能不是什么好消息，但能用于拯救大量可以克隆的极度濒危物种。

近年来，在许多地方的许多物种中，人们都意外地发现了孤雌生殖，例如内布拉斯加州的鲨鱼。这个支持共和党的美国内陆州并不以海洋生物、奇迹或女性解放而闻名。但是，奥马哈的一家动物园水族馆里的双髻鲨分娩震惊了世人，也改变了这些刻板印象。与这头雌性双髻鲨被饲养在同一个水族箱中的是另外两头雌性双髻鲨以及各种鳐鱼，那么谁是爸爸（或者在哪里）?

雌性鲨鱼有能力将精子储存数月甚至数年，因此人们认为这条鲨鱼（我们称她为玛丽）在被捕获之前就已经交配过了。然而，故事还在继续。小鲨鱼出生几天后就被刺鳐杀死了，这虽然是个不幸的悲剧，但让研究人员有机会进行基因分析，结果发现小鲨鱼身上没有“来自父系的DNA”。[34] 当地报纸以此为契机，将一人多长的鲨鱼比作圣母玛利亚。

这只雌性鲨鱼自身的遗传物质在减数分裂过程中相互结合，而不是通过受精过程与雄性的精子结合。次级卵母细胞包含一半的雌性染色体，通常会发育成卵细胞，卵细胞与第二极体融合——后者含有与卵细胞中相同的遗传物质。这两个单倍体细胞共同形成了新双髻鲨所必需的完整二倍体细胞。这条鲨鱼并没有出现任何异常情况，因此当时人们尚不清楚引发这一事件的原因。

鲨鱼中的发现触发了该领域的另一场范式转换。孤雌生殖在软骨鱼类（鲨鱼所属的原始鱼类类群）中是前所未闻的。他们现在加入了无性恋潮流中，同样的“弄潮儿”还有硬骨鱼、两栖动物、爬行动物和鸟类。孤雌生殖的普遍存在表明该机制起源于古老的脊椎动物世系。

过去的几年里，世界各地的动物园都出现了一系列类似的“孤雌生殖”事件，而且都发生在一些危险的动物身上。侧条直鲨、科莫多巨蜥和一条名为“特尔玛”的 6 米长的网纹蟒，最近都利用类似的方式在圈养环境中克隆了自己。

对动物园中这些没有机会进行有性生殖的动物来说，孤雌生殖似乎是最后的手段。或许，在数亿年前，克隆作为一种便利的替代性策略演化出来，保证了交配困难的不同古代脊椎动物种群生存下去。[35]

随着环境变得越来越支离破碎，许多物种正处于灾难性的衰退中，寻找一个可望成功的交配对象可能会变得越来越困难。因此雌性动物退而求其次，依靠古老的克隆方式进行繁殖，可能正是帮助物种度过艰难时期所需要的。

锯鳐是一种鳐鱼（脸上长着一个看起来像电锯的东西），最近也被记录到了孤雌生殖的情况。锯鳐原产于佛罗里达州西部的河流，是世界上最奇特、最濒危的鳐鱼之一——其数量已下降到原始种群数量的 1%~5%。2015 年，石溪大学的研究人员分析了 190 条锯鳐的遗传信息，微卫星（又称简单重复序列）指示标记揭示了他们与“父母”之间的亲缘关系。结果显示，有 7 条锯鳐的“父母”的微卫星信息与他们完全相同。这只能说明一件事：雌性锯鳐也已经开始自我克隆。[36]

这是有史以来第一次在野生脊椎动物中记录到这种类型的孤雌生殖现象①。这预示着一些可怕的事情：一个物种处在濒临灭绝的边缘。但发现这些孤雌生殖的雌性先驱，也让我看到了一线希望。作为一种短期策略，无性繁殖可以保证种群在被隔离期间能够延续，并可以选择在合适的雄性个体出现后恢复有性生殖。

如果你相信数学，你会知道这甚至可能不会损害基因多样性。根据最近的模型计算，有益突变在以孤雌生殖为主的种群中传播得与有性生殖种群中一样快。每 10 代或 20 代发生 1 次有性生殖，就足以最大程度地发挥有益作用。正如最近的一篇论文所说，只进行 5%~10% 的有性生殖就足以获得与完全有性生殖一样的遗传优势。[37]

因此，能够转而进行无性生殖并将种群数量提高到临界水平以上的雌性，可能正是拯救物种免于灭绝的关键。就锯鳐而言，保护工作者确实看到了一些种群复苏的迹象，[38] 这可能要归功于这些在性生活方面创新的孤雌生殖雌性。

---

① 孤雌生殖也有许多不同方式。——译者注

在这种乐观的前景下，仅存的问题来自我们人类。我写这本书的时候，仿佛看到了将要到来的世界末日。我们正处于全球疾病大流行的控制之下，大火正在摧毁亚马孙雨林和澳大利亚，前所未有的风暴正在席卷美洲、亚洲和欧洲。气候变化是非常真实的，并且在某些地方极为迅速地改变着地球的环境，以至于即使是个体数量充足的有性生殖物种也来不及适应。如果我们要停止对这个星球的猖獗破坏并让生态系统恢复，人类就需要做出根本性的改变（无论是个体的还是集体的），而且要快。

不需要借助花哨的数学模型就可以证明，无论采用何种繁殖方式，一个物种如果没有可以生存的栖息地，就都注定要灭亡。孤雌生殖是仅适用于特定物种的安全网，而且只有雌性才有无性生殖能力。[①]这些特殊的雌性可能会变得越来越重要。如果我们继续走在战争和毁灭之路上，未来肯定是属于雌性的：只有蛭形轮虫会屹立不倒。

目前唯一未发现自然条件下无性生殖行为的主要脊椎动物类群就是哺乳动物。研究者在实验室条件下已经实现了哺乳动物的诱导

① 产雄孤雌生殖是一种特殊的孤雌生殖方式，可以产生雄性个体，但这些雄性无法进行自我繁殖，只有雌性才具有这种特殊能力。大多数蜜蜂、蚂蚁和黄蜂都以这种方式繁殖：雌性由受精卵产生，雄性由未受精卵产生。科莫多巨蜥是已知的少数能够通过这种无性生殖方式产生雄性后代的脊椎动物之一，这源自其独特的ZW性别决定系统——雄性的性染色体是ZZ，雌性是ZW。科莫多巨蜥的孤雌生殖只会产生一种可存活的性别，那就是只有一条性染色体Z的雄性。我在伦敦动物学会的伦敦动物园遇到了这样一只名叫甘纳斯的爬行动物。他的母亲弗洛拉是研究人员从野外捕获的，不仅能够无性生殖，还生了一只雄性后代，这让动物园的工作人员感到惊讶。

孤雌生殖[①]，但无论是在野外还是在圈养环境下，都还没有发现哺乳动物进行孤雌生殖的例子。哺乳动物的一些基本生物特征导致我们不太可能在自然界中发现任何哺乳动物进行孤雌生殖的现象。因此，看起来男人似乎（暂时）可以放心入睡了，而人类将继续依赖有性生殖。鉴于人类对地球环境的破坏和对资源的掠夺，这也许是个不错的消息。想到人类像蚜虫一样繁殖，真是个可怕的场景，而且肯定不是这个星球现在所需要的。

① 20 世纪 30 年代，避孕药的共同发明人格雷戈里 · 古德温 · 平卡斯声称，他在实验室中通过用盐水、激素和热处理卵子，创造了一只“没有父亲”的兔子。由此产生的克隆兔子成为封面大明星。但是，其他人使用相同方式并未能够诱导出所谓的兔子孤雌生殖，人们对他实验的有效性产生了怀疑。[39] 几十年后的 2004 年，一个日本实验室通过人工诱导孤雌生殖培育出了一只雌性小鼠，她成功活了下来，并继续繁衍后代。

第 11 章

# 性别是一道演化的彩虹

宇宙不仅比我们想象的更奇怪，而且比我们能够想象的更奇怪。

——J. B. S. 霍尔丹，1928 年

我想以达尔文研究的藤壶作为最后一章的开始，因为这种动物透露了很多关于这位伟人及其性别观念的信息。达尔文可能以研究雀类闻名，加拉帕戈斯群岛的相邻岛之间鸟类喙部的细微差异启发他建立了自然选择演化论。但达尔文对雀类的喜爱比起他对藤壶的迷恋来简直微不足道。退潮时你可以在礁石上发现这些毫不起眼又十分坚韧的甲壳类动物，藤壶深深地吸引了年轻的达尔文，并发展成为其终生热爱。

这种痴迷始于 19 世纪 30 年代初期，当时达尔文在对小猎犬号全球旅行途中收集的藤壶标本进行分类。消息很快就传到了动物学家们的耳中，不久之后，达尔文在肯特郡的家就被来自世界各地的各种藤壶标本淹没了。从 1846 年到 1854 年间，达尔文记录了这些带着海腥味的礼物，他的热情前无古人亦后无来者。他工作得非常投入，以至于当他的一个儿子去拜访邻居时，他问道：“他在哪里

研究藤壶？”[1]就好像每个父亲都会研究藤壶一样。

事实证明，这种出于热爱的工作实在太耗费心力，以至于达尔文的《物种起源》出版推迟了很多年，而他煞费苦心地撰写了4部关于世界上现存和灭绝藤壶的详尽著作。这些著作可能并不出名，但对少数需要寻找这些晦涩难懂的藤壶专著的人来说，这些读物颇能启迪思路。

达尔文的勤奋得到了回报，他有了许多重要发现。因为形似帽贝，藤壶原本被归类为软体动物。达尔文证实，这种动物实际上与螃蟹和龙虾属于同一类群，只是为了提高“住宅”的安全性而牺牲了移动能力。自由游动的藤壶幼体将自己的头部固定在岩石上，并形成钙质的保护外壳。随后藤壶就过上了安定的生活，将羽毛状的附肢从外壳的开口伸出，捕获食物并获得氧气。

藤壶固定的生活有利于生命安全，却给交配带来了困难：当你被粘在石头上时，寻找伴侣并不是一件容易的事。不过，达尔文成功发现了藤壶交配的秘密武器：一条巨大的阴茎，其相对尺寸几乎是动物界中最长的。达尔文在描述藤壶的时候，抛弃了自己惯用的功能性散文写法，而是用了生动的比喻：藤壶“长鼻子状的阴茎非常发达”，并像“大肉虫子一样盘起来，当阴茎完全伸展的时候，长度可以达到体长的8~9倍”。[2]

这种惊人的长度绝对是出于功能性考虑，使固着的藤壶能够在附近寻找可以交配的对象，就像某种限制级的自慰棒。大多数藤壶是雌雄同体的，体内同时拥有雄性和雌性的生殖器官，这使得这种动物可以与周围任何邻居交配。如果附近没有其他人，那么藤壶还有最后的撒手锏——自体受精。

1848年，达尔文偶然发现了一个完全没有阴茎的藤壶标本。不仅如此，这只藤壶似乎还感染了小型寄生虫。达尔文将这些小东西摘下来扔掉的时候，突然意识到了自己的错误。这只藤壶显然是雌性，而那些疑似小型“寄生虫”[3]的是雄性，只不过他们的身体发生了退化：没有口部，没有肠胃，寿命也极其短暂。

在1848年写给同事J. S. 亨斯洛的一封私人信件中，达尔文带着明显的同情，描述了这些“候补雄性”可怜的封闭生活。当时，达尔文正饱受慢性疾病的困扰。环游世界的日子已成为遥远的记忆，他出于身体原因留在肯特郡。这些萎缩的雄性藤壶就像被监禁的授精工具，也许让他想起了自己也是一个足不出户的父亲，养育了10个孩子。他认为，这些雄性“不过是一袋袋精子，半固定在妻子身上，注定要度过无法移动的一生”。[4]

一个月后，达尔文有了一个更奇怪的发现。他在一种雌雄同体的藤壶身上也发现了这些微小的“候补雄性”。达尔文推测，这些个体代表了藤壶从雌雄同体到产生不同性别的演化过程，也就是性别分化过程中的一个缺失环节。

达尔文在写给他的朋友兼知识顾问、受人尊敬的植物学家约瑟夫·胡克的信中，大胆探讨了“雌雄同体物种向雌雄异体演化（性别分化）的过程中，必然经历的一些详细阶段；现在我们找到了这种藤壶，其雌雄同体的雄性器官开始退化，而独立的雄性个体已经形成”。[5]

达尔文将这种奇怪的藤壶作为进一步的证据，用来支持他正在形成的伟大“物种理论”（自然选择演化论）。达尔文认为所有生命都是从一个共同的祖先演化而来，而不是由上帝创造的，这在当时是非常异端的观点。而性别可以随着时间推移而改变的说法则更加离谱，即便在低等甲壳类动物中也是。达尔文在给胡克的信中承认了这一点，但是他仍然无法掩饰取得这一发现的激动心情："我很难跟你解释我想说什么，你也许会希望这些藤壶和物种理论一起见鬼去。但是我不在乎，我的物种理论就是真理。"

尽管这些微型甲壳动物的交配方式有些亵渎神明，但达尔文显然充满了惊奇。令我着迷的是，这些私人信件和鲜为人知的早期专著与达尔文后来高调的出版作品（由他过分守礼的女儿担任编辑）形成了鲜明的对比。《人类的由来及性选择》一书中并没有提到藤壶及其巨大的阴茎。但在这些机密的信件中，达尔文自由地对藤壶的新奇结构表达惊叹，而不用担心引起公众非议（这正是他努力避免的）。他的性选择理论中没有维多利亚时代刻板的性别二元论迹象。相反，我们看到了达尔文天才的好奇心，不惧教会、权威或他女儿的红笔，努力探索性别表现的变化。

在 1849 年另一封写给查尔斯·莱伊尔（亦称赖尔）的关于藤壶的私人信件中，达尔文在结尾处赞美道："大自然的创造力和奇迹真的是无穷无尽。"[6]

确实如此。一个半世纪后，利用最先进的DNA标记对藤壶进行的研究证实了达尔文的正确性。[7]藤壶展示了丰富多样的性别系统（从雌雄同体到两性分化，再到两者的混合），让科学家有机会研究变化中的演化。

藤壶是性别对冲赌博的高手，能够根据所处的自然环境或种群状况调整性别系统，从而产生了多种繁殖方式。例如，小型的雄性可能会发育出卵巢，也可能不会，这取决于他们是否附着在雌性身上或附近。因此，很难将他们严格地归为雄性。然而，还有许多个体被认为是一种模糊的性别，现代科学将其描述为"更偏向雄性功能"的"潜在雌雄同体"。[8]在某些情况下，雌雄同体的个体与雌性或小型雄性之间的界限非常模糊，以至于他/她们所表现出的性别更像是一个连续的谱系，而不是一种明确的特征分类。[9]

藤壶从一种生殖系统到另一种生殖系统的快速演化揭示，性别及其自然表现形式具有惊人的灵活性。达尔文其实清楚地认识到了这一点，远远领先于他的时代。但是，他将心爱的藤壶排除在他的性别表现观点之外，这就很遗憾了。藤壶本可以阻止他的性别二元论和确定性的观点。今天，藤壶及类似的生物告诉我们性别不是固定的二分产物，而是一种变化的现象，具有模糊的边界，会以惊人的速度演化出奇妙的特征。

动物界有各种各样的性别状态，你可以想到的任何一种形式都在其中，有的甚至超出了你最疯狂的设想。理论生态学家琼·拉夫加登博士为宣传这些绚烂多样性的研究价值做出了重要的贡献，她在 2004 年出版了《演化的彩虹》(*Evolution's Rainbow*)一书，第一次记录和破译了大部分性别多样性。

拉夫加登博士邀请我到她在夏威夷的家中做客，她的丈夫里克准备了金枪鱼三明治和自制泡菜午餐。在这期间，拉夫加登向我讲述了通过"自交"(是的，这是真实存在的)繁殖的雌雄同体线虫、大角羊的雄性同性恋社会，以及通过"阴茎"分娩的间性熊的故事。

拉夫加登现年 70 多岁，已经退休了。她对具有多种性别的生物非常感兴趣。她以乔纳森·拉夫加登的身份开始了自己的学术生涯，并于 20 世纪 90 年代后期在斯坦福大学期间变了性。①琼·拉夫加登

---

① 她告诉我："我向康多莉扎·赖斯出柜了，她当时恰好是我的教务长。我可能是美国唯一说她好话的左翼分子，但她确实对我很好。"

一直反对达尔文的性选择理论，并积极地表达自己的这一观点。她声称，这一理论迫使好几代生物学家试图将自然界中巨大的性别变异（她称之为彩虹）塞进过于传统的二元论思想。

“当今生物学最大的错误是，不加批判地假设配子的两性差异意味着身体形态、行为和生活史也应该是对应的两种形式。”她在书的开头写道。[10]

这对科学和社会的影响都十分危险。“压制性别和性取向的多样性剥夺了人们深切体会自然的权力，”[11]她争辩道，“大自然的真实情况让少数性别人群也有力量表达自己的特征和需求。”[12]

拉夫加登的书最早一批指出，性别分化是一个涉及许多基因和激素相互作用的复杂过程。其表达会受到环境和其他基因的影响而产生细微变化，进而影响动物的性发育过程，带来许多同样可能出现并且稳定存在的结果。正如我们在第 1 章中发现的那样，这种内在的可塑性允许更多样化的性别特征表达，以及两性之间比普遍认知更多的重叠[13]，这些都推动了演化。性别并不是非黑即白的，将中间的灰色地带看作异常（或者更糟糕的是，视之为病态）意味着我们无法理解多样性的自然功能。

达尔文的性选择理论认为性的唯一功能就是生殖，而拉夫加登的观点打破了传统，挑战了这一传统理论的束缚。在传统观点看来，同性性行为是“错误”的，并遭到忽视。[14]加拿大生物学家布鲁斯·巴格米尔对 300 多种脊椎动物的同性性行为进行了分类，这一工作具有里程碑式的意义。[15]拉夫加登以其工作为基础，称赞了同性性行为在促进动物社会合作方面的作用。我们在倭黑猩猩身上已经看到了这种社会黏合剂的功能，性快感能够调节社会紧张局势并促成雌性之间的结盟。拉夫加登纳入了属于不同类群的许多其他物种，她认为同性性行为在这些物种中已经演化成一种“社会包容性的特征”[16]。①其中包括在荷兰对欧洲砺鹬（一种海边常见的黑白色海鸟）进行的一项长期研究，据记载他们会组成两雌一雄的“三人家庭”进行繁殖。这些家庭单位内部可能冲突不断，也可能和谐相处，这取决于其中的雌性之间是否会进行性行为。[17]

这种繁殖策略通常被贴上“另类”的标签，因为它背离了公认为自然常态的典型核心家庭形式。拉夫加登并不认同这个贬义的标签，她争辩说，有数不清的动物家庭都不符合这种挪亚方舟化的形式。[18]在某些物种中，雄性和雌性会具有多种性别形式和自我认同，她认为这应该被视为不同的性别。大多数生物学家都回避这种将人类文化和心理结构应用于动物界的做法。然而，在拉夫加登的书中，人类之外的动物性别有不同的特征，她将其定义为“性别的外观、行为和生活史”[19]。《演化的彩虹》一书涉及许多拉夫加登认为具有 3~5 种性别的物种（从鲑鱼到麻雀），也就是属于同一生理性别但具有不同外貌和行为的动物。

---

① 同性性行为可能有很多适应性结果。正如异性性行为的动机并不总是只有繁殖（如赫尔迪发现滥交的雌性叶猴使用交配作为防止杀婴的保护措施），同性性行为也可能具有许多达尔文的原始理论未涉及的社会目的。在雄性海豚中，性交被认为是竞争优势地位的一种手段。在雌性猕猴中，性交则有助于缓解冲突。对雄性东非狒狒来说，互相抚摸对方的下体被认为是表达相互信任、促进合作的行为，就像帮派成员“宣誓”一样。[20]关于动物中同性性行为的直接原因，还有许多其他的理论解释，包括遗传学、发育和生活史。最近对动物中同性性行为广泛性的研究指出，没有单一的原因能解释这种行为，它只能被理解为多种原因综合作用的结果。[21] 2019 年的一项研究假设，从演化的角度来看，在性别分化之初，祖先的性冲动可能是不加区分地作用于所有性别的。[22]这种微妙的视角转变消除了与同性性行为相关的“演化难题”。因此，在整个动物界，同性性行为与异性性行为一样正常且符合预期。

以双带锦鱼（*Thalassoma bifasciatum*）为例，这是一种色彩斑斓的雌雄同体鱼类。拉夫加登认为双带锦鱼具有三种性别：一种性别生来为雄性且终身为雄性；另一种性别生而为雌性且终身为雌性；第三种性别出生时是雌性，但后来变成了雄性。这些变性而来的雄性个体的体形比天生雄性的个体要大得多，他们积极地保护领地和雌性。而小型的天生雄性则通过互相结盟和团队合作赢得交配权。

不同的环境可能有利于不同的雄性性别。生活在海草掩护中的大型变性雄性很难保护雌性，而同样环境下的小型天生雄性就更容易成功。生活在珊瑚礁中则更有利于大型变性雄性守卫领地，他们也更容易成功繁殖。所以演化会导致两者混合出现。

许多学者乐于接受拉夫加登的性别观点，以及这种观点所带来的关于性别表达多样性的新争论和性别表达与性之间的非线性关系。[23] 不过她的另一些想法就不那么令人满意了。比如，拉夫加登认为性选择“是一种精英雄性异性恋的故事在动物身上的投射”[24]，这虽然听起来很刺耳，但也很公平。然而，她坚持认为达尔文从根本上是错误的，甚至连性选择都是“错误的”，这一观点则很难让人接受。[25]

拉夫加登呼吁彻底抛弃达尔文的陈旧观点[26]，代之以一个包含自然界性别多样性的模型，即她的社会选择理论。这个革命性的概念从一开始就遇到了困难，因为“社会选择”这一概念已经存在了（我们在第 7 章中所见，由玛丽·简·韦斯特–埃伯哈德提出的概念）。这造成了不必要的混乱，因为它们的内容完全不同。拉夫加登认为性别的核心是群体层面的合作，而非达尔文的竞争。这一观点非常不受欢迎，40 多位生物学家在《科学》期刊联合撰文，捍卫达尔文关于同性竞争和择偶是性选择驱动因素的基本原则（或者说他的政治主张）。[27]

“我是一个学术恐怖分子，”拉夫加登对我开玩笑说，“在英国，达尔文不仅仅是一位科学家，还是一位民族英雄。作为英国人就应该赞美达尔文的工作，这导致了英国演化生物学研究的保守倾向。”

拉夫加登的观点可能无法解释所有的情况，但她第一个承认了这一点。那位已故的白人男性透过局限的文化视角看待动物的世界，而拉夫加登所做的就是围绕这些根深蒂固的观点激发新的讨论。这必然是一件好事。科学因辩论而繁荣，而大多数演化生物学家也都同意性选择理论本身正在经历变化。这场持续的动荡所酝酿出的概念是引起激烈争论的原因。[28]研究（而不是忽视）演化的多样性可以为性别和演化提供有价值的见解，拉夫加登的这一直觉感受既及时又毫无争议。她的工作启发了其他人接受性别与性向多元化的理论观点，并重新考虑关于动物的性、性别和性表达之间线性关系的古老假设。[29]你如果潜入海洋，研究生活在珊瑚礁周围的鱼类，就能明显地感受到这一点——这些鱼类的性别和体色一样变化多端。

如果你到珊瑚礁处浮潜，你看到的鱼类中有 1/4 可能会持续改变性别。许多色彩斑斓的珊瑚鱼类都会在成年后经历自然的性别变化，双带锦鱼只是其中的一种。这些鱼被称为顺序雌雄同体，刚出生时是一种性别，随后会因受环境刺激而改变性别，例如群体中失去优势个体或异性的相对数量。

对一些鱼类（比如艳丽的鹦嘴鱼）来说，这种变化是永久性的。他们一旦做出了性别转变，就会一直保持这种性别，直到死去。而其他一些类群的性别则更灵活，可以来回切换。如果你像橙色叶虾虎鱼一样生活在珊瑚裂缝中，并且因为害怕被吃掉而不那么热衷于冒险，那么转变性别是一个方便的繁殖技巧。无论遇到的另一只虾虎鱼性别为何，你都可以通过简单地切换性腺来与之配对，从而随时进行繁殖。

其中一些生物的变性频率惊人。垩鮨（*Serranus tortugarum*）是一种拇指大小的霓虹蓝色加勒比海鱼，据说每天最多可转换 20 次性别。垩鮨的这种习性并非为了获得更多的交配对象，正相反，转换性别是成功交配的秘诀。垩鮨对交配对象具有非常高的忠诚度，或多或少被认为是单配制的。这种鱼的变性习性是为了与伴侣协调反应。研究人员认为，由于卵子比精子更大，产卵的能量消耗也更高，因此轮流产卵可以保持生殖投资的公平性。每条鱼都会尽可能多地产卵。这证明即使在鱼类中，关系中的得到与付出也可以相符。

大多数变性物种都是雌性先熟，即出生时是雌性，后来变成雄性。不过也有少数物种的情况正好相反，是雄性先熟。小丑鱼，又叫海葵鱼（来自海葵鱼亚科），是少数出生时为雄性的变性鱼类之一，为研究人员提供了一个独特的机会来研究雌性形成的机制。

“小丑鱼可以让我们研究大脑雌性化的方式，”贾斯廷·罗兹告诉我。他通过 Skype 带我“云参观”了他的实验室。“我们目前对此尚一无所知，但我们本应该知道！”

性别分化的传统模型，即我们在第 1 章中遇到的组织概念，认为大脑雌性化是一个被动过程，是在缺乏性腺分泌雄激素的情况下的缺省机制。因此，在过去的 70 年里，科学界一直在寻找支持这一观点的两性大脑差异，即发育早期睾酮的雄性化作用，导致“男性大脑来自火星，女性大脑来自金星”。可惜这种尝试一直没有成功。小丑鱼的大脑从一开始的雄性状态变成雌性状态，为科学家提供了一个记录神经变化的机会。

罗兹是伊利诺伊大学的心理学教授，他性格迷人，近乎古怪，对小丑鱼有着无法抑制的热情。我通过网络采访了他。他带着我绕过无尽的水族箱，里面装满了成百上千条橙白花纹的鱼，都好奇地盯着我看。

“这是我最喜欢的雌性鱼类之一，看看她有多好斗。”罗兹边说边把手伸进一个鱼缸里，鱼缸里有两条小鱼盘旋在一个倒扣的花盆周围，花盆里是一窝鱼卵。透过卵的外壳，可以看到未孵化的鱼苗闪闪发光的银色眼球。

“她的视觉非常发达，知道我们现在在这里，她有点儿生气。”罗兹高兴地补充道。这条雌鱼正在猛烈地攻击他的手指，我觉得她更关心这位科学家多毛的大手，而不是鱼缸上方我的大头。

这一切都让人感到非常意外，特别是看着小丑鱼那熟悉的形象。因为一部电影《海底总动员》，小丑鱼成为名满全球的明星。这部由迪士尼发行的动画片红极一时，讲述了一条小丑鱼“尼莫”的温馨故事，他的妈妈命丧梭子鱼（海狼鱼）之口，为了与爸爸马林重聚，他经历了一次不可思议的冒险。

毋庸置疑，这部电影对小丑鱼的生活进行了艺术加工。这些单配制的珊瑚礁居民一起在海葵中安家，海葵带刺的触手为小丑鱼夫妇及卵提供保护。好斗的雌性是夫妇中的领导，她的工作是保卫领土，而雄性则负责保护鱼卵。这些鱼可以在同一只海葵中生存很长的时间——可能长达 30 年，通常周围还有一群幼年雄性。如果失去这条雌性，比如她被梭子鱼抓住，这一环境变化就会触发小丑鱼先生转变为新的优势雌性，而其中一只幼年雄性则发育成熟并成为她的伴侣。

因此，如果严格按照生物规律来创作，你在这部热门电影中会看到尼莫的父亲马林转变为雌性，然后开始与她的儿子交配，迪士尼的一些保守观众可能会不太喜欢这样的家庭电影。

罗兹的研究表明，从雄性到雌性的转变首先发生在大脑中，几个月甚至几年后，性腺发育进度才赶上，使得整条鱼完全变成雌性。

“我很震惊，”罗兹说，“有一条鱼正在经历性别转变——变成雌性。我们每个月都采集血样，这个结果让我们觉得这怎么可能，一定出错了。如果血样显示这条鱼还在分泌雄性的性激素，下个月我们就会再采集一次。我从这条鱼身上共采集了 30 份血液样本，即使经过了近 3 年的时间，她仍然有雄性性腺。”

罗兹向我介绍了一条刚发生性别转变几个月的鱼。这条鱼直勾勾地看着我，罗兹开始详细介绍她的性腺和大脑的状态。当小丑鱼感知到环境的变化时，其大脑中的性别转变就会被触发。大脑的特定区域（视前区）以某种未知的方式被激活并增大。所有脊椎动物的性腺都由该区域控制。为了调控卵子产生和释放的复杂过程，雌性视前区的神经元数量是雄性的 2~10 倍之多。罗兹发现，雄性小丑鱼的视前区需要长达 6 个月的时间才能达到雌性的尺寸。与此同时，其睾丸可能开始萎缩，但仍在产生雄激素。这一过程会持续几个月，直到睾丸完全退化并被成熟的充满卵细胞的卵巢所取代。[30]

因此，这种过渡状态的小丑鱼有一个雌性大脑，却长着雄性的性腺。这可能会让她感到困惑，但罗兹确信，如果被问到，这种鱼会自称雌性。

“这就是这些鱼类的出众之处：她们能告诉你性别。”罗兹对我说。他所要做的就是把这条鱼和另一条雌鱼放在同一个水箱里。在野外，这些具有高度领地意识的小丑鱼拒绝与另一条雌性分享海葵，而且她们肯定会互相打斗，战斗到死。

罗兹给我发了一段这两条雌鱼打斗的视频，提醒我留心听她们“互相吼叫”。我不知道鱼还能发声，更不用说吵架了，但罗兹是对的。视频显示，两条鱼在进行直接的身体接触打斗之前，会发出一种意想不到且极具攻击性的声音，就像制作爆米花时的声响一样。这种行为非常明显，与雌鱼遇到一条雄鱼时完全不同。在小丑鱼中，作为从属性别，雄性不会挑起致命的领地战争。

这个简单的实验表明，尽管这些过渡状态的小丑鱼仍然具有精巢，但是她们不仅行为表现像雌性，也被其他个体认作雌性。这非常清楚地表明，大脑的性别（以及所有性行为）和性腺性别可能是不一致的。这就引出了一个问题：鱼类的性别是由性腺决定，还是由大脑决定？

“如果你觉得这条鱼是雄性，你就错了，”罗兹解释道，“谁在乎她的雌性生殖系统有没有完全成熟呢？最终总会成熟的。卵巢成熟与否无伤大雅。就其行为以及其他鱼类如何识别她而言，她是雌性动物。”

但目前的科学界并不会同意罗兹的观点。在许多生物学家看来，过渡状态小丑鱼的睾丸虽然处于萎缩状态，但仍胜过其正在发育的雌性大脑，让这条鱼被视为雄性。这暴露出，假设性腺性别、性别认知、（遗传）性别和性行为一致的观点是有缺陷的，即使在鱼类中也是如此。

“小丑鱼质疑了我们分配性别的方式，”罗兹补充道，“这些鱼告诉我们的是，不应该用性腺来定义性别。”

幼年的“雄性”小丑鱼给罗兹带来了更大的分类困难。这些鱼的未成熟性腺的正式名称为“两性腺”，既有能力发育成雄性生殖器官，也有能力发育成雌性生殖器官。其中有一些精巢组织，但不会主动制造精子；两性腺中还有卵巢组织和未发育的卵细胞。“我不认为我们可以轻易地为这些不繁殖的个体指定性别，”罗兹说，“它们既不是雄性也不是雌性。”

已知的雌雄同体鱼类大约有500种，实际上可能更多。这是一种绝妙的策略，在广袤的海洋中，可以最大限度地增加繁殖机会。其中大多数鱼类是顺序雌雄同体，但有些也可能同时是雄性和雌性。还有少数独特的物种，如斑纹隐小鳉（*Kryptolebias marmoratus*），甚至可以自我授精。

雌雄同体现象广泛存在于所有鱼类谱系中，包括最古老的类群。长相可怕的盲鳗（盲鳗亚纲）是一种肌肉发达的蛇状鱼类，看一眼就会让你噩梦连连。这种鱼也被称为黏鳗，没有鳞片、脊椎和颌，但有成圈的锋利牙齿。它用唯一的鼻孔在海底嗅探腐烂的尸体为食，其锋利的牙齿可以切断任何食物。

作为孤独的底栖动物，盲鳗生活在荒凉的海洋深处，很难求偶。已知有几种盲鳗通过同时发育卵巢和精巢来进行自我繁殖。盲鳗起源于大约3亿年前，一直都没有发生太大的变化，被认为是现代鱼类的原始祖先。罗兹据此推测，雌雄同体可能不仅是鱼类的祖先状态，而且是所有脊椎动物的祖先状态。

“所有这些奇怪的鱼类都对我们的性别二元论发起了挑战。”罗兹解释道。

罗兹发现，雌雄同体鱼类不仅无法根据性腺区分性别，其大脑也没什么根本的不同。他注意到不同性别的小丑鱼的视前区存在一些差别，并假设两性之间存在进一步的、与行为相关的形态学差异——雄性负责大部分的卵子照看工作，而雌性则负责大部分的打斗。但这些角色并不是绝对的。雄性偶尔会赶走入侵者，而雌性也会照顾卵子，因此两性的大脑功能区域会有相应的重叠。

"我不想过分强调这些差异，"罗兹告诉我，"雄性与雌性的脑部并非截然不同，大部分脑区都极为相似。"

戴维·克鲁斯对此并不会感到奇怪。他是我们在第1章中遇到的得克萨斯大学前动物学和心理学教授，将自己的职业生涯都献给了研究动物的性别和性行为，被认可为一位世界领先的专家。

因疫情封锁期间，我对克鲁斯进行了多次长时间的电话访谈，他告诉我："每一种脊椎动物个体中都有两种基本性别[①]。"像小丑鱼这样的雌雄同体是这种天生性别二元论的完美例证。由于小丑鱼既可以扮演雄性也可以扮演雌性角色，并在成年生活中进行转换，因此其大脑在组织和功能方面必须兼具这两种潜力。克鲁斯告诉我，神经生物学家利奥·德姆斯基进行了一项巧妙的实验，在海鲈鱼（一种同时雌雄同体的动物）身上证明了这一点。刺激某个大脑区域可以促使一条鱼释放精子，而刺激大脑的另一个区域会促使同一条鱼释放卵子。

与罗兹一样，克鲁斯观察到了动物中一些性行为与性腺性别无关的情况。他研究我们在上一章遇到的沙原鞭尾蜥时首先记录了这一点。这个单性物种都是雌性个体，通过孤雌生殖进行繁殖，但雄

① 当克鲁斯谈到性别二元论时，他并不仅仅指性取向。他的意思是，所有个体都有可能发展出雄性或雌性的特征，无论是行为上的还是形态上的。

性和雌性交配行为的交替出现表明她们的大脑为这两种行为都做好了准备。

“我们需要摆脱性别的二元论，”克鲁斯大胆地说，“性别其实有一个连续的谱系，一端是雄性，另一端是雌性，这两种类型之间的变化是连续的。”

这种观点得到了玛丽·简·韦斯特–埃伯哈德的赞同，她在关于发育可塑性的百科全书式巨著中意识到了性别特征具有一个连续变化范围，在雄性和雌性之间有许多的“中间性别”。[31] 尽管如此，生物学界仍在努力解决如何定义这些动物的问题，例如我们刚刚遇到的过渡状态小丑鱼、达尔文研究的藤壶或第 1 章中具有混合性腺和行为的青蛙。很明显，这些动物无法被简单定义为雌性或者雄性。如果根据性腺区分，其中大多数动物就会被认为是雌雄同体或雌雄间性，但这种定义不仅破坏了性别二元论，本身也过于简化。然而，即使引入第三个类别，我们也无法划定雌性、间性和雄性之间的界限，这会不可避免地带有主观性和任意性。例如，我们在第 1 章中遇到的鼹鼠，多年来被不同的科学论文描述为“雌性”“性别反转”[32]“雌雄同体”[33]“雌雄间性”，甚至是几个术语的混合体。[34] 因此，鼹鼠的性别即使没有给动物造成困惑，对科学界来说也很令人困惑。

现代研究者批评科学语言的演变速度不够快，不能涵盖性别系统及其表现形式的范围。“重要的是，你要记住，我们的专业术语很难准确捕捉在自然界中发现的多样性。”[35] 一份性别系统纲要的作者如此认为，最近他们在语言学上受到了挑战。人们创造出了像“定量性别”[36] 和“条件性别表达”[37] 这样的新术语，试图弥合语言表达的鸿沟，但这种创新并没有得到广泛的接受。

无论这个问题是语义上的还是哲学上的，事实仍然是主流生物学在超越性别基本二元论的定义和承认生物学事实方面进展缓慢，这有点儿讽刺。[38]

“我得出的结论是，人脑喜欢非黑即白的例子。它希望事物是非此即彼的，但当涉及性别时，这种想法就出了问题。”克鲁斯解释了这一悖论。

克鲁斯认为，戴着二元论的有色眼镜观察动物界，迫使许多人把目光局限在两性之间的差异上，比如像达尔文这样的天才科学家和许多追随他脚步的人。然而，研究两性的相似之处可能会更有启发性。

“人们忘记了雄性和雌性的大多数特征是相似的。我们都有大脑，有心脏，也都有身体。两性之间的相似之处多于差异。”[39]

就像所有优秀的科学家一样，克鲁斯用一张相当无聊的图表来说明这个鼓舞人心的深刻观点。两条具有峰值的数据曲线（一条代表雄性，另一条代表雌性）之间的重叠表明，同一性别内的个体差异甚至大于两性之间的平均差异。生物学通常会忽略个体差异，排除任何极端情况，只考虑每种性别的典型特征。所以在纸面上，两性看起来似乎完全不同，但这只是一种统计现象。事实上，雄性和雌性的相似之处远多于不同之处。

“我们都来自一个受精卵。因此，它必须拥有创造两种性别所需的所有要素。”克鲁斯补充道，“我觉得，如果能够更深入地研究两性之间的相似性，我们会发现，个体的一切特征都有两种可能。”

小丑鱼肯定会同意这一点，我们在本书中遇到的一些两性差异更明显的生物可能也是如此。那些全雌性的黑背信天翁或哀鳞趾虎伴侣的同步求爱和性行为，以及雄性和雌性箭毒蛙及小鼠大脑中

“母性本能”的神经开关，也表明克鲁斯是正确的。

一项发表于2020年的关于线虫的研究进一步挑战了性别二元论。[40]线虫是一种微小的模式生物，深受神经科学家的喜爱，他们正在通过线虫寻找控制更复杂生物（包括人类）行为的神经机制。罗切斯特大学医学中心的研究人员在线虫的脑细胞中分离出一个基因开关，使线虫能够根据环境的需要切换性别特征。雄性线虫天生爱寻找交配对象，而“雌性”（也是雌雄同体）则专注于嗅探食物。但是，如果雄性太饿了，他们就会发生转变，表现出雌性的行为。这种可塑性模糊了两性之间的界限，挑战了性别是一种固定属性的观点。“这些发现表明，在分子水平上，性别并不是二元的或静态的，而是动态多变的。”该研究项目的首席神经科学家道格拉斯·波特曼宣称。[41]

在这本书中，我们遇到了数十种反抗达尔文性别二元论刻板印象的雌性。体内充满睾酮、雄性性腺鼓胀、没有明显阴道的雌性鼹鼠；晃动着假阴茎的、好斗的优势雌性斑鬣狗；从染色体看是雄性，却比其他遗传性别为雌性的同伴产卵更多的雌性鬃狮蜥；过着丰富多彩的社交和性交生活的绝经虎鲸；为了至高无上的地位而互相撕咬致死的裸鼹鼠姐妹；通过心醉神迷的同性性摩擦行为支配雄性的娇小雌性倭黑猩猩；滥交的雌性叶猴，其放荡的性生活是母性的极端表现；以及仍在等待卵巢发育的过渡状态雌性小丑鱼。

这些雌性动物告诉我们，性别不是水晶球。它既不是静态的，也不是确定性的，而是一种动态、灵活的特征，就像其他特征一样是由基因与环境之间独特的相互作用形成的，动物的发育和生活史以及少量机会性事件会进一步塑造性别。我们不应将两性视为完全不同的生物实体，而应将其视为同一物种的成员，在与繁殖相关的某些生物和生理过程中具有可变的、互补的差异，但在其他方面两性大致相同。[42] 是时候放弃有害的（坦率地说是骗人的）性别二元论了。因为在自然界中，性别是一个连续变化的谱系，多变、高度可塑，并且拒绝遵守传统的分类。对这一事实的理解只会丰富我们对自然界的理解，以及对同类的共情。对过时的性别差异固守执念，只会助长对男性和女性不切实际的期望，也会助长不良的两性关系和性别不平等。

# 结语

## 没有偏见的自然界

"客观知识"是一种矛盾修辞。

——帕特里夏·戈瓦蒂，《女性主义和演化生物学》[1]

当我第一次想到要写一本关于雌性动物如何被科学误解的书时，我并不知道这个故事将如此宏大，也不知道我的主题如此容易受到文化的浸染。在我的印象中，科学就是科学，即理性的、基于证据和经验的、纯粹的知识。我在大学里学到并当作信条的许多东西——演化生物学的基础——都被偏见扭曲了。这是一个令人震惊的启示，迫使我直面自己的偏见，让我想要知道我们能否摆脱个人认知的束缚，用真正公正的眼光看待动物界。

我不是第一个发出这种疑问的人。就连维多利亚时代的学术机构也意识到，科学知识是受到社会文化影响的。在达尔文出版《人类的由来及性选择》之前30多年，富有远见的博学大师胡威立在他关于科学哲学的众多思考中发出了这种警示。

“整个自然界都蒙着理论的面具……我们大多数人都没有意识到，我们阅读外部世界语言并边读边翻译的习惯存在问题。”[2]

这个面具如此难以去除的一大原因是它的隐形性。在文化上，我们都习惯于在根深蒂固且高度个人化的框架内解释世界。要走出这个确定性的安全区域，首先需要认识到它的存在。然后，你得勇敢地承认你超出了自己的安全框架，但不管怎样都要继续前进。

生物科学花了很长时间才正视了这些失败。女性主义在这一过程中起了关键作用。最初的浪潮在达尔文职业生涯的尾声阶段开始形成，他的性选择理论受到了第一批平权运动先驱的攻击。《人类的由来及性选择》出版 4 年后，美国牧师兼自学成才的科学家安托瓦内特·布朗·布莱克韦尔就出版了《自然界的两性》(*The Sexes Throughout Nature*)。在书中，她认为达尔文错误地解释了演化论，“过分强调了自然界中雄性特征的演化”。[3] 她认为，有机体越复杂或越先进，两性之间的分工差异就越大。对于雄性演化出的每一个独有特征，雌性都会演化出互补的特征。净效应是“两性在生理和心理的对等方面是演进平衡的”。[4]

布莱克韦尔并不是唯一持有这种观点的人。少数自我教育的女性知识分子阅读了达尔文的著作，并认识到女性遭到了边缘化和误解。但这些早期的女性主义声音被科学界的父权制忽视了。科学是维多利亚时代“理性性别”的专属领域。①[5] 赫尔迪挖苦地指出，

① 达尔文的信件表明，尽管他对女性参与科学研究持开放态度，但他的默认立场仍然认为科学主要是男性的领域。当布莱克韦尔附上她的另一部科学著作《基础科学研究》(*Studies in General Science*) 的副本写信给达尔文时，她通过仅使用首字母签名来隐藏自己的性别。达尔文给她的回信中则称“亲爱的先生”。[6]

这些女性主义先驱对主流演化生物学的影响可以用一句话来概括："未被选择的道路。"[7]

谢天谢地，赫尔迪以及其他20世纪的女性主义科学家的声音终于被听到了，尽管是在她们竭力大声呼吁之后。这些女性受益于平等的教育和智识上的自信，承受住了第二波科学性别歧视浪潮（由臭名昭著的新达尔文主义者男性演化生物学家和心理学家兜售）。她们的开创性工作帮助我们彻底改变了对雌性的理解，以及对演化论本身的理解。

在本书中，你已经遇到了其中一些先驱科学家。当然，还有许多其他科学家也做出了贡献，不分性别。多亏了这些人无所畏惧的勇气，让我们超越了死板的性别决定论观点，开始欣赏发育可塑性和行为变异对雌性演化的影响——与对雄性演化的作用一样多。这些人还让我们了解到，推动演化的机制是自然、性别以及社会选择的复杂组合。很明显，除了雄性竞争和雌性选择，还存在雌性之间对配偶和资源的竞争、雄性的选择、雌性与两性的战略合作，以及性别对立的协同演化，这些都会影响交配的成功。

我真的不明白，为什么这些著述最多的创新性学者（萨拉·布拉弗·赫尔迪、帕特里夏·戈瓦蒂、珍妮·阿尔特曼和玛丽·简·韦斯特–埃伯哈德等）的工作的科学和文化影响未得到广泛的认可。在我看来，她们应该和男性同行，比如罗伯特·特里弗斯、理查德·道金斯、斯蒂芬·杰·古尔德等人一样出名。但出于某种原因，尽管她们的观点已融入现代演化论思想，但提出这些大胆的新观点的女性仍然相对不为人知。

戈瓦蒂的工作成功地揭露了许多困扰演化论发展的偏见，并试图取代这些观点。在我们的一次长途电话中，听到我对她的工作感兴趣时，她感激得几乎流泪，并感叹道："我死后就会出名了。"我希望这本书能帮助这些创新思想家获得她们应得的认可。

传统理论的面具确实在滑落，但仍有许多工作要做。沙文主义已经根植于演化论思想的基石中长达一个多世纪。贝特曼范式在科学文献中继续流行，很少或根本没有人参考戈瓦蒂等人发表的实证批评。[8] 用于教育下一代演化生物学家的教科书仍然倾向于过时的雄性视角。2018 年的一项分析发现，演化论教科书中的雄性和雌性形象仍然在强化刻板的性别角色，"没有反映出科学界正在发生的转变"。[9]

偏见也潜伏在语言中。最近的一项研究发现，科学作者仍然使用主动的词来描述雄性，使用被动的词来描述雌性，称雄性"适应"、雌性"反适应"。[10] 换句话说，雄性主动行动，而雌性做出反应。"有爱心"的雌性和"有竞争力"的雄性这样模式化的标签仍然在学术文献中流行[11]，就好像它们是无可辩驳的事实，不需要引用事实来证明它们的合理性。

无论是有意还是无意，科学研究仍然以雄性为主。定义物种的"模式标本"严重偏向于雄性，代表物种在全世界的自然历史博物馆中展出的主要也是雄性个体。[12] 在全世界物种快速灭绝的今天，这些剥制或浸泡的原型标本是科学研究的基础，雌性标本的缺乏进一步预示着未来的演化生物学、生态学和保护生物学仍会以雄性为中心。帕特里夏·布伦南的工作记录了阴道和阴蒂多样性，这无疑是迫切需要开展的工作，但雌性的其他部位也应该得到与雄性等同的对待。

在活体动物的实验室研究中，许多研究人员会避免使用雌性，[13] 因为他们认为雌性"混乱的激素变化"会增加研究的复杂性，而研究雄性则更为简单。[14] 这种阴险的想法纯属胡说八道。没有确切的证据表明，雌性发情周期导致的激素变化会比雄性的雄激素变化更大。所以雌性的激素并不比雄性的更混乱。

即便是在使用雌性个体进行实验时，她们也不一定具有代表性。哈佛神经科学家凯瑟琳·杜拉克曾告诉我，作为许多实验室研究基础的小白鼠是如何被沙文主义地选择性驯化的。在野外，雌性小鼠和雄性小鼠一样具有攻击性，她们会攻击求偶者并吃掉幼鼠。但多年的人工繁育已经逐渐消除了她们的攻击性，创造出一种代表"雌性应该是什么样"的模式动物。然后，这种不真实的雌性成了许多实验室的行为和神经生物学研究的模型基础。相比之下，研究野生动物更能反映自然状态，不过资金和野外调查是研究野生动物的难点，但正如劳伦·奥康奈尔（和她研究的箭毒蛙父母）或戴维·克鲁斯（和他研究的单性蜥蜴）告诉你的，为了研究一个纯粹的系统，必须付出努力。

模式生物即便不是按照父权制理想培育的，也仍然不一定能够反映真实情况。采用模型系统的目的在于为生物学的某个特定问题提供代表性的结果，但所选择的物种通常存在问题。科研人员使用的模式生物通常受制于研究历史和便利性，而不是与问题的相关性。例如，果蝇仍然是性选择研究的主要对象，基于该物种的论文几乎占性选择研究领域所有论文的 1/4。[15] 然而，果蝇能够成为模式生物纯粹是因为其繁殖周期与学术日历相符合。因此，使用果蝇更有利于科学家工作，而不是利于解决科学问题。事实上，果蝇的性行为并不能代表其他昆虫，更不用说其他生物类群了，但这并没有阻止人们用果蝇独特的行为来代表所有动物的性行为特征，甚至包括我们人类。[16]

## 真理在于多样性和透明度

明尼苏达大学演化生物学教授马琳·朱克告诫我们，不要使用不当的模型系统（指实验动物），[17] 并倡导研究应该重视多样性，无论是在使用野生和圈养标本方面，还是在使用的物种范围方面，都应该注意。她主张，我们如果遵从这个基本原则，就永远不会选择果蝇作为性选择研究的基本对象，而且果蝇的怪癖助长了人们对动物性行为的认知偏差。她警告说，"分类沙文主义" [18] 真实存在，这意味着某些动物群体（昆虫和鸟类）要么因为独特，要么出于方便，成了性选择研究的主流对象，由此抹杀了自然的多样性。这对演化生物学研究来说尤其矛盾，因为其内核正是变异。

我们还需要科研人员具备多样性。演化生物学的规则不仅是由男性制定的，而且是由来自西方后工业社会的上层白人男性制定的。生理性别、性取向、社会性别、肤色、阶级、文化、能力和年龄都不相同的研究人员一起工作，将有助于消除各种偏见，无论是性别偏见、地域偏见、同性恋偏见、种族偏见还是其他偏见。我们需要更好地吸引各类不同的人参与研究工作。最近的一项研究发现，STEM（科学、技术、工程和数学）领域中的LGBTQ（性少数群体）人士仍然较少，他们会遇到来自周围的非议，并很快离开这些行业。[19] 而尽管女性主义行动已经开展了几十年，女性仍然需要为平等的晋升和研究经费支持而斗争。认为男女在科学天赋方面存在差异的陈旧观念仍然困扰着女科学家，尽管这完全不合理。[20]

在维多利亚时代，人们给自然界的秩序强加上人类社会文化的规则。而最新一代的演化生物学家正在学习接受个体灵活性、发育可塑性和自然界无限可能性带来的混乱。许多人不仅跳出了维多利亚时代的思考框架，而且试图永久地揭开理论的面具。

过去的5~10年里出现了一系列批判性的反省。对演化生物学论文的系统分析和综述揭示了偏见如何隐藏在实验设计和实践中，并提供了消除偏见的建议。

对1970—2012年间近300项演化和生态学研究的调查发现，1/2以上的研究未能披露实验结果和统计数据的全部细节。样本量通常太小，导致结果可能无法排除偶然性，但发表的论文依然认为结果具有显著性。[21] 现有数据表明，有问题的研究其实非常普遍，这种现象需要得到关注。墨尔本大学的生态学家汉娜·弗雷泽调查了800多名生态学家和演化生物学家，许多人承认曾至少一次主观挑选具有统计显著性的结果，方式是使用灵活的停止规则（收集数据直到获得“正确的”结果）或者改变最初的假设以适应结果。[22] 违规最严重的是处于职业生涯中期的和资深的科学家，而他们其实应该更清楚这一点。

这些令人震惊的结果表明，有必要对现有工作进行严格评估，并迫切需要对关键研究进行重复——就像戈瓦蒂对贝特曼的研究所做的那样。可重复性是科学的基石，但这些研究可能很难获得资助，而且对科学家来说不那么吸引人，因为不是原创性的工作。资助机构和科学出版物的编辑需要参与进来，帮助克服这种耻辱感。[23]

尽管如此，但我仍抱有希望。

为本书做调研是一次获得解放的经历。我不再觉得自己是一个可悲的怪胎。女性并不是注定要被动和矜持地等待被男性支配。我们即使身体上是弱者，也仍然可以具有强大的力量。我永远不会忘记在华盛顿州海岸外那条漂浮的小船上，被那条具有社会意识和强烈同情心的更年期虎鲸所感动。她向我展示了力量是如何通过智慧和年龄产生的，这让我觉得这个故事特别深刻。

力量也可以来自与其他雌性的交流。雌性倭黑猩猩之间的团结非常鼓舞人心。我并不是建议像她们那样随意地对待性生活，但我们可以从她们和平的社会中吸取经验。倭黑猩猩和虎鲸族长都证明了优势地位和领导能力是完全不同的事情。优势地位并不是领导族群的必要条件，反之亦然，它们甚至可以共存。

但最震撼我的是那些处于过渡状态的小丑鱼，她们让我以最激进的方式思考性别，迫使我质疑关于性别定义的核心假设。这尽管让人不安，却又振奋人心。科学研究发现生物性别实际上是一个连续的谱系，所有这些不同的性别都源自基本相同的基因、激素和大脑，这是最伟大的启示。这迫使我转变观点，承认自己的文化偏见，并试图消除任何陈旧的假设，即认为性别、性认同、性行为和性取向都是二元的，而且互相之间是一致的。这种思想自由很难保持，但让我从这些雌性个体的无限可能性中获得了力量。

在这段知识之旅中，我与许多年轻科学家交谈过，他们不分性别，都给了我希望。他们这一代人似乎更愿意挑战长期存在的性别二元论假设。他们直言不讳地阐明科学研究需要多样性和透明度，这些工作最终可以永久地揭开理论的面具。这大概不会很快实现。正如美国作家、学者安妮·福斯托–斯特林所说："生物学研究与政治并无二致。"[24] 持有性别歧视观点的老年白人男性提出的理论，最适合性别歧视的老年白人男性政客。如果我们要打造一个更包容的社会，共同努力保护我们的地球和所有地球生物的未来，那么为生物学真理而战至关重要。

# 致谢

没有哪一本书的写作是容易的，但《“她”的力量》一直是一个有点儿难产的孩子：巨大、骇人、痛苦，折磨着人的智力和体力。非常感谢我的编辑苏珊娜·韦德森和托马斯·凯莱赫，感谢他们对我的耐心、支持和信任。他们在大西洋两岸的团队都做得很好：感谢贝拉·博斯沃思对文本的编辑，感谢艾莉森·巴罗引起轰动的宣传，感谢凯特·萨马诺和梅利莎·韦罗内西为本书出版所做的准备工作。尤其要感谢埃玛·贝瑞见解深刻的意见，这使本书更上一层楼。我的经纪人威尔·弗朗西斯和乔·萨尔比都值得我郑重感谢，感谢他们一直以来对我的支持和信任。

为写作本书所做的调研具有里程碑意义，我要感谢在此期间与我携手并进的那些才华横溢的人。一些非常聪明的年轻学者为此奠定了基础，安妮·希尔伯恩、阿德里安娜·洛和玛丽娜里妮·埃肯斯维克·瓦萨为我提供了最初的关键想法和见解。然后，勤奋的珍妮·伊斯利成了我的得力助手。非常感谢为我提供学术意见的凯尔希·刘易斯（威斯康星大学麦迪逊分校女性主义生物学威蒂格研究员）和雅各布·布罗–约恩森（利物浦大学演化与动物行为学高级讲师），他们对每页草稿的仔细批注都是无价之宝。

我向那些做出开创性研究的科学家致以最深切的感谢，他们的研究工作为本书提供了重要的素材。我对你们所有人表示敬佩，非常感谢你们花费宝贵的时间来回答我的许多问题，多次耐心地解释你们的科学研究。你们的慷慨、诚实和信任征服了我。特别是戴维·克鲁斯和帕特里夏·戈瓦蒂，你们纵容我不断提问，经常和我聊天，我觉得我们已经成了朋友。

特别感谢那些勇敢地让我参与他们在野外、家庭或实验室的工作的科学家：丽贝卡·刘易斯和安德烈娅·巴登让我见到了马达加斯加的狐猴，盖尔·帕特里切利和埃里克·泰姆斯特拉带我欣赏了艾草松鸡的音乐会，艾米·帕里什把我介绍给洛蕾塔，克里斯·福克斯让我抚摸了裸鼹鼠，帕特里夏·布伦南让我看到无数的橡胶阴道，德博拉·贾尔斯教我如何采集鲸的粪便，莫莉·卡明斯赠予我杜松子酒和凶猛的鱼，安伯·赖特让我见到独特的哀鳞趾虎，林赛·扬带我目睹了神奇的黑背信天翁，以及琼·拉夫加登的自制泡菜和启发性谈话。最后，我要感谢萨拉·布拉弗·赫尔迪，她热情地欢迎我进入这样一个群星荟萃的圈子，为我烤了一个特别的“秃鹰”馅饼，并在这段漫长旅程的一开始就给予我慷慨的指导。我在很多方面都深深地感激她。

在我写作这本书的3年里，我的个人生活并不平静。我失去了母亲，不得不应对新冠病毒流行导致的孤独生活，这令我非常不安。感谢我的狗狗科比抚慰我的心灵。感谢在封闭隔离期间给我带来乐趣的好友露丝·伊尔格和德鲁·卡尔，让我能够保持理智。特别感谢我的游泳伙伴——卢克·葛特立、萨拉·法里尼亚、杰迈玛·杜里和贝瑞·怀特，你们陪我在日出时冰冷的海水中洗去焦虑，换来开怀大笑。感谢佩妮·弗格森和马库斯·弗格森位于费尔特姆的农场的作家小屋，那里有美味可口的臭奶酪。感谢朋友们在我将事实创作成故事的时候，耐心地倾听我的诉说，认真阅读草稿并提供了宝贵的意见：萨拉·罗拉森、希瑟·利奇、比尼·亚当斯、温迪·奥蒂维尔、丽贝卡·基恩、杰丝·瑟奇、萨拉·张伯伦、亚历克萨·海伍德和夏洛特·穆尔。特别感谢卡萝尔·卡德瓦拉德帮我给书起了这个名字。还有马克斯·金南，在我们的深夜谈话中你挑战了性别二元论的教条，并迫使我面对自己先入为主的偏见。这本书是关于文化偏见的，我很感激有这么一群聪明又多样化的女性朋友来帮助我的世界观不断演变。我爱你们。

# 参考文献

## 序言


1. Richard Dawkins, *The Selfish Gene* (Oxford University Press, 2nd edn, 1989; 1st edn, 1976), p. 146

2. ibid., pp. 141–2

3. 'Survival of the Fittest', Darwin Correspondence Project (University of Cambridge), https://www.darwinproject.ac.uk/commentary/ survival-fittest[accessed March 2021]

4. Charles Darwin, *The Descent of Man, and Selection in Relation to Sex* (John Murray, 2nd edn, 1879; republished by Penguin Classics, 2004), pp. 256–7

5. Charles Darwin, *On the Origin of Species* (John Murray, 1859; republished by Mentor Books, 1958), p. 94

6. Darwin, *The Descent of Man*, p. 259

7. Helena Cronin, *The Ant and the Peacock* (Cambridge University Press, 1991)

8. Darwin, *The Descent of Man*, p. 257

9. Darwin, *On the Origin of Species*, p. 94

10. Aristotle, *The Complete Works of Aristotle*, ed. by Jonathan Barnes (Princeton University Press, 2014), p. 1132

11. *The Autobiography of Charles Darwin*, ed. By N. Barlow (New York, 1969), pp. 232–3

12. Evelleen Richards, 'Darwin and the Descent of Woman' in *The Wider Domain of Evolutionary Thought*, ed. by David Oldroyd and Ian Langham (D. Reidel Publishing Company, 1983)

13. Zuleyma Tang-Martínez, 'Rethinking Bateman's Principles: Challenging Persistent Myths of Sexually Reluctant Females and Promiscuous Males', *Journal of Sex Research* (2016), pp. 1–28

14. Darwin, *The Descent of Man*, pp. 629/631

15. John Marzluff and Russell Balda, *The Pinyon Jay: Behavioral Ecology of a Colonial and Cooperative Corvid* (T. and A. D. Poyser, 1992), p. 110

16. ibid., p. 113

17. ibid., pp. 97–8

18. ibid., p. 114

19. Marcy F. Lawton, William R. Garstka and J. Craig Hanks, 'The Mask of Theory and the Face of Nature' in *Feminism and Evolutionary Biology*, ed. by Patricia Adair Gowaty (Chapman and Hall, 1997)

20. William G. Eberhard, 'Inadvertent Machismo?' in *Trends in Ecology & Evolution*, 5: 8 (1990), p. 263

21. Hillevi Ganetz, 'Familiar Beasts: Nature, Culture and Gender in Wildlife Films on Television' in *Nordicom Review*, 25 (2004), pp. 197–214

22. Anne Fausto-Sterling, Patricia Adair Gowaty and Marlene Zuk, 'Evolutionary Psychology and Darwinian Feminism' in *Feminist Studies*, 23: 2 (1997), pp. 402–17

23. ibid.

## 第 1 章

1. 'Species–Mole', Mammal Society, https://www.mammal.org.uk/ species-hub/full-species-hub/discover-mammals/species-mole/[accessed5 May 2021]

2. Kevin L. Campbell, Jay F. Storz, Anthony V. Signore, Hideaki Moriyama, Kenneth C. Catania, Alexander P. Payson, Joseph Bonaventura, Jörg Stetefeld and Roy E. Weber, 'Molecular Basis of a Novel Adaptation to Hypoxic-hypercapnia in a Strictly Fossorial Mole' in *BMC Evolutionary Biology*, 10: 214 (2010)

3. Christian Mitgutsch, Michael K. Richardson, Rafael Jiménez, José E. Martin, Peter Kondrashov, Merijn A. G. de Bakker and Marcelo R. Sánchez- Villagra, 'Circumventing the Polydactyly "Constraint": The Mole's "Thumb" ' in *Biology Letters*, 8: 1 (23 Feb. 2012)

4. Jennifer A. Marshall Graves, 'Fierce Female Moles Have Male-like Hormones and Genitals. We Now Know How This Happens', The Conversation, 12 Nov. 2020, https:// theconversation.com/ fierce-female-moles-have-male-like-hormones-and-genitals-we-now-know-how-this-happens-149174

5. Adriane Watkins Sinclair, Stephen E. Glickman, Laurence Baskin and Gerald R. Cunha, 'Anatomy of Mole External Genitalia: Setting the Record Straight' in *The Anatomical Record* (Hoboken), 299: 3 (March 2016), pp. 385–99

6. David Crews, 'The Problem with Gender' in *Psychobiology*, 16: 4 (1988), pp. 321–34

7. Joan Roughgarden, *Evolution's Rainbow* (University of California Press, 2004), p. 23

8. Kazunori Yoshizawa, Rodrigo L. Ferreira, Izumi Yao, Charles Lienhard and Yoshitaka Kamimura, 'Independent Origins of Female Penis and its Coevolution with Male Vagina in Cave Insects (Psocodea: Prionoglarididae)' in *Biology Letters*, 14: 11 (Nov. 2018)

9. Clare E. Hawkins, John F. Dallas, Paul A. Fowler, Rosie Woodroffe and Paul A. Racey, 'Transient Masculinization in the Fossa, *Cryptoprocta ferox* (Carnivora, Viverridae)' in *Biology of Reproduction*, 66: 3 (March 2002), pp. 610–15

10. ibid.

11. Christine M. Drea, 'Endocrine Mediators of Masculinization in Female Mammals' in *Current Directions in Psychological Science*, 18: 4 (2009), pp. 221–6

12. Paul A. Racey and Jennifer Skinner, 'Endocrine Aspects of Sexual Mimicry in Spotted Hyenas *Crocuta crocuta* ' in *Journal of Zoology*, 187: 3 (March 1979), p. 317

13. Theodore W. Pietsch, *Oceanic Anglerfishes: Extraordinary Diversity in the Deep Sea* (University of California Press, 2009), p. 277

14. Alan Conley, Ned J. Place, Erin L. Legacki, Geoff L. Hammond, Gerald R. Cunha, Christine M. Drea, Mary L. Weldele and Steve E. Glickman, 'Spotted Hyaenas and the Sexual Spectrum: Reproductive Endocrinology and Development' in *Journal of Endocrinology*, 247: 1 (Oct. 2020), pp. R27–R44

15. Katherine Ralls, 'Mammals in which Females Are Larger than Males' in *The Quarterly Review of Biology*, 51 (1976), pp. 245–76

16. Richard Sears and John Calambokidis, 'COSEWIC Assessment and Update Status Report on the Blue Whale, *Balaenoptera musculus* ' (Mingan Island Cetacean Study, 2002), p. 3

17. Anne Fausto-Sterling, *Sexing the Body* (Basic Books, 2000), p. 202

18. Charles H. Phoenix, Robert W. Goy, Arnold A. Gerall and William C. Young, 'Organizing Action of Prenatally Administered Testosterone Propionate on the Tissues Mediating Mating Behavior in the Female Guinea Pig' in *Endocrinology*, 65: 3 (1 Sept. 1959), pp. 369–82

19. Fausto-Sterling, *Sexing the Body*, p. 202

20. ibid.

21. J. Thornton, 'Effects of Prenatal Androgens on Rhesus Monkeys: A Model System to Explore the Organizational Hypothesis in Primates' in *Hormones and Behavior*, 55: 5 (2009), pp. 633–45

22. Christine M. Drea, 'Endocrine Mediators of Masculinization in Female Mammals'

23. Dagmar Wilhelm, Stephen Palmer and Peter Koopman, 'Sex Determination and Gonadal Development in Mammals' in *Physiological Reviews*, 87: 1 (2007), pp. 1–28

24. Bill Bryson, *The Body* (Transworld Publishers, 2019)

25. Andrew H. Sinclair, Philippe Berta, Mark S. Palmer, J. Ross Hawkins, Beatrice L. Griffiths, Matthijs J. Smith, Jamie W. Foster, Anna-Maria Frischauf, Robin Lovell-Badge and Peter N. Goodfellow, 'A Gene from the Human Sex-determining Region Encodes a Protein with Homology to a Conserved DNA-binding Motif' in *Nature*, 346: 6281 (1990), pp. 240–4

26. Roughgarden, *Evolution's Rainbow*, p. 198

27. Francisca M. Real, Stefan A. Haas, Paolo Franchini, Peiwen Xiong, Oleg Simakov, Heiner Kuhl, Robert Schöpflin, David Heller, M-Hossein Moeinzadeh, Verena Heinrich, Thomas Krannich, Annkatrin Bressin, Michaela F. Hartman, Stefan A. Wudy and Dina K. N. Dechmann, Alicia Hurtado, Francisco J. Barrionuevo, Magdalena Schindler, Izabela Harabula, Marco Osterwalder, Michael Hiller, Lars Wittler, Axel Visel, Bernd Timmermann, Axel Meyer, Martin Vingron, Rafael Jimémez, Stefan Mundlos and Darío G. Lupiáñez, 'The Mole Genome Reveals Regulatory Rearrangements Associated with Adaptive Intersexuality' in *Science*, 370: 6513 (Oct. 2020), pp.208–14

28. Frank Grützner, Willem Rens, Enkhjargal Tsend-Ayush, Nisrine El-Mogharbel, Patricia C. M. O'Brien, Russell C. Jones, Malcolm A. Ferguson- Smith and Jennifer A. Marshall Graves, 'In the Platypus a Meiotic Chain of Ten Sex Chromosomes Shares Genes with the Bird Z and Mammal X Chromosomes' in *Nature*, 432 (2004)

29. Frédéric Veyrunes, Paul D. Waters, Pat Miethke, Willem Rens, Daniel McMillan, Amber E. Alsop, Frank Grützner, Janine E. Deakin, Camilla M. Whittington, Kyriena Schatzkamer, Colin L. Kremitzki, Tina Graves, Malcolm A. Ferguson- Smith, Wes Warren and Jennifer A. Marshall Graves, 'Bird- like Sex Chromosomes of Platypus Imply Recent Origin of Mammal Sex Chromosomes' in *Genome Research*, 18: 6 (June 2008) pp. 965–73

30. Jennifer A. Marshall Graves, 'Sex Chromosome Specialization and Degeneration in Mammals' in *Cell* (2006), pp. 901–14

31. Asato Kuroiwa, Yasuko Ishiguchi, Fumio Yamada, Abe Shintaro and Yoichi Matsuda, 'The Process of a Y-loss Event in an XO/XO Mammal, the Ryukyu Spiny Rat' in *Chromosoma*, 119 (2010), pp. 519–26; E. Mulugeta, E. Wassenaar, E. Sleddens-Linkels, W. F. J. van IJcken, E. Heard, J. A. Grootegoed, W. Just, J. Gribnau and W. M. Baarends, 'Genomes of Ellobius Species Provide Insight into the Evolutionary Dynamics of Mammalian Sex Chromosomes' in *Genome Research*, 26: 9 (Sept. 2016), pp. 1202–10

32. N. O. Bianchi, '*Akodon* Sex Reversed Females: The Never Ending Story' in *Cytogenetic and Genome Research*, 96 (2002), pp. 60–5

33. Mary Jane West-Eberhard, *Developmental Plasticity and Evolution* (Oxford University Press, 2003), p. 121

34. Nicolas Rodrigues, Yvan Vuille, Jon Loman and Nicolas Perrin, 'Sex- chromosome Differentiation and "Sex Races" in the Common Frog (*Rana temporaria* )' in *Proceedings of the Royal Society B*, 282: 1806 (May 2015)

35. Max R. Lambert, Aaron B. Stoler, Meredith S. Smylie, Rick A. Relyea, David K. Skelly, 'Interactive Effects of Road Salt and Leaf Litter on Wood Frog Sex Ratios and Sexual Size Dimorphism' in *Canadian Journal of Fisheries and Aquatic Sciences*, 74: 2 (2016), pp. 141–6

36. Vivienne Reiner, 'Sex in Dragons: A Complicated Affair' (University of Sydney, 8 June 2016), https://www.sydney.edu.au/ news-opinion/news/2016/06/08/ sex-in-dragons--a-complicated-affair. html[accessed 10 April 2020]

37. Hong Li, Clare E. Holleley, Melanie Elphick, Arthur Georges and Richard Shine, 'The Behavioural Consequences of Sex Reversal in Dragons' in *Proceedings of the Royal Society B*, 283: 1832 (2016)

38. Clare E. Holleley, Stephen D. Sarre, Denis O'Meally and Arthur Georges, 'Sex Reversal in Reptiles: Reproductive Oddity or Powerful Driver of Evolutionary Change?' in *Sexual Development* (2016)

39. Li, Holleley, Elphick, Georges and Shine, 'The Behavioural Consequences of Sex Reversal in Dragons'

40. Madge Thurlow Macklin, 'A Description of Material from a Gynandromorph Fowl' in *Journal of Experimental Zoology*, 38: 3 (1923)

41. Laura Wright, 'Unique Bird Sheds Light on Sex Differences in the Brain', *Scientific American*, 25 March 2003

42. Robert J. Agate, William Grisham, Juli Wade, Suzanne Mann, John Wingfield, Carolyn Schanen, Aarno Palotie and Arthur P. Arnold, 'Neural, Not Gonadal, Origin of Brain Sex Differences in a Gynandromorphic Finch' in *PNAS*, 100 (2003), pp. 4873–8

43. M. Clinton, D. Zhao, S. Nandi and D. McBride, 'Evidence for Avian Cell Autonomous Sex Identity (CASI) and Implications for the Sex-determination Process?' in *Chromosome Research*, 20: 1 (Jan. 2012), pp. 177–90

44. J. W. Thornton, E. Need and D. Crews, 'Resurrecting the Ancestral Steroid Receptor: Ancient Origin of Estrogen Signaling' in *Science*, 301 (2003), pp. 1714–17

45. David Crews, 'Temperature, Steroids and Sex Determination' in *Journal of Endocrinology*, 142 (1994), pp. 1–8

## 第2章

1. R. Bruce Horsfall, 'A Morning with the Sage-Grouse' in *Nature*, 20: 5 (1932), p. 205

2. John W. Scott, 'Mating Behaviour of the Sage-Grouse'in *The Auk* (American Ornithological Society),59: 4 (1942), p. 487

3. Charles Darwin, letter to Asa Gray, 3 April 1860, Darwin Correspondence Project, https:// www.darwinproject.ac.uk/letter/ DCP-LETT-2743.xml

4. Charles Darwin, *The Descent of Man, and Selection in Relation to Sex* (John Murray, 2nd edn, 1879; republished by Penguin Classics, 2004), p. 257

5. Charles Darwin, *The Descent of Man, and Selection in Relation to Sex* (1871), vol. 1, p. 422

6. G. F. Miller, 'How Mate Choice Shaped Human Nature: A Review of Sexual Selection and Human Evolution' in *Handbook of Evolutionary Pyschology: Ideas, Issues, and Applications*, ed. by C. Crawford and D. Krebs (1998), pp. 87–130

7. Darwin, *The Descent of Man* (1871), p. 92

8. Nicholas L. Ratterman and Adam G. Jones, 'Mate Choice and Sexual Selection:

What Have We Learned Since Darwin?' in *PNAS*, 106: 1 (2009), pp. 1001–8

9. Alfred R. Wallace, *Darwinism* (Macmillan & Co., 1889), p. 293

10. ibid., p. viii

11. Richard O. Prum, *The Evolution of Beauty: How Darwin's Forgotten Theory of Mate Choice Shapes the Animal World Around Us* (Anchor Books, 2017)

12. ibid.

13. Thierry Hoquet (ed.), *Current Perspectives on Sexual Selection: What's Left After Darwin?* (Springer, 2015)

14. A. Mackenzie, J. D. Reynolds, V. J. Brown and W. J. Sutherland, 'Variation in Male Mating Success on Leks' in *The American Naturalist*, 145: 4 (1995)

15. Jacob Höglundi, John Atle Kålås and Peder Fiske, 'The Costs of Secondary Sexual Characters in the Lekking Great Snipe (*Gallinago media* )' in *Behavioral Ecology and Sociobiology*, 30: 5 (1992), pp. 309–15

16. Marc S. Dantzker, Grant B. Deane and Jack W. Bradbury, 'Directional Acoustic Radiation in the Strut Display of Male Sage Grouse *Centrocercus urophasianus* ' in *Journal of Experimental Biology*, 202: 21(1999), pp. 2893–909

17. J. Amlacher and L. A. Dugatkin, 'Preference for Older Over Younger Models During Mate-choiceCopying in Young Guppies' in *Ethology Ecology & Evolution*, 17: 2 (2005), pp. 161–9

18. Jason Keagy, Jean-François Savard and Gerald Borgia, 'Male Satin Bowerbird Problem-solving Ability Predicts Mating Success' in *Animal Behaviour*, 78: 4 (2009), pp. 809–17

19. Alfred R. Wallace, 'Lessons from Nature, as Manifested in Mind and Matter' in *Academy*, 562 (1876)

20. Michael J. Ryan and A. Stanley Rand, 'The Sensory Basis of Sexual Selection for Complex Calls in the Túngara Frog, *Physalaemus pustulosus* (Sexual Selection for Sensory Exploitation)' in *Evolution*, 44 (1990), pp. 305–14

21. F. Helen Rodd, Kimberly A. Hughes, Gregory F. Grether and Colette T. Baril, 'A Possible Non-sexual Origin of Mate Preference: Are Male Guppies Mimicking Fruit?' in *Proceedings of the Royal Society*, 269 (2002), pp. 475–81

22. Joah Robert Madden and Kate Tanner, 'Preferences for Coloured Bower Decorations Can Be Explained in a Nonsexual Context' in *Animal Behaviour*, 65: 6 (2003), pp. 1077–83

23. Michael J. Ryan, 'Darwin, Sexual Selection, and the Brain' in *PNAS*, 118: 8 (2021), pp. 1–8

24. Gil Rosenthal, *Mate Choice* (Princeton University Press, 2017), p. 6

25. Michael J. Ryan, 'Resolving the Problem of Sexual Beauty' in *A Most Interesting Problem*, ed. by Jeremy DeSilva (Princeton University Press, 2021)

26. Krista L. Bird, Cameron L. Aldridge, Jennifer E. Carpenter, Cynthia A.

Paszkowski, Mark S. Boyce and David W. Coltman, 'The Secret Sex Lives of Sage-grouse: Multiple Paternity and Intraspecific Nest Parasitism Revealed through Genetic Analysis' in *Behavioral Ecology*, 24: 1 (2013) pp. 29–38

## 第3章

1. P. Dee Boersma and Emily M. Davies, 'Why Lionesses Copulate with More than One Male' in *The American Naturalist*, 123: 5 (1984), pp.594–611

2. Sarah Blaffer Hrdy, 'Empathy, Polyandry, and the Myth of the Coy Female' in *Feminist Approaches to Science*, ed. by Ruth Bleier (Pergamon, 1986), p. 123

3. Richard Dawkins, *The Selfish Gene* (Oxford University Press, 2nd edn, 1989; 1st edn, 1976), p. 164

4. Aristotle, *The History of Animals, books VI–X*(350 bc), trans. and ed. by D. M. Balme (Harvard University Press, 1991)

5. Charles Darwin, *The Descent of Man, and Selection in Relation to Sex* (John Murray, 2nd edn, 1879; republished by Penguin Classics, 2004), p. 272

6. ibid., p. 256

7. ibid, p. 257

8. Zuleyma Tang-Martínez, 'Rethinking Bateman's Principles: Challenging Persistent Myths of Sexually Reluctant Females and Promiscuous Males' in *Journal of Sex Research* (2016), pp. 1–28

9. Darwin, *The Descent of Man*, p. 257

10. A. J. Bateman, 'Intra-sexual Selection in *Drosophila* ' in *Heredity*, 2 (1948), pp. 349–68

11. ibid.

12. ibid.

13. Margo Wilson and Martin Daly, *Sex, Evolution and Behaviour* (Thompson/Duxbury Press, 1978)

14. Erika Lorraine Milam, 'Science of the Sexy Beast' in *Groovy Science*, ed. by David Kaiser and Patrick McCray (University of Chicago Press, 2016), p. 292

15. Craig Palmer and Randy Thornhill, *A Natural History of Rape* (MIT Press, 2000)

16. Olin E. Bray, James J. Kennelly and Joseph L. Guarino, 'Fertility of Eggs Produced on Territories of Vasectomized Red-Winged Blackbirds' in *The Wilson Bulletin*, 87: 2 (1975), pp. 187–95

17. David Lack, *Ecological Adaptations for Breeding in Birds* (Methuen, 1968)

18. Marlene Zuk, *Sexual Selections: What We Can and Can't Learn about Sex from Animals* (University of California Press, 2002), p. 64

19. Reverend F. O. Morris, *A History of Birds* (1856)

20. Nicholas B. Davies, *Dunnock Behaviour and Social Evolution* (Oxford University Press, 1992)

21. Marlene Zuk and Leigh Simmons, *Sexual Selection: A Very Short Introduction* (Oxford University Press, 2018), p. 29

22. Tim Birkhead, *Promiscuity* (Faber, 2000), p. 40

23. Zuleyma Tang-Martínez and T. Brandt Ryder, 'The Problem with Paradigms: Bateman's Worldview as a Case Study' in *Integrative and Comparative Biology*, 45: 5 (2005), pp.821–30

24. Tim Birkhead and J. D. Biggins, 'Reproductive Synchrony and Extra-pair Copulation in Birds' in *Ethology*, 74 (1986), pp.320–34

25. Susan M. Smith, 'Extra- pair Copulations in Black-capped Chickadees: The Role of the Female' in *Behaviour*, 107:1/2 (1988), pp. 15–23

26. Diane L. Neudorf, Bridget J. M. Stutchbury and Walter H. Piper, 'Covert Extraterritorial Behavior of Female Hooded Warblers' in *Behavioural Ecology*, 8: 6(1997), pp. 595–600

27. Marion Petrie and Bart Kempenaers, 'Extra- pair Paternity in Birds: Explaining Variation Between Species and Populations' in *Trends in Ecology & Evolution*, 13: 2 (1998), p. 52

28. Zuk and Simmons, *Sexual Selection*, p. 32

29. Tang-Martínez and Brandt Ryder, 'The Problem with Paradigms'

30. Birkhead, *Promiscuity*, p. ix

31. Hrdy, 'Empathy, Polyandry, and the Myth of the Coy Female'

32. ibid.

33. Sarah Blaffer Hrdy, 'Myths, Monkeys and Motherhood' in *Leaders in Animal Behaviour*, ed. by Lee Drickamer and Donald Dewsbury (Cambridge University Press, 2010)

34. Phyllis Jay, 'The Female Primate' in *Potential of Women* (1963), pp. 3–7

35. ibid.

36. Hrdy, 'Empathy, Polyandry, and the Myth of the Coy Female'

37. ibid.

38. Sarah Blaffer Hrdy, *The Woman That Never Evolved* (Harvard University Press, 1981)

39. Hrdy, 'Empathy, Polyandry and the Myth of the Coy Female'

40. Desmond Morris, *The Naked Ape* (Jonathan Cape, 1967)

41. Caroline Tutin, *Sexual Behaviour and Mating Patterns in a Community of Wild Chimpanzees* (University of Edinburgh, 1975)

42. Alan F. Dixson, *Primate Sexuality: Comparative Studies of the Prosimians, Monkeys, Apes, and Humans* (Oxford University Press, 2012), p. 179

43. Phillip Hershkovitz, *Living New World Monkeys* (Chicago University Press, 1977), p. 769

44. Suzanne Chevalier-Skolnikoff, 'Male– Female, Female–Female, and Male–Male

Sexual Behavior in the Stumptail Monkey, with Special Attention to the Female Orgasm' in *Archives of Sexual Behaviour*, 3 (1974), pp. 95–106

45. Frances Burton, 'Sexual Climax in Female *Macaca Mulatta* ' in *Proceedings of the Third International Congress of Primatologists* (1971), pp. 180–91

46. Donald Symons, *The Evolution of Human Sexuality* (Oxford University Press, 1979), p. 86

47. Hrdy, *The Woman That Never Evolved*, p. 167

48. Sarah Blaffer Hrdy, 'Male–Male Competition and Infanticide Among the Langurs of Abu Rajesthan' in *Folia Primatologica*, 22 (1974), pp. 19–58

49. Claudia Glenn Dowling, 'Maternal Instincts: From Infidelity to Infanticide', *Discover*, 1 March 2003, https://www.discovermagazine.com/health/ maternal-instincts-from-infidelity-to-infanticide

50. Joseph Soltis, 'Do Primate Females Gain Nonprocreative Benefits by Mating with Multiple Males? Theoretical and Empirical Considerations' in *Evolutionary Anthropology*, 11 (2002), pp.187–97

51. Hrdy, 'Male–male Competition and Infanticide'

52. Sarah Blaffer Hrdy, 'The Optimal Number of Fathers: Evolution, Demography, and History in the Shaping of Female Mate Preferences' in *Annals of the New York Academy of Sciences* (2000), pp. 75–96

53. ibid.

54. Sarah Blaffer Hrdy, 'The Evolution of the Meaning of Sexual Intercourse', presented at Sapienza University of Rome, 19–21 Oct. 1992, sponsored by the Ford Foundation and the Italian Government

55. Hrdy, 'The Optimal Number of Fathers'

56. Hrdy, 'The Evolution of the Meaning of Sexual Intercourse'

57. Marlene Zuk, *Sexual Selections*, p. 80

58. G. J. Kenagy and Stephen C. Trombulak, 'Size and Function of Mammalian Testes in Relation to Body Size' in *Journal of Mammology*, 67: 1 (1986), pp.1–22

59. Birkhead, *Promiscuity*, p. 81

60. A. H. Harcourt, P. H. Harvey, S. G. Larson and R. V. Short, 'Testis Weight, Body Weight and Breeding System in Primates' in *Nature*, 293 (1981), pp. 55–7

61. Zuleyma Tang-Martínez, 'Repetition of Bateman Challenges the Paradigm' in *PNAS* (2012), pp. 11476–7

62. Bateman, 'Intra- sexual Selection in *Drosophila*', p. 364

63. Donald Dewsbury, 'Ejaculate Cost and Male Choice' in *The American Naturalist*, 119 (1982), pp. 601–10

64. Tang-Martínez, 'Rethinking Bateman's Principles'

65. Amy M. Worthington, Russell A. Jurenka and Clint D. Kelly, 'Mating for Male-derived Prostaglandin: A Functional Explanation for the Increased Fecundity of Mated

Female Crickets?' in *Journal of Experimental Biology* (Sept. 2015)

66. Nina Wedell, Matthew J. G. Gage and Geoffrey Parker, 'Sperm Competition, Male Prudence and Sperm-limited Females' in *Trends in Ecology and Evolution* (2002), pp. 313–20

67. Cordelia Fine, *Testosterone Rex* (W. W. Norton and Co., 2017), p. 41

68. Tang-Martínez, 'Rethinking Bateman's Principles'

69. Patricia Adair Gowaty, Rebecca Steinichen and Wyatt W. Anderson, 'Indiscriminate Females and Choosy Males: Within-and Between-Species Variation in *Drosophila*' in *Evolution*, 57: 9 (2003), pp. 2037–45

70. Birkhead, *Promiscuity*, pp. 197–8

71. Tang-Martínez, 'Rethinking Bateman's Principles'

72. Patricia Adair Gowaty and Brian F. Snyder, 'A Reappraisal of Bateman's Classic Study of Intrasexual Selection' in *Evolution* (The Society for the Study of Evolution), 61: 11 (2007), pp. 2457–68

73. Patricia Adair Gowaty, 'Biological Essentialism, Gender, True Belief, Confirmation Biases, and Skepticism' in *Handbook of the Psychology of Women: Vol. 1. History, Theory, and Battlegrounds* (2018), ed. by C. B. Travis and J. W. White, pp. 145–64

74. Gowaty and Snyder, 'A Reappraisal of Bateman's Classic Study'

75. Patricia Adair Gowaty, Yong-Kyu Kim and Wyatt W. Anderson, 'No Evidence of Sexual Selection in a Repetition of Bateman's Classic Study of *Drosophila melanogaster*' in *PNAS*, 109 (2012), pp. 11740–5 and Thierry Hoquet, William C. Bridges, Patricia Adair Gowaty, 'Bateman's Data: Inconsistent with "Bateman's Principles"', *Ecology and Evolution*, 10: 19 (2020)

76. Robert Trivers, 'Parental Investment and Sexual Selection' in *Sexual Selection and the Descent of Man*, ed. by Bernard Campbell (Aldine-Atherton, 1972), p. 54

77. Tim Birkhead, 'How Stupid Not to Have Thought of That: Post-copulatory Sexual Selection' in *Journal of Zoology*, 281 (2010), pp. 78–93

78. Malin Ah-King and Patricia Adair Gowaty, 'A Conceptual Review of Mate Choice: Stochastic Demography, Within-sex Phenotypic Plasticity, and Individual Flexibility' in *Ecology and Evolution*, 6: 14 (2016), pp. 4607–42

79. Tang-Martínez, 'Rethinking Bateman's Principles'

80. ibid.

81. Lukas Schärer, Locke Rowe and Göran Arnqvist, 'Anisogamy, Chance and the Evolution of Sex Roles' in *Trends in Ecology & Evolution*, 5 (2012), pp. 260–4

82. Angela Saini, *Inferior* (Fourth Estate, 2017)

83. interview with a professor of evolutionary biology at Oxford University, conducted by Jenny Easley for the book, June 2020

84. Patricia Adair Gowaty, 'Adaptively Flexible Polyandry' in *Animal Behaviour*, 86 (2013), pp. 877–84

85. Tang-Martínez, 'Rethinking Bateman's Principles'

## 第 4 章

1. Matjaž Kuntner, Shichang Zhang, Matjaž Gregorič and Daiqin Li, '*Nephila* Female Gigantism Attained Through Post-maturity Molting' in *Journal of Arachnology*, 40 (2012), pp. 345–7

2. Charles Darwin, *The Descent of Man* (John Murray, 2nd edn, 1879; republished by Penguin Classics, 2004), pp. 314–15

3. ibid.

4. Bernhard A. Huber, 'Spider Reproductive Behaviour: A Review of Gerhardt's Work from 1911–1933, With Implications for Sexual Selection' in *Bulletin of the British Arachnological Society*, 11: 3 (1998), pp. 81–91

5. Göran Arnqvist and Locke Rowe, *Sexual Conflict* (Princeton University Press, 2005)

6. Lutz Fromhage and Jutta M. Schneider, 'Safer Sex with Feeding Females: Sexual Conflict in a Cannibalistic Spider' in *Behavioral Ecology*, 16: 2 (2004), pp. 377–82

7. Luciana Baruffaldi, Maydianne C. B. Andrade, 'Contact Pheromones Mediate Male Preference in Black Widow Spiders: Avoidance of Hungry Sexual Cannibals?' in *Animal Behaviour*, 102 (2015), pp. 25–32

8. Alissa G. Anderson and Eileen A. Hebets, 'Benefits of Size Dimorphism and Copulatory Silk Wrapping in the Sexually Cannibalistic Nursery Web Spider, *Pisaurina mira* ' in *Biology Letters*, 12 (2016)

9. Matjaž Gregorič, Klavdija Šuen, Ren-Chung Cheng, Simona Kralj-Fišer and Matjaž Kuntner, 'Spider Behaviors Include Oral Sexual Encounters' in *Scientific Reports*, 6 (Nature, 2016)

10. Matthew H. Persons, 'Field Observations of Simultaneous Double Mating in the Wolf Spider *Rabidosa punctulata* (Araneae: Lycosidae)' in *Journal of Arachnology*, 45: 2 (2017), pp. 231–4

11. Daiqin Li, Joelyn Oh, Simona Kralj-Fišer and Matjaž Kuntner, 'Remote Copulation: Male Adaptation to Female Cannibalism' in *Biology Letters* (2012), pp. 512–15

12. Gabriele Uhl, Stefanie M. Zimmer, Dirk Renner and Jutta M. Schneider, 'Exploiting a Moment of Weakness: Male Spiders Escape Sexual Cannibalism by Copulating with Moulting Females' in *Scientific Reports* (Nature, 2015)

13. John Alcock, 'Science and Nature: Misbehavior', *Boston Review*, 1 April 2000, http://bostonreview.net/ books-ideas/john-alcock-misbehavior

14. Stephen Jay Gould, 'Only His Wings Remained' in *The Flamingo's Smile: Reflections in Natural History* (W. W. Norton & Company, 1985), p. 51

15. ibid., p. 53

16. 'Life History', Fen Raft Spider Conservation [accessed 28 Jan. 2021], https://

dolomedes. org.uk/index.php/biology/life_history

17. Shichang Zhang, Matjaž Kuntner and Daiqin Li, 'Mate Binding: Male Adaptation to Sexual Conflict in the Golden Orb-web Spider (Nephilidae: *Nephila pilipes* )' in *Animal Behaviour* 82: 6 (2011), pp.1299–304

18. Jurgen Otto, 'Peacock Spider 7 (*Maratus speciosus* )', YouTube, 2013, https://www.youtube. com/watch?v=d_yYC5r8xMI

19. Robert R. Jackson and Simon D. Pollard, 'Jumping Spider Mating Strategies: Sex Among the Cannibals in and out of Webs' in *The Evolution of Mating Systems in Insects and rachnids*, ed. by Jae C. Choe and Bernard J. Crespi (Cambridge University Press, 1997), pp. 340–51

20. Madeline B. Girard, Damian O. Elias and Michael M. Kasumovic, 'Female Preference for Multi-modal Courtship: Multiple Signals are Important for Male Mating Success in Peacock Spiders' in *Proceedings of the Royal Society B*, 282 (2015); and Damian O. Elias, Andrew C. Mason, Wayne P. Maddison and Ronald R. Hoy, 'Seismic Signals in a Courting Male Jumping Spider (Araneae: Salticidae)' in *Journal of Experimental Biology* (2003), pp. 4029–39

21. Damian O. Elias, Wayne P. Maddison, Christina Peckmezian, Madeline B. Girard, Andrew C. Mason, 'Orchestrating the Score: Complex Multimodal Courtship in the *Habronattus coecatus* Group of *Habronattus* Jumping Spiders (Araneae: Salticidae)' in *Biological Journal of the Linnean Society*, 105: 3 (2012), pp. 522–47

22. Jackson and Pollard, 'Jumping Spider Mating Strategies: Sex Among Cannibals in and out of Webs'; and David L. Clark and George W. Uetz, 'Morph- independent Mate Selection in a Dimorphic Jumping Spider: Demonstration of Movement Bias in Female Choice Using Video-controlled Courtship Behaviour' in *Animal Behaviour*, 43: 2 (1992), pp. 247–54

23. Marie E. Herberstein, Anne E. Wignall, Eileen A. Hebets and Jutta M. Schneider, 'Dangerous Mating Systems: Signal Complexity, Signal Content and Neural Capacity in Spiders' in *Neuroscience & Biobehavioral Reviews*, 46: 4 (2014), pp. 509–18

24. M. Salomon, E. D. Aflalo, M. Coll and Y. Lubin, 'Dramatic Histological Changes Preceding Suicidal Maternal Care in the Subsocial Spider *Stegodyphus lineatus* (Araneae: Eresidae)' in *Journal of Arachnology*, 43: 1 (2015), pp. 77–85

25. Darwin, *The Descent of Man*, p. 315

26. Gustavo Hormiga, Nikolaj Scharff and Jonathan A. Coddington, 'The Phylogenetic Basis of Sexual Size Dimorphism in Orb-weaving Spiders (Araneae, Orbiculariae)' in *Systematic Biology*, 49: 3 (2000), pp. 435–62

27. 'Spider Bites Australian Man on Penis Again', BBC News, 28 Sept. 2016, https://www.bbc.co.uk/news/ world-australia-37481251

28. L. M. Foster, 'The Stereotyped Behaviour of Sexual Cannibalism in *Latrodectus-Hasselti Thorell* (Araneae, Theridiidae), the Australian Redback Spider' in *Australian*

*Journal of Zoology*, 40 (1992), pp. 1–11

29. ibid.

30. ibid.

31. Maydianne C. B. Andrade, 'Sexual Selection for Male Sacrifice in the Australian Redback Spider' in *Science*, 271 (1996), pp. 70–72

32. Jutta M. Schneider, Lutz Fromhage and Gabriele Uhl, 'Fitness Consequences of Sexual Cannibalism in Female *Argiope bruennichi* ' in *Behavioral Ecology and Sociobiology*, 55 (2003), pp. 60–64

33. Steven K. Schwartz, William E. Wagner, Jr. and Eileen A. Hebets, 'Males Can Benefit from Sexual Cannibalism Facilitated by Self-sacrifice' in *Current Biology*, 26 (2016), pp. 1–6

34. Liam R. Dougherty, Emily R. Burdfield- Steel and David M. Shuker, 'Sexual Stereotypes: the Case of Sexual Cannibalism' in *Animal Behaviour* (2013), pp. 313–22

## 第5章

1. Carl G. Hartman, *Possums* (University of Texas at Austin, 1952), p. 84

2. William John Krause, *The Opossum: Its Amazing Story* (Department of Pathology and Anatomical Sciences, School of Medicine, University of Missouri, 2005)

3. William G. Eberhard, 'Postcopulatory Sexual Selection: Darwin's Omission and its Consequences', *PNAS*, 6 (2009), pp. 10025–32

4. Menno Schilthuizen, *Nature's Nether Regions* (Viking, 2014), p. 5

5. Eberhard, 'Postcopulatory Sexual Selection'

6. J. K. Waage, 'Dual Function of the Damselfly Penis: Sperm Removal and Transfer' in *Science*, 203 (1979), pp. 916–18

7. Malin Ah-King, Andrew B. Barron and Marie E. Herberstein, 'Genital Evolution: Why Are Females Still Understudied?' in *PLoS Biology*, 12: 5 (2014), pp. 1–7

8. William G. Eberhard, 'Rapid Divergent Evolution of Genitalia' in *The Evolution of Primary Sexual Characters in Animals*, ed. by Alex Córdoba-Aguilar and Janet L. Leonard (Oxford University Press, 2010), pp. 40–78; and Paula Stockley and David J. Hosken, 'Sexual Selection and Genital Evolution' in *Trends in Ecology & Evolution*, 19: 2 (2014), pp. 87–93

9. Gordon G. Gallup Jr., Rebecca L. Burch, Mary L. Zappieri, Rizwan A. Parvez, Malinda L. Stockwell and Jennifer A. Davis, 'The Human Penis as a Semen Displacement Device' in *Evolution and Human Behaviour*, 24: 4 (July 2003), pp. 277–89

10. Richard O. Prum, *The Evolution of Beauty* (Anchor Books, 2017), p. 162

11. Kevin G. McCracken, Robert E. Wilson, Pamela J. McCracken and Kevin P. Johnson, 'Are Ducks Impressed by Drakes' Display?' in *Nature*, 413: 128 (2001)

12. Patricia L. R. Brennan, Christopher J. Clark and Richard O. Prum, 'Explosive Eversion and Functional Morphology of Waterfowl Penis Supports Sexual Conflict in

Genitalia' in *Proceedings of the Royal Society B* (2010), pp. 1309–14

13. McCracken, Wilson, McCracken and Johnson, 'Are Ducks Impressed by Drakes' Display?'

14. Craig Palmer and Randy Thornhill, *A Natural History of Rape: Biological Bases of Coercion* (MIT Press, 2000)

15. Patricia Adair Gowaty, 'Forced or Aggressively Coerced Copulation' in *Encyclopedia of Animal Behaviour* (Elsevier, 2010), p. 760

16. Brennan, Clark and Prum, 'Explosive Eversion and Functional Morphology'

17. Patricia L. R. Brennan, Richard O. Prum, Kevin G. McCracken, Michael D. Sorenson, Robert E. Wilson and Tim R. Birkhead, 'Coevolution of Male and Female Genital Morphology in Waterfowl' in *PLoS One*, 2: 5 (2007)

18. Patricia L. R. Brennan, 'Genital Evolution: Cock-a-Doodle-Don't' in *Current Biology*, 23: 12 (2013), pp. 523–5

19. Gowaty, 'Forced or Aggressively Coerced Copulation', pp. 759–63

20. Prum, *The Evolution of Beauty*, pp. 179–81

21. Ah-King, Barron and Herberstein, 'Genital Evolution: Why Are Females Still Understudied?'

22. Yoshitaka Kamimura and Yoh Matsuo, 'A "Spare" Compensates for the Risk of Destruction of the Elongated Penis of Earwigs (Insecta: Dermaptera)' in *Naturwissenschaften* (2001), pp. 468–71

23. 'Last-male Paternity of *Euborellia plebeja*, an Earwig with Elongated Genitalia and Sperm-removal Behaviour' in *Journal of Ethology* (2005), pp. 35–41

24. Yoshitaka Kamimura, 'Promiscuity and Elongated Sperm Storage Organs Work Cooperatively as a Cryptic Female Choice Mechanism in an Earwig' in *Animal Behaviour*, 85 (2013), pp. 377–83

25. William G. Eberhard, 'Inadvertent Machismo?' in *Trends in Ecology & Evolution*, 5: 8 (1990) p. 263

26. Marlene Zuk, *Sexual Selections: What We Can and Can't Learn about Sex from Animals* (University of California Press, 2002), p. 82

27. William G. Eberhard, *Female Control: Sexual Selection by Cryptic Female Choice* (Princeton University Press, 1996)

28. Patricia L. R. Brennan, 'Studying Genital Coevolution to Understand Intromittent Organ Morphology' in *Integrative and Comparative Biology*, 56: 4 (2016), pp. 669–81

29. Takeshi Furuichi, Richard Connor and Chie Hashimoto, 'Non- conceptive Sexual Interactions in Monkeys, Apes and Dolphins' in *Primates and Cetaceans: Field Research and Conservation of Complex Mammalian Societies*, ed. by Leszek Karczmarski and Juichi Yamagiwa (Springer, 2014), p. 390

30. Dara N. Orbach, Diane A. Kelly, Mauricio Solano and Patricia L. R. Brennan, 'Genital Interactions During Simulated Copulation Among Marine Mammals' in

*Proceedings of the Royal Society B*, 284:1864 (2017)

31. 'Sexually Frustrated Dolphin Named Zafar Sexually Terrorizes Tourists on a French Beach' (*Telegraph*, 27 August 2018), https://www.telegraph.co.uk/news/2018/08/27/swimming-banned-french-beach-sexually-frustrated-dolphin-named/

32. Séverine D. Buechel, Isobel Booksmythe, Alexander Kotrschal, Michael D. Jennions and Niclas Kolm, 'Artificial Selection on Male Genitalia Length Alters Female Brain Size' in *Proceedings of the Royal Society B*, 283: 1843 (2016)

33. Patricia L. R. Brennan and Dara N. Orbach, 'Functional Morphology of the Dolphin Clitoris' in *The FASEB journal*, 3: S1 (2019), p. 10. 4

34. Helen E. O'Connell, Kalavampara V. Sanjeevan and John M. Hutson, 'Anatomy of the Clitoris' in *Journal of Urology*, 174: 4 (2005), p. 1189

35. Schilthuizen, *Nature's Nether Regions*, p. 74

36. M. M. Mortazavi, N. Adeeb, B. Latif, K. Watanabe, A. Deep, C. J. Griessenauer, R. S. Tubbs and T. Fukushima, 'Gabriele Falloppio (1523– 1562) and His Contributions to the Development of Medicine and Anatomy' in *Child's Nervous System* (2013) pp. 877–80

37. Çağatay Öncel, 'One of the Great Pioneers of Anatomy: Gabriele Falloppio (1523–562)' in *Bezmialem Science*, 123 (2016)

38. 'Gabriele Falloppio', Whonamedit? A Dictionary of Medical Eponyms, http://www.whonamedit.com/doctor.cfm/2288.html

39. Adele E. Clarke and Lisa Jean Moore, 'Clitoral Conventions and Transgressions: Graphic Representations in Anatomy Texts' in *Feminist Studies*, 21: 2 (1995), p. 271

40. O'Connell, Sanjeevan and Hutson, 'Anatomy of the Clitoris'

41. Helen O'Connell, 'Anatomical Relationship Between Urethra and Clitoris' in *Journal of Urology*, 159: 6 (1998), pp. 1892–7

42. Nadia S. Sloan and Leigh W. Simmons, 'The Evolution of Female Genitalia' in *Journal of Evolutionary Biology* (2019), pp. 1–18

43. Eberhard, *Female Control*

44. Víctor Poza Moreno, 'Stimulation During Insemination: The Danish Perspective', Pig333.com Professional Pig Community, 15 Sept. 2011, https://www.pig333.com/articles/stimulation-during-insemination-the-danish-perspective_4812/

45. Teri J. Orr and Virginia Hayssen, *Reproduction in Mammals: The Female Perspective* (Johns Hopkins University Press, 2017)

46. David A. Puts, Khytam Dawood and Lisa L. M. Welling, 'Why Women Have Orgasms: An Evolutionary Analysis' in *Archives of Sexual Behaviour*, 41: 5 (2012), pp. 1127–43

47. Monica Carosi and Alfonso Troisi, 'Female Orgasm Rate Increases With Male Dominance in Japanese Macaques' in *Animal Behaviour* (1998), pp. 1261–6

48. Puts, Dawood and Welling, 'Why Women Have Orgasms'

49. Orr and Hayssen, *Reproduction in Mammals*, p. 115

50. Emily Martin, 'The Egg and the Sperm: How Science Has Constructed a Romance Based on Stereotypical Male–Female Roles' in *Signs* (University of Chicago Press), 16: 3 (1991), pp. 485–501

51. John L. Fitzpatrick, Charlotte Willis, Alessandro Devigili, Amy Young, Michael Carroll, Helen R. Hunter and Daniel R. Brison, 'Chemical Signals from Eggs Facilitate Cryptic Female Choice in Humans' in *Proceedings of the Royal Society B*, 287: 1928 (2020)

## 第6章

1. Charles Darwin, *The Descent of Man, and Selection in Relation to Sex* (John Murray, 2nd edn, 1879; republished by Penguin Classics, 2004), p. 629

2. Adam Davis, '*Aotus nigriceps* Black-headed Night Monkey', Animal Diversity Web (University of Michigan), https://animaldiversity.org/accounts/Aotus_nigriceps/

3. David J. Hosken and Thomas H. Kunz, 'Male Lactation: Why, Why Not and Is It Care?' in *Trends in Ecology & Evolution*, 24: 2 (2008), pp.80–5

4. John Maynard Smith, *The Evolution of Sex* (Cambridge University Press, 1978)

5. C. M. Francis, Edythe L. P. Anthony, Jennifer A. Brunton, Thomas H. Kunz, 'Lactation in Male Fruit Bats' in *Nature* (1994), pp. 691–2

6. Hosken and Kunz, 'Male Lactation'

7. Camilla M. Whittington, Oliver W. Griffith, Weihong Qi, Michael B. Thompson and Anthony B. Wilson, 'Seahorse Brood Pouch Transcriptome Reveals Common Genes Associated with Vertebrate Pregnancy' in *Molecular Biology and Evolution*, 32: 12 (2015), pp. 3114–31

8. Eva K. Fischer, Alexandre B. Roland, Nora A. Moskowitz, Elicio E. Tapia, Kyle Summers, Luis A. Coloma and Lauren A. O'Connell, 'The Neural Basis of Tadpole Transport in Poison Frogs' in *Proceedings of the Royal Society B*, 286 (2019)

9. Z. Wu, A. E. Autry, J. F. Bergan, M. Watabe- Uchida and Catherine G. Dulac, 'Galanin Neurons in the Medial Preoptic Area Govern Parental Behaviour' in *Nature*, 509 (2014), pp. 325–30

10. Sarah Blaffer Hrdy, *Mother Nature* (Ballantine Books, 1999), p. 27

11. Margo Wilson and Martin Daly, *Sex, Evolution and Behaviour* (Thompson/ Duxbury Press, 1978)

12. Jeanne Altmann, 'Observational Study of Behaviour: Sampling Methods' in *Behaviour*, 4 (1974), pp. 227–67

13. Interview with Dr Rebecca Lewis, anthropology professor, University of Texas at Austin, March 2016

14. Hrdy, *Mother Nature*, p. 46

15. Jeanne Altmann, *Baboon Mothers and Infants* (Harvard University Press, 1980), p. 6

16. ibid., pp. 208–9

17. Hrdy, *Mother Nature*, p. 155

18. Robert L. Trivers, 'Parent– Offspring Conflict' in *American Zoology*, 14 (1974), pp. 249–64

19. Hrdy, *Mother Nature*, p. 334

20. Joan B. Silk, Susan C. Alberts and Jeanne Altmann, 'Social Bonds of Female Baboons Enhance Infant Survival' in *Science*, 302 (2003), pp.1231–4

21. Dario Maestripieri, 'What Cortisol Can Tell Us About the Costs of Sociality and Reproduction Among Free-ranging Rhesus Macaque Females on Cayo Santiago' in *American Journal of Primatology*, 78 (2016), pp. 92–105

22. Linda Brent, Tina Koban and Stephanie Ramirez, 'Abnormal, Abusive, and Stress-related Behaviours in Baboon Mothers' in *Society of Biological Psychiatry*, 52: 11 (2002), pp.1047–56

23. Dario Maestripieri, 'Parenting Styles of Abusive Mothers in Group-living Rhesus Macaques' in *Animal Behaviour*, 55: 1 (1998), pp. 1–11

24. Maestripieri, 'Early Experience Affects the Intergenerational Transmission of Infant Abuse in Rhesus Monkeys' in *PNAS*, 102: 27 (2005), pp.9726–9

25. Silk, Alberts and Altmann, 'Social Bonds of Female Baboons Enhance Infant Survival'

26. Joan B. Silk, Jacinta C. Beehner, Thore J. Bergman, Catherine Crockford, Anne L. Engh, Liza R. Moscovice, Roman M. Wittig, Robert M. Seyfarth and Dorothy L. Cheney, 'The Benefits of Social Capital: Close Social Bonds Among Female Baboons Enhance Offspring Survival' in *Proceedings of the Royal Society B*, 276 (2009), pp. 3099–104

27. Jeanne Altmann, Glenn Hausfater and Stuart A. Altmann, 'Determinants of Reproductive Success in Savannah Baboons, *Papio cynocephalus* ' in *Reproductive Success: Studies of Individual Variation in Contrasting Breeding Systems*, ed. by Tim H. Clutton-Brock (University of Chicago Press, 1988), pp. 403–18

28. J. L. Tella, 'Sex Ratio Theory in Conservation Biology' in *Ecology and Evolution* (2001), pp.76–7

29. Katherine Hinde, 'Richer Milk for Sons But More Milk for Daughters: Sex-biased Investment during Lactation Varies with Maternal Life History in Rhesus Macaques' in *American Journal of Human Biology*, 21: 4 (2009), pp. 512–19

30. Hrdy, *Mother Nature*, p. 330

31. Eila K. Roberts, Amy Lu, Thore J. Bergman and Jacinta C. Beehner, 'A Bruce Effect in Wild Geladas' in *Science*, 335: 6073 (2012), pp. 1222–5

32. Hrdy, *Mother Nature*, p. 129

33. Martin Surbeck, Christophe Boesch, Catherine Crockford, Melissa Emery Thompson, Takeshi Furuichi, Barbara Fruth, Gottfried Hohmann, Shintaro Ishizuka, Zarin Machanda, Martin N. Muller, Anne Pusey, Tetsuya Sakamaki, Nahoko Tokuyama, Kara Walker, Richard Wrangham, Emily Wroblewski, Klaus Zuberbühler, Linda Vigilant and Kevin Langergraber, 'Males with a Mother Living in their Group Have Higher Paternity

Success in Bonobos But Not Chimpanzees' in *Current Biology*, 29: 10 (2019), pp. 341–57

34. Hrdy, *Mother Nature*, p. 83

35. S. Smout, R. King and P. Pomeroy, 'Environment- sensitive Mass Changes Influence Breeding Frequency in a Capital Breeding Marine Top Predator' in *Journal of Animal Ecology*, 88: 2 (2019), pp. 384–96

36. Timur Kouliev and Victoria Cui, 'Treatment and Prevention of Infection Following Bites of the Antarctic Fur Seal (*Arctocephalus gazella* )' in Open Access Emergency Medicine (2015), pp. 17–20

37. C. Crockford, R. M. Wittig, K. Langergraber, T. E. Ziegler, K. Zuberbühler and T. Deschner, 'Urinary Oxytocin and Social Bonding in Related and Unrelated Wild Chimpanzees' in *Proceedings of the Royal Society B*, 280: 1755 (2013)

38. Miho Nagasawa, Shohei Mitsui, Shiori En, Nobuyo Ohtani, Mitsuaki Ohta, Yasuo Sakuma, Tatsushi Onaka, Kazutaka Mogi and Takefumi Kikusui, 'Oxytocin- gaze Positive Loop and the Coevolution of Human–Dog Bonds' in *Science*, 348 (2015), pp. 333–6

39. Lane Strathearn, Peter Fonagy, Janet Amico and P. Read Montague, 'Adult Attachment Predicts Maternal Brain and Oxytocin Response to Infant Cues' in *Neuropsychopharmacology*, 34 (2009), pp. 2655–66

40. Jennifer Hahn-Holbrook, Julianne Holt-Lunstad, Colin Holbrook, Sarah M. Coyne and E. Thomas Lawson, 'Maternal Defense: Breast Feeding Increases Aggression by Reducing Stress' in *Psychological Science*, 22: 10 (2011), pp. 1288–95

41. M. A. Fedak and S. S. Anderson, 'The Energetics of Lactation: Accurate Measurements from a Large Wild Mammal, the Grey Seal (*Halichoerus grypus* )' in *Journal of Zoology*, 198: 2 (1982), pp. 473–9

42. Kelly J. Robinson, Sean D. Twiss, Neil Hazon and Patrick P. Pomeroy, 'Maternal Oxytocin Is Linked to Close Mother–Infant Proximity in Grey Seals (*Halichoerus grypus* )' in *PLoS One*, 10: 12 (2015),pp. 1–17

43. ibid.

44. Kelly J. Robinson, Neil Hazon, Sean D. Twiss, Patrick P. Pomeroy, 'High Oxytocin Infants Gain More Mass with No Additional Maternal Energetic Costs in Wild Grey Seals (*Halichoerus grypus* )' in *Psychoneuroendocrinology*, 110 (2019)

45. James K. Rilling and Larry J. Young, 'The Biology of Mammalian Parenting and its Effect on Offspring Social Development' in *Science*, 345: 6198 (2014), pp. 771–6

46. Allison M. Perkeybile, C. Sue Carter, Kelly L. Wroblewski, Meghan H. Puglia, William M. Kenkel, Travis S. Lillard, Themistoclis Karaoli, Simon G. Gregory, Niaz Mohammadi, Larissa Epstein, Karen L. Bales and Jessica J. Connell, 'Early Nurture Epigenetically Tunes the Oxytocin Receptor' in *Psychoneuroendocrinology*, 99 (2019), pp. 128–36

47. Lane Strathearn, Jian Li, Peter Fonagy and P. Read Montague, 'What's in a Smile? Maternal Brain Responses to Infant Facial Cues' in *Pediatrics*, 122: 1 (2008), pp. 40–51

48. Strathearn, Fonagy, Amico and Montague, 'Adult Attachment Predicts Maternal Brain and Oxytocin Response'

49. Hrdy, *Mother Nature*, p. 151

50. Teri J. Orr and Virginia Hayssen, *Reproduction in Mammals: The Female Perspective* (Johns Hopkins University Press, 2017)

51. Andrea L. Baden, Timothy H. Webster and Brenda J. Bradley, 'Genetic Relatedness Cannot Explain Social Preferences in Black-and-white Ruffed Lemurs, *Varecia variegata*' in *Animal Behaviour*, 164 (2020), pp. 73–82

52. Hrdy, *Mother Nature*, p. 177

53. Charles Darwin, *The Descent of Man, and Selection in Relation to Sex* (reprinted Gale Research, 1974; first published 1874), p. 778

54. 'The Evolution of Motherhood', *Nova*, 26 Oct. 2009, https://www.pbs.org/wgbh/nova/article/ evolution-motherhood/

55. Darwin, *The Descent of Man* (John Murray, 2nd edn, 1879; republished by Penguin Classics, 2004), p. 629

## 第7章

1. Charles Darwin, *The Descent of Man, and Selection in Relation to Sex* (John Murray, 2nd edn, 1879; republished by Penguin Classics, 2004), pp. 561–75

2. ibid., p. 246

3. ibid., p. 561

4. ibid., p. 566

5. Roxanne Khamsi, 'Male Antelopes Play Hard to Get' in *New Scientist*, 29 Nov. 2007, https://www.newscientist.com/article/dn12979-male-antelopes-play-hard-to-get-/

6. Wiline M. Pangle and Jakob Bro-Jørgensen, 'Male Topi Antelopes Alarm Snort Deceptively to Retain Females for Mating' in *The American Naturalist* (2010), pp. 33–9

7. Khamsi, 'Male Antelopes Play Hard to Get'

8. Richard Dawkins, *The Selfish Gene* (Oxford University Press, 2nd edn, 1989; 1st edn, 1976)

9. Jakob Bro-Jørgensen, 'Reversed Sexual Conflict in a Promiscuous Antelope' in *Current Biology*, 17 (2007), pp. 2157–61

10. ibid.

11. 'Male Topi Antelope's Sex Burden', BBC News, 28 Nov. 2007, http://news.bbc.co.uk/1/mobile/sci/tech/7117498.stm

12. Diane M. Doran- Sheehy, David Fernandez and Carola Borries, 'The Strategic Use of Sex in Wild Female Western Gorillas' in *American Journal of Primatology*, 71 (2009), pp. 1011–20

13. Tara S. Stoinski, Bonne M. Perdue and Angela M. Legg, 'Sexual Behavior in Female Western Lowland Gorillas (*Gorilla gorilla gorilla* ): Evidence for Sexual

Competition' in *American Journal of Primatology*, 71 (2009), pp. 587–93

14. Darwin, *The Descent of Man* (1871)

15. Paula Stockley and Jakob Bro-Jørgensen, 'Female Competition and its Evolutionary Consequences in Mammals' in *Biological Review*, 86 (2011), pp. 341–66

16. K. A. Hobson and S. G. Sealy, 'Female Song in the Yellow Warbler' in *Condor*, 92 (1990), pp. 259–61; and Rachel Mundy, *Animal Musicalities: Birds, Beasts, and Evolutionary Listening* (Wesleyan University Press, 2018), p. 38

17. Clive K. Catchpole and Peter J. B. Slater, *Bird Song: Biological Themes and Variations* (Cambridge University Press, 2005)

18. Karan J. Odom, Michelle L. Hall, Katharina Riebel, Kevin E. Omland and Naomi E. Langmore, 'Female Song is Widespread and Ancestral in Songbirds' in *Nature Communications*, 5 (2014), p. 3379

19. Oliver L. Austen, 'Passeriform', Britannica, https://www.britannica.com/animal/passeriform

20. Naomi Langmore, 'Quick Guide to Female Birdsong' *Current Biology*, 30 (2020), pp. R783–801

21. Keiren McLeonard, 'Aussie Birds Prove Darwin Wrong', *ABC*, 5 March 2014, https://www. abc.net.au/radionational/programs/archived/bushtelegraph/female-birds-hit-the-high-notes/5298150

22. Carl H. Oliveros et al., 'Earth History and the Passerine Superradiation' in *PNAS*, 116: 16 (2019), pp. 7916–25

23. Odom, Hall, Riebel, Omland and Langmore, 'Female Song is Widespread and Ancestral in Songbirds'

24. Hobson and Sealy, 'Female Song in the Yellow Warbler'

25. Mary Jane West-Eberhard, 'Sexual Selection, Social Competition, and Evolution' in *Proceedings of the American Philosophical Society* (1979), pp. 222–34

26. Mary Jane West-Eberhard, 'Sexual Selection, Social Competition, and Speciation' in *The Quarterly Review of Biology*, 58: 2 (1983), pp. 155–83

27. Tim H. Clutton-Brock, 'Sexual Selection in Females' in *Animal Behaviour* (2009), pp. 3–11

28. Trond Amundsen, 'Why Are Female Birds Ornamented?' in *Trends in Ecology & Evolution*, 15: 4 (2000), pp. 149–55

29. Joseph A. Tobias, Robert Montgomerie and Bruce E. Lyon, 'The Evolution of Female Ornaments and Weaponry: Social Selection, Sexual Selection and Ecological Competition' in *Philosophical Transactions of the Royal Society B*, 367 (2012), pp. 2274–93

30. ibid.

31. D. W. Rajecki, 'Formation of Leap Orders in Pairs of Male Domestic Chickens' in *Aggressive Behavior*, 14: 6 (1988), pp.425–36

32. Jack El-Hai, 'The Chicken-hearted Origins of the "Pecking Order" ' in *Discover*, 5

July 2016, https://www.discovermagazine.com/planet-earth/the-chicken-hearted-origins-of-the-pecking-order

33. Marlene Zuk, *Sexual Selections: What We Can and Can't Learn about Sex from Animals* (University of California Press, 2002)

34. Virginia Abernethy, 'Female Hierarchy: An Evolutionary Perspective' in *Female Hierarchies*, ed. by Lionel Tiger and Heather T. Fowler (Beresford Book Service, 1978)

35. Sarah Blaffer Hrdy, *The Woman That Never Evolved* (Harvard University Press, 1981), p. 109

36. Susan Sperling, 'Baboons with Briefcases: Feminism, Functionalism, and Sociobiology in the Evolution of Primate Gender' in *Signs*, 17: 1 (1991), p. 18

37. Richard Gray, 'Why Meerkats and Mongooses Have a Cooperative Approach to Raising their Pups', *Horizon: The EU Research and Innovation Magazine*, 27 June 2019, ttps://ec.europa.eu/researchand-innovation/en/horizon-magazine/why-meerkats-andmongooses-have-cooperative-approach-raising-their-pups

38. Andrew J. Young and Tim Clutton-Brock, 'Infanticide by Subordinates Influences Reproductive Sharing in Cooperatively Breeding Meerkats' in *Biology Letters*, 2 (2006), pp. 385–7

39. Tim Clutton-Brock, *Mammal Societies*(Wiley, 2016)

40. Sarah J. Hodge, A. Manica, T. P. Flower and T. H. Clutton-Brock, 'Determinants of Reproductive Success in Dominant Female Meerkats' in *Journal of Animal Ecology*, 77 (2008), pp. 92–102

41. A. A. Gill, *AA Gill is Away* (Simon & Schuster, 2007), pp. 36–7

42. K. J. MacLeod, J. F. Nielsen and T. H. Clutton-Brock, 'Factors Predicting the Frequency, Likelihood and Duration of Allonursing in the Cooperatively Breeding Meerkat' in *Animal Behaviour*, 86: 5 (2013), pp. 1059–67

43. 'Infanticide Linked to Wet-nursing in Meerkats', *Science Daily*, 7 Oct. 2013, https://www.sciencedaily.com/releases/2013/10/131007122558.htm

44. Young and Clutton-Brock, 'Infanticide by Subordinates'

45. José María Gómez, Miguel Verdú, Adela González-Megías and Marcos Méndez, 'The Phylogenetic Roots of Human Lethal Violence' in *Nature*, 538 (2016), pp. 233–7

46. Gray, 'Why Meerkats and Mongooses Have a Cooperative Approach'

47. Daniel Elsner, Karen Meusemann and Judith Korb, 'Longevity and Transposon Defense, the Case of Termite Reproductives' in *PNAS* (2018), pp. 5504–9

48. Takuya Abe and Masahiko Higashi, 'Macrotermes', Science Direct (2001) https://www.sciencedirect.com/topics/ biochemistry-genetics-and-molecular-biology/macrotermes

49. F. M. Clarke and C. G. Faulkes, 'Dominance and Queen Succession in Captive Colonies of the Eusocial Naked Mole-rat, *Heterocephalus glaber* ' in *Proceedings of the Royal Society B*, 264: 1384 (1997), pp. 993–1000

50. Interview with Chris Faulkes, 28 Sept. 2020

51. Xiao Tian, Jorge Azpurua, Christopher Hine, Amita Vaidya, Max Myakishev-Rempel, Julia Ablaeva, Zhiyong Mao, Eviatar Nevo, Vera Gorbunova and Andrei Seluanov, 'High- molecular-mass Hyaluronan Mediates the Cancer Resistance of the Naked Mole-rat' in *Nature*, 499 (2013), pp. 346–9

52. Brady Hartman, 'Google's Calico Labs Announces Discovery of a "Non- aging Mammal" ', Lifespan.io, 29 Jan. 2018, https://www.lifespan.io/news/ non-aging-mammal/ [accessed Dec.2020]; and Rochelle Buffenstein, 'The Naked Mole-rat: A New Long-living Model for Human Aging Research' in *The Journals of Gerontology: Series A*, 60: 11 (2005), pp. 1369–77

53. Chris Faulkes, 'Animal Showoff', July 2014 (YouTube, 15 April 2015), https://www.youtube.com/watch?v=6VmxP7nDQnM

54. 'Naked Mole-rat (*Heterocephalus glaber* ) Fact Sheet: Reproduction & Development', San Diego Zoo Wildlife Alliance Library, https://ielc.libguides.com/sdzg/factsheets/ naked-mole-rat/reproduction

55. Chris Faulkes, 'Animal Showoff'

56. Daniel E. Rozen, 'Eating Poop Makes Naked Mole-rats Motherly' in *Journal of Experimental Biology*, 221: 21 (2018)

57. Clarke and Faulkes, 'Dominance and Queen Succession'

58. C. G. Faulkes and D. H. Abbot, 'Evidence that Primer Pheromones Do Not Cause Social Suppression of Reproduction in Male and Female Naked Mole-rats(*Heterocephalus glaber* )' in *Journal of Reproduction and Fertility* (1993), pp. 225–30

## 第8章

1. Alison Jolly, *Lords and Lemurs* (Houghton Mifflin, 2004), p. 3

2. Christine M. Drea and Elizabeth S. Scordato, 'Olfactory Communication in the Ringtailed Lemur (*Lemur catta* ): Form and Function of Multimodal Signals' in *Chemical Signals in Vertebrates*, ed. by J. L. Hurst, R. J. Beynon, S. C. Roberts and T. Wyatt (2008), pp. 91–102

3. Anne S. Mertl- Millhollen, 'Scent Marking as Resource Defense by Female *Lemur catta* ' in *American Journal of Primatology*, 68: 6 (2006)

4. Marie J. E. Charpentier and Christine M. Drea, 'Victims of Infanticide and Conspecific Bite Wounding in a Female-dominant Primate: A Long-term Study' in *PLoS One*, 8: 12 (2013), p. 5

5. ibid., pp. 1–8

6. Alison Jolly, *Lemur Behaviour: A Madagascar Field Study* (University of Chicago Press, 1966), p. 155

7. ibid., p. 3

8. ibid.

9. S. Washburn and D. Hamburg, 'Aggressive Behaviour in Old World Monkeys and

Apes' in *Primates–Studies in Adaptation and Variability*, ed. by P. C. Jay (Holt, Rinehart and Winston, 1968)

10. Vinciane Despret, 'Culture and Gender Do Not Dissolve into How Scientists "Read" Nature: Thelma Rowell's Heterodoxy' in *Rebels, Mavericks and Heretics in Biology*, ed. by Oren Harman and Michael R. Dietrich (Yale University Press, 2008)

11. Dale Peterson and Richard Wrangham, *Demonic Males: Apes and the Origins of Human Violence* (Mariner Books, 1997)

12. Karen B. Strier, 'The Myth of the Typical Primate' in *American Journal of Physical Anthropology* (1994)

13. Anthony Di Fiore and Drew Rendall, 'Evolution of Social Organization: A Reappraisal for Primates by Using Phylogenetic Methods' in *PNAS*, 91: 21 (1994), pp. 9941–5

14. Rebecca J. Lewis, 'Female Power in Primates and the Phenomenon of Female Dominance' in *Annual Review of Anthropology*, 47 (2018), pp. 533–51

15. Karen B. Strier, 'New World Primates, New Frontiers: Insights from the Woolly Spider Monkey, or Muriqui (*Brachyteles arachnoides* )' in *International Journal of Primatology*, 11 (1990), pp. 7–19

16. Richard R. Lawler, Alison F. Richard and Margaret A. Riley, 'Intrasexual Selection in Verreaux's Sifaka (*Propithecus verreauxi verreauxi* )' in *Journal of Human Evolution*, 48 (2005), pp.259–77

17. J. A. Parga, M. Maga and D. Overdorff, 'High- resolution X-ray Computed Tomography Scanning of Primate Copulatory Plugs' in *American Journal of Physical Anthropology*, 129: 4 (2006), pp. 567–76

18. A. E. Dunham and V. H. W. Rudolf, 'Evolution of Sexual Size Monomorphism: The Influence of Passive Mate Guarding' in *Journal of Evolutionary Biology*, 22 (2009), pp. 1376–86

19. Alan F. Dixson and Matthew J. Anderson, 'Sexual Selection, Seminal Coagulation and Copulatory Plug Formation in Primates' in *Folia Primatologica*, 73(2002), pp. 63–9

20. Amy E. Dunham, 'Battle of the Sexes: Cost Asymmetry Explains Female Dominance in Lemurs' in *Animal Behaviour*, 76 (2008), pp. 1435–9

21. Christine M. Drea, 'Endocrine Mediators of Masculinization in Female Mammals' in *Current Directions in Psychological Science*, 18: 4 (2009)

22. Christine M. Drea, 'External Genital Morphology of the Ring-tailed Lemur (*Lemur catta* ): Females Are Naturally "Masculinized" ', in *Journal of Morphology*, 269 (2008), pp. 451–63

23. Nicholas M. Grebe, Courtney Fitzpatrick, Katherine Sharrock, Anne Starling and Christine M. Drea, 'Organizational and Activational Androgens, Lemur Social Play, and the Ontogeny of Female Dominance' in *Hormones and Behavior* (Elsevier), 115 (2019)

24. S. E. Glickman, G. R. Cunha, C. M. Drea, A. J. Conley and N. J. Place, 'Mammalian

Sexual Differentiation: Lessons from the Spotted Hyena' in *Trends in Endocrinology and Metabolism*, 17: 9 (2006), pp. 349–56

25. Charpentier and Drea, 'Victims of Infanticide and Conspecific Bite Wounding in a Female-dominant Primate'

26. L. Pozzi, J. A. Hodgson, A. S. Burrell, K. N. Sterner, R. L. Raaum and T. R. Disotell, 'Primate Phylogenetic Relationships and Divergence Dates Inferred from Complete Mitochondrial Genomes' in *Molecular Phylogenetics and Evolution*, 75 (2014), pp. 165–83

27. Frans de Waal, *Chimpanzee Politics: Power and Sex Among Apes* (Johns Hopkins University Press, 1982), p. 185

28. ibid., p.55

29. Frans de Waal, *Mama's Last Hug* (Granta, 2019)

30. de Waal, *Chimpanzee Politics*

31. de Waal, *Mama's Last Hug*, p. 23

32. Thelma Rowell, 'The Concept of Social Dominance' in *Behavioural Biology* (June 1974), pp. 131–54

33. Despret, 'Culture and Gender Do Not Dissolve into How Scientists "Read" Nature'

34. de Waal, *Mama's Last Hug*, p. 38

35. ibid.

36. Barbara Smuts, 'The Evolutionary Origins of Patriarchy' in *Human Nature*, 6 (1995), p. 9

37. Smuts, 'The Evolutionary Origins of Patriarchy'

38. Peter M. Kappeler, Claudia Fichtel, Mark van Vugt and Jennifer E. Smith, 'Female leadership: A Transdisciplinary Perspective' in *Evolutionary Anthropology* (2019), pp. 160–63

39. Jean-Baptiste Leca, Noëlle Gunst, Bernard Thierry and Odile Petit, 'Distributed Leadership in Semifree-ranging White-faced Capuchin Monkeys' in *Animal Behaviour*, 66 (Jan. 2003), pp. 1045–52

40. Lionel Tiger, 'The Possible Biological Origins of Sexual Discrimination' in *Biosocial Man*, ed. by D. Brothwell (Eugenics Society, London, 1970)

41. Jennifer E. Smith, Chelsea A. Ortiz, Madison T. Buhbe and Mark van Vugt, 'Obstacles and Opportunities for Female Leadership in Mammalian Societies: A Comparative Perspective' in *Leadership Quarterly*, 31: 2 (2020)

42. Richard Wrangham, 'An Ecological Model of Female-bonded Primate Groups' in *Behaviour*, 75 (1980), pp. 262–300

43. Sarah Blaffer Hrdy, *The Woman That Never Evolved* (Harvard University Press, 1981), p. 101

44. ibid.

45. Frans de Waal, 'Bonobo Sex and Society' in *Scientific American* (1995), pp. 82–8

46. ibid.

47. ibid.

48. ibid.

49. Pamela Heidi Douglas and Liza R. Moscovice, 'Pointing and Pantomime in Wild Apes? Female Bonobos Use Referential and Iconic Gestures to Request Genito-genital Rubbing' in *Scientific Reports*, 5 (2015)

50. Smuts, 'The Evolutionary Origins of Patriarchy'

51. ibid.

52. Frans de Waal and Amy R. Parish, 'The Other "Closest Living Relative": How Bonobos (*Pan paniscus* ) Challenge Traditional Assumptions about Females, Dominance, Intra-and Intersexual Interactions, and Hominid Evolution' in *Annals of the New York Academy of Sciences* (2006)

53. ibid.

54. de Waal, 'Bonobo Sex and Society'

## 第9章

1. Patrick R. Hof, Rebecca Chanis and Lori Marino, 'Cortical Complexity in Cetacean Brains' in *American Association for Anatomy*, 287A: 1 (Oct. 2005), pp. 1142–52

2. Samuel Ellis, Daniel W. Franks, Stuart Nattrass, Thomas E. Currie, Michael A. Cant, Deborah Giles, Kenneth C. Balcomb and Darren P. Croft, 'Analyses of Ovarian Activity Reveal Repeated Evolution of Post-reproductive Lifespans in Toothed Whale' in *Scientific Reports*, 8: 1 (2018)

3. Howard Garrett, 'Orcas of the Salish Sea', Orca Network, http://www.orcanetwork.org [accessed Oct. 2019]

4. Richard A. Morton, Jonathan R. Stone and Rama S. Singh, 'Mate Choice and the Origin of Menopause' in *PLoS Computational Biology*, 9: 6 (2013)

5. K. Hawkes et al., 'Grandmothering, Menopause and the Evolution of Human Life Histories' in *PNAS*, 95: 3 (1998), pp. 1336–9

6. Marina Kachar, Ewa Sowosz and André Chwalibog, 'Orcas are Social Mammals' in *International Journal of Avian & Wildlife Biology*, 3: 4 (2018), pp. 291–5

7. Karen McComb, Cynthia Moss, Sarah M. Durant, Lucy Baker and Soila Sayialel, 'Matriarchs as Repositories of Social Knowledge in African Elephants' in *Science*, 292: 5516 (2001), pp. 491–4

8. F. J. Stansfield, J. O Nöthling and W. R. Allen, 'The Progression of Small-follicle Reserves in the Ovaries of Wild African Elephants (*Loxodonta africana* ) from Puberty to Reproductive Senescence' in *Reproduction, Fertility and Development* (CSIRO publishing), 25: 8 (2013), pp. 1165–73

9. Brianna M. Wright, Eva M. Stredulinsky, Graeme M. Ellis and John K. B. Ford,

'Kin-directed Food Sharing Promotes Lifetime Natal Philopatry of Both Sexes in a Population of Fish-eating Killer Whales, *Orcinus orca* ' in *Animal Behaviour*, 115 (2016), pp. 81–95

10. Darren P. Croft, Rufus A. Johnstone, Samuel Ellis, Stuart Nattrass, Daniel W. Franks, Lauren J. N. Brent, Sonia Mazzi, Kenneth C. Balcomb, John K. B. Ford and Michael A. Cant, 'Reproductive Conflict and the Evolution of Menopause in Killer Whales' in *Current Biology*, 27: 2 (2017), pp. 298–304

11. M. A. Cant, R. A. Johnstone and A. F. Russell, 'Reproductive Conflict and the Evolution of Menopause' in *Reproductive Skew in Vertebrates*, ed. by R. Hager and C. B. Jones (Cambridge University Press, 2009), pp. 24–52

12. Bruno Cozzi, Sandro Mazzariol, Michela Podestà, Alessandro Zotti and Stefan Huggenberger, 'An Unparalleled Sexual Dimorphism of Sperm Whale Encephalization' in *International Journal of Comparative Psychology*, 29: 1 (2016)

13. Lori Marino, Naomi A. Rose, Ingrid Natasha Visser, Heather Rally, Hope Ferdowsian and Veronika Slootsky, 'The Harmful Effects of Captivity and Chronic Stress on the Well-being of Orcas (*Orcinus orca* )' in *Journal of Veterinary Behavior*, 35 (2020), pp. 69–82

14. ibid.

15. Lori Marino, 'Dolphin and Whale Brains: More Evidence for Complexity', YouTube, https://www.youtube.com/watch?v=4SOzhyU3jM0

16. Phyllis C. Lee and C. J. Moss, 'Wild Female African Elephants (*Loxodonta africana* ) Exhibit Personality Traits of Leadership and Social Integration' in *Journal of Comparative Psychology*, 126: 3 (2012), pp. 224–32

## 第10章

1. Jon Mooallem, 'Can Animals Be Gay?' in *New York Times*, 31 March 2010

2. Lindsay C. Young, Brenda J. Zaun and Eric A. Vanderwurf, 'Successful Same-sex Pairing in Laysan Albatross' in *Biology Letters*, 4: 4 (2008), pp. 323–5

3. Mooallem, 'Can Animals Be Gay?'

4. Jack Falla, 'Wayne Gretzky' in *The Top 100 NHL Players of All Time*, ed. by Steve Dryden (McClelland and Stewart, 1998)

5. Inna Schneiderman, Orna Zagoory-Sharon and Ruth Feldman, 'Oxytocin During the Initial Stages of Romantic Attachment: Relations to Couples' Interactive Reciprocity' in *Psychoneuroendocrinology*, 37: 8 (2012), pp. 1277–85

6. Elspeth Kenny, Tim R. Birkhead and Jonathan P. Green, 'Allopreening in Birds is Associated with Parental Cooperation Over Offspring Care and Stable Pair Bonds Across Years' in *Behavioural Ecology* (ISBE, 2017), pp. 1142–8

7. J. D. Baker, C. L. Littman and D. W. Johnston, 'Potential Effects of Sea Level Rise on the Terrestrial Habitats of Endangered and Endemic Megafauna in the North-western

Hawaiian Islands' in *Endangered Species Research*, 4 (2006), pp. 1–10

8. George L. Hunt and Molly Warner Hunt, 'Female- Female Pairing in Western Gulls (*Larus occidentalis* ) in Southern California' in *Science*, 196 (1977), pp. 1466–7

9. Ian C. T. Nisbet and Jeremy J. Hatch, 'Consequences of a Female-biased Sex-ratio in a Socially Monogamous Bird: Female-female Pairs in the Roseate Tern *Sterna dougallii* ' in *International Journal of Avian Science* (1999)

10. Hadi Izadi, Katherine M. E. Stewart and Alexander Penlidis, 'Role of Contact Electrification and Electrostatic Interactions in Gecko Adhesion' in *Journal of the Royal Society, Interface*, 11: 98 (2014)

11. Elizabeth Landau, 'Gecko Grippers Moving On Up', NASA, 12 April 2015, https://www.nasa.gov/jpl/ gecko-grippers-moving-on-up

12. Kate L. Laskowski, Carolina Doran, David Bierbach, Jens Krause and Max Wolf, 'Naturally Clonal Vertebrates Are an Untapped Resource in Ecology and Evolution Research' in *Nature Ecology & Evolution* (2019), pp. 161–9

13. Graham Bell, *The Masterpiece of Nature* (University of California Press, 1982)

14. Joan Roughgarden, *Evolution's Rainbow* (University of California Press, 2004), p. 17

15. Logan Chipkin, Peter Olofsson, Ryan C. Daileda and Ricardo B. R. Azevedo, 'Muller's Ratchet in Asexual Populations Doomed to Extinction', eLife, 13 Nov. 2018, https://doi.org/10.1101/448563

16. Malin Ah-King, 'Queer Nature: Towards a Non-normative View on Biological Diversity' in *Body Claims*, ed. by J. Bromseth, L. Folkmarson Käll and K. Mattsson (Centre for Gender Research, Uppsala University, 2009)

17. J. Maynard Smith, *The Evolution of Sex* (Cambridge University Press, 1978)

18. C. Boschetti, A. Carr, A. Crisp, I. Eyres, Y. Wang- Koh, E. Lubzens, T. G. Barraclough, G. Micklem and A. Tunnacliffe, 'Biochemical Diversification through Foreign Gene Expression in Bdelloid Rotifers' in *PLoS Genetics* (2012)

19. Maurine Neiman, Stephanie Meirmans and Patrick G. Meirmans, 'What Can Asexual Lineage Age Tell Us about the Maintenance of Sex?' in *The Year in Evolutionary Biology* (2009), vol. 1168, issue 1, pp. 185–200

20. Robert D. Denton, Ariadna E. Morales and H. Lisle Gibbs, 'Genomespecific Histories of Divergence and Introgression Between an Allopolyploid Unisexual Salamander Lineage and Two Ancestral Sexual Species' in *Evolution* (2018)

21. Laskowski, Doran, Bierbach, Krause and Wolf, 'Naturally Clonal Vertebrates Are an Untapped Resource'

22. V. Volobouev and G. Pasteur, 'Chromosomal Evidence for a Hybrid Origin of Diploid Parthenogenetic Females from the Unisexual-bisexual *Lepidodactylus lugubris* Complex' in *Cytogenetics and Cell Genetics*, 63 (1993), pp. 194–9

23. Laskowski, Doran, Bierbach, Krause and Wolf, 'Naturally Clonal Vertebrates are an Untapped Resource'

24. Yehudah L. Werner, 'Apparent Homosexual Behaviour in an All-female Population of a Lizard, *Lepidodactylus lugubris* and its Probable Interpretation' in *Zeitschrift für Tierpsychologie*, 54 (1980), pp. 144–50

25. David Crews, ' "Sexual" Behavior in Parthenogenetic Lizards (*Cnemidophorus*)' in *PNAS*, 77: 1 (1980), pp. 499–502

26. L. A. O'Connell, B. J. Matthews, D. Crews, 'Neuronal Nitric Oxide Synthase as a Substrate for the Evolution of Pseudosexual Behaviour in a Parthenogenetic Whiptail Lizard' in *Journal of Neuroendocrinology*, 23 (2011), pp. 244–53

27. David Crews, 'The Problem with Gender' in *Psychobiology*, 16: 4 (1988), pp.321–34

28. Beth E. Leuck, 'Comparative Burrow Use and Activity Patterns of Parthenogenetic and Bisexual Whiptail Lizards (Cnemidophorus: Teiidae)' in *Copeia*, 2 (1982), pp. 416–24

29. Sarah P. Otto and Scott L. Nuismer, 'Species Interactions and the Evolution of Sex' in *Science*, 304: 5673 (2004), pp. 1018–20

30. T. Yashiro, N. Lo, K. Kobayashi, T. Nozaki, T. Fuchikawa, N. Mizumoto, Y. Namba and K. Matsuura, 'Loss of Males from Mixed-sex Societies in Termites' in *BMC Biology*, 16 (2018)

31. Lisa Margonelli, *Underbug: An Obsessive Tale of Termites and Technology* (Scientific American, 2018)

32. Toshihisa Yashiro and Kenji Matsuura, 'Termite Queens Close the Sperm Gates of Eggs to Switch from Sexual to Asexual Reproduction' in *PNAS*, 111: 48 (2014), pp. 17212–17

33. Yashiro, Lo, Kobayashi, Nozaki, Fuchikawa, Mizumoto, Namba and Matsuura, 'Loss of Males from Mixed-sex Societies'

34. Roger Highfield, 'Shark's Virgin Birth Stuns Scientists', *Telegraph*, 23 May 2007

35. Warren Booth and Gordon W. Schuett, 'The Emerging Phylogenetic Pattern of Parthenogenesis in Snakes' in *Biological Journal of the Linnean Society* (2015), pp. 1–15

36. Andrew T. Fields, Kevin A. Feldheim, Gregg R. Poulakis and Demian D. Chapman, 'Facultative Parthenogenesis in a Critically Endangered Wild Vertebrate' in *Current Biology* (Cell Press), 25: 11(2015), pp. 446–7

37. Kat McGowan, 'When Pseudosex is Better Than the Real Thing', Nautilus, Nov. 2016, https://nautil.us/issue/42/fakes/ when-pseudosex-is-better-than-the-real-thing

38. Fields, Feldheim, Poulakis and Chapman, 'Facultative Parthenogenesis in a Critically Endangered Wild Vertebrate'

39. N. I. Werthessen, 'Pincogenesis – Parthenogenesis in Rabbits by Gregory Pincus' in *Perspectives in Biology and Medicine*, 18: 1 (1974), pp. 86–93

## 第 11 章

1. Jean Deutsch, 'Darwin and Barnacles' in *Comptes Rendus Biologies*, 333: 2 (2010),

pp. 99–106

2. Charles Darwin, *Living Cirripedia: A monograph of the sub-class Cirripedia, with figures of all the species. The Lepadid?; or, pedunculated cirripedes* (Ray Society, 1851), pp. 231–2

3. ibid., pp. 231–2

4. Charles Darwin, letter to J. S. Henslow, 1 April 1848, in *The Correspondence of Charles Darwin*, ed. by Frederick Burkhardt and Sydney Smith (Cambridge University Press, 1988), vol. 4, p. 128

5. Charles Darwin, letter to Joseph Hooker, 10 May 1848, in *Charles Darwin's Letters: A Selection, 1825–1859*, ed. by Frederick Burkhardt (Cambridge University Press, 1998), p. xvii

6. Charles Darwin, letter to Charles Lyell, 14 Sept. 1849, in *The Life and Letters of Charles Darwin*, ed. by Francis Darwin (D. Appleton & Co., 1896), vol. 1, p. 345

7. Hsiu-Chin Lin, Jens T. Høeg, Yoichi Yusa and Benny K. K. Chan, 'The Origins and Evolution of Dwarf Males and Habitat Use in Thoracican Barnacles' in *Molecular Phylogenetics and Evolution*, 91 (2015), pp. 1–11

8. Yoichi Yusa, Mayuko Takemura, Kota Sawada and Sachi Yamaguchi, 'Diverse, Continuous, and Plastic Sexual Systems in Barnacles' in *Integrative and Comparative Biology* 53: 4 (2016), pp. 701–12

9. ibid.

10. Joan Roughgarden, *Evolution's Rainbow* (University of California Press, 2004), p. 17

11. ibid., p. 128

12. ibid., p. 181

13. Malin Ah-King, 'Sex in an Evolutionary Perspective: Just Another Reaction Norm' in *Evolutionary Biology*, 37 (2010), pp. 234–46

14. Roughgarden, *Evolution's Rainbow*, p. 127

15. Bruce Bagemihl, *Biological Exuberance: Animal Homosexuality and Natural Diversity* (Stonewall Inn Editions, 2000)

16. Roughgarden, *Evolution's Rainbow*, p. 27

17. ibid., pp. 134–5

18. Bagemihl, *Biological Exuberance*

19. Roughgarden, *Evolution's Rainbow,* p. 27

20. Volker Sommer and Paul L. Vasey (eds), *Homosexual Behaviour in Animals: An Evolutionary Perspective* (Cambridge University Press, 2006)

21. Aldo Poiani, *Animal Homosexuality: A Biosocial Perspective* (Cambridge University Press, 2010)

22. Julia D. Monk et al, 'An Alternative Hypothesis for the Evolution of Same-Sex Sexual Behaviour in Animals' in *Nature, Ecology and Evolution* 3 (2019), pp.1622–31

23. Patricia Adair Gowaty, 'Sexual Natures: How Feminism Changed Evolutionary Biology' in *Signs* 28: 3, p. 901; and Ellen Ketterson, 'Do Animals Have Gender?' in *Bioscience* 55: 2 (2005), pp. 178–80

24. Roughgarden, *Evolution's Rainbow*, p. 234

25. ibid., p. 5

26. ibid., p. 181

27. Sarah Blaffer Hrdy, 'Sexual Diversity and the Gender Agenda' in *Nature* (2004), p. 19–20; and Patricia Adair Gowaty, 'Standing on Darwin's Shoulders: The Nature of Selection Hypotheses' in *Current Perspectives on Sexual Selection: What's Left After Darwin?*, ed. by Thierry Hoquet (Springer, 2015)

28. Hoquet, *Current Perspectives on Sexual Selection*

29. Malin Ah-King, 'Queer Nature: Towards a Non-normative View on Biological Diversity' in *Body Claims*, ed. by Janne Bromseth, Lisa Folkmarson Käll and Katarina Mattsson (Centre for Gender Research, Uppsala University, 2009), pp. 227–8

30. Logan D. Dodd, Ewelina Nowak, Dominica Lange, Coltan G. Parker, Ross DeAngelis, Jose A. Gonzalez and Justin S. Rhodes, 'Active Feminization of the Preoptic Area Occurs Independently of the Gonads in *Amphiprion ocellaris* ' in *Hormones and Behavior*, 112 (2019), pp. 65–76

31. Mary Jane West-Eberhard, *Developmental Plasticity and Evolution* (Oxford University Press, 2003)

32. R. Jiménez, M. Burgos, L. Caballero and R. Diaz de la Guardia, 'Sex Reversal in a Wild Population of *Talpa occidentalis* ' in *Genetics Research*, 52: 2 (Cambridge, 1988), pp.135–40

33. A. Sánchez, M. Bullejos, M. Burgos, C. Hera, C. Stamatopoulos, R. Diaz de la Guardia and R. Jiménez, 'Females of Four Mole Species of Genus *Talpa* (insectivora, mammalia) are True Hermaphrodites with Ovotestes' in *Molecular Reproduction and Development*, 44 (1996), pp. 289–94

34. Francisca M. Real, Stefan A. Haas, Paolo Franchini, Peiwen Ziong, Oleg Simakov, Heiner Kuhl, Robert Schöpflin, David Heller, M-Hossein Moeinzadeh, Verena Heinrich, Thomas Krannich, Annkatrin Bressin, Michaela F. Hartman, Stefan A. Wudy and Dina K. N. Dechmann, Alicia Hurtado, Francisco J. Barrionuevo, Magdalena Schindler, Izabela Harabula, Marco Osterwalder, Micahel Hiller, Lars Wittler, Axel Visel, Bernd Timmermann, Axel Meyer, Martin Vingron, Rafael Jimémez, Stefan Mundlos and Darío G. Lupiáñez 'The Mole Genome Reveals Regulatory Rearrangements Associated with Adaptive Intersexuality' in *Science*, 370: 6513 (Oct. 2020), pp. 208–14

35. Janet L. Leonard, *Transitions Between Sexual Systems* (Springer, 2018), p. 14

36. ibid., p. 15

37. ibid., p. 12

38. Ah-King, 'Queer Nature: Towards a Non-normative View on Biological Diversity'

39. David Crews, 'The (bi)sexual brain' in *EMBO Reports* (2012), pp. 1–6

40. Hannah N. Lawson, Leigh R. Wexler, Hayley K. Wnuk, Douglas S. Portman, 'Dynamic, Nonbinary Specification of Sexual State in the C. elegans Nervous System', *Current Biology* (2020)

41. ScienceDaily, University of Rochester Medical Center (10 August 2020), www.sciencedaily.com/releases/2020/08/200810140949.htm

42. Agustín Fuentes, 'Searching for the "Roots" of Masculinity in Primates and the Human Evolutionary Past', *Current Anthropology* 62: S23, S13–S25 (2021)

## 结语

1. Patricia Adair Gowaty, *Feminism and Evolutionary Biology: Boundaries, Intersections and Frontiers* (Springer Science and Business Media, 1997)

2. William Whewell, *The Philosophy of the Inductive Sciences: Founded Upon Their History* (1847), p. 42

3. Antoinette Brown Blackwell, *The Sexes Throughout Nature* (1875), p. 20

4. ibid., p. 56; and Patricia Adair Gowaty, *Feminism and Evolutionary Biology: Boundaries, Intersections and Frontiers* (Springer Science and Business Media, 1997), p. 45

5. Antoinette Brown Blackwell, Darwin Correspondence Project (University of Cambridge) https://www.darwinproject.ac.uk/ antoinette-brown-blackwell [accessed: April 2021]

6. Brown Blackwell, Darwin Correspondence Project (University of Cambridge), https://www.darwinproject.ac.uk/ antoinette-brownblackwell [accessed: April 2021]

7. Sarah Blaffer Hrdy, *Mother Nature* (Ballantine, 1999), p. 22

8. Paula Vasconcelos, Ingrid Ahnesj?, Jaelle C. Brealey, Katerina P. Günter, Ivain Martinossi-Allibert, Jennifer Morinay, Mattias Siljestam and Josefine Stångberg, 'Considering Gender-biased Assumptions in Evolutionary Biology' in *Evolutionary Biology*, 47 (2020), pp. 1–5

9. Linda Fuselier, Perri K. Eason, J. Kasi Jackson and Sarah Spauldin, 'Images of Objective Knowledge Construction in Sexual Selection Chapters of Evolution Textbooks' in *Science and Education*, 27 (2018), pp. 479–99

10. Kristina Karlsson Green and Josefin A. Madjidian, 'Active Males, Reactive Females: Stereotypic Sex Roles in Sexual Conflict Research?' in *Animal Behaviour*, 81 (2011), pp. 901–7

11. Brealey, Günter, Martinossi- Allibert, Morinay, Siljestam, Stångberg and Vasconcelos, 'Considering Gender-Biased Assumptions in Evolutionary Biology'

12. Natalie Cooper, Alexander L. Bond, Joshua L. Davis, Roberto Portela Miguez, Louise Tomsett and Kristofer M. Helgen, 'Sex Biases in Bird and Mammal Natural History Collections' in *Proceedings of the Royal Society B*, 286 (2019)

13. Annaliese K. Beery and Irving Zucker, 'Males Still Dominate Animal Studies' in *Nature*, 465: 690 (2010)

14. Rebecca M. Shansky, 'Are Hormones a "Female Problem" for Animal Research?' in *Science*, 364: 6443, pp. 825–6

15. Marlene Zuk, Francisco Garcia-Gonzalez, Marie Elisabeth Herberstein and Leigh W. Simmons, 'Model Systems, Taxonomic Bias, and Sexual Selection: Beyond *Drosophila* ' in *Annual Review of Entomology* (2014), pp. 321–38

16. ibid.

17. ibid.

18. ibid.

19. Jonathan B. Freeman, 'Measuring and Resolving LGBTQ Disparities in STEM' in *Policy Insights from the Behavioral and Brain Sciences* (2020), pp. 141–8

20. Ben A. Barres, 'Does Gender Matter?' in *Nature* (2006), pp. 133–6

21. Yao-Hua Law, 'Replication Failures Highlight Biases in Ecology and Evolution Science', *The Scientist*, 1 Aug. 2018, https://www. the-scientist.com/features/replication-failures-highlight-biases-in-ecology-and-evolution-science-64475

22. Hannah Fraser, Tim Parker, Shinichi Nakagawa, Ashley Barnett and Fiona Fidler, 'Questionable Research Practices in Ecology and Evolution' in *PLoS One*, 13: 7 (2018), pp. 1–16.

23. Hannah Fraser, Ashley Barnett, Timothy H. Parker and Fiona Fidler, 'The Role of Replication Studies in Ecology' in *Academic Practice in Ecology and Evolution* (2020), pp. 5197–206

24. Anne Fausto-Sterling, *Sexing the Body* (Basic Books, 2000)

# 延伸阅读

Altmann, Jeanne, *Baboon Mothers and Infants* (Harvard University Press, 1980)

Arnqvist, Göran and Locke Rowe, *Sexual Conflict* (Princeton University Press, 2005)

Bagemihl, Bruce, *Biological Exuberance: Animal Homosexuality and Natural Diversity* (Stonewall Inn Editions, 2000)

Barlow, Nora (ed.), *The Autobiography of Charles Darwin 1809–1882* (Collins, 1958)

Birkhead, Tim, *Promiscuity: An Evolutionary History of Sperm Competition and Sexual Conflict* (Faber & Faber, 2000)

Blackwell, Antoinette Brown, *The Sexes Throughout Nature* (Putnam and Sons, 1875)

Bleier, Ruth (ed.), *Feminist Approaches to Science* (Pergamon Press, 1986)

Campbell, Bernard (ed.), *Sexual Selection and the Descent of Man 1871–1971* (Aldine-Atherton, 1972)

Choe, Jae, *Encyclopedia of Animal Behavior,* second edition (Elsevier, 2019)

Clutton-Brock, Tim, *Mammal Societies* (John Wiley and Sons, 2016)

Cronin, Helena, *The Ant and the Peacock* (Cambridge University Press, 1991)

Darwin, Charles, *Living Cirripedia: A monograph of the subclass Cirripedia, with figures of all the species. The Lepadid?; or, pedunculated cirripedes* (Ray Society, 1851)

Darwin, Charles, *On the Origin of Species by Means of Natural Selection* (John Murray, 1859; Mentor Books, 1958)

Darwin, Charles, *The Descent of Man, and Selection in Relation to Sex* (John Murray, 1871; second edition 1979; Penguin Classics 2004)

Davies, N. B., *Dunnock Behaviour and Social Evolution* (Oxford University Press, 1992)

Dawkins, Richard, *The Selfish Gene* (Oxford University Press, 1976; new edition 1989)

Denworth, Lydia, *Friendship: The Evolution, Biology and Extraordinary Power of Life's Fundamental Bond* (Bloomsbury, 2020)

DeSilva, Jeremy (ed.), *A Most Interesting Problem: What Darwin's* Descent of Man

*Got Right and Wrong about Human Evolution* (Princeton University Press, 2021)

de Waal, Frans, *Chimpanzee Politics: Power and Sex among Apes* (Johns Hopkins University Press, 1982)

de Waal, Frans, *Bonobo: The Forgotten Ape* (University of California Press, 1997)

de Waal, Frans, *The Bonobo and the Atheist: In Search of Humanism among the Primates* (W. W. Norton & Co., 2013)

de Waal, Frans, *Mama's Last Hug* (Granta, 2019)

Dixson, Alan F., *Primate Sexuality: Comparative Studies of the Prosimians, Monkeys, Apes, and Humans* (Oxford University Press, 2012)

Drickamer, Lee and Donald Dewsbury (eds), *Leaders in Animal Behaviour* (Cambridge University Press, 2010)

Eberhard, William G., *Sexual Selection and Animal Genitalia* (Harvard University Press, 1985)

Eberhard, William G., *Female Control: Sexual Selection by Cryptic Female Choice* (Princeton University Press, 1996)

Elgar, M. A. and J. M. Schneider, 'The Evolutionary Significance of Sexual Cannibalism' in Peter Slater et al. (eds), *Advances in the Study of Behavior,* volume 34 (Academic Press, 2004)

Fausto-Sterling, Anne, *Sexing the Body: Gender Politics and the Construction of Sexuality* (Basic Books, 2000)

Fedigan, Linda Marie, *Primate Paradigms: Sex Roles and Social Bonds* (University of Chicago Press, 1982)

Fine, Cordelia, *Testosterone Rex* (W. W. Norton & Co., 2017)

Fisher, Maryanne L., Justin R. Garcia and Rosemarie Sokol Chang (eds), *Evolution's Empress: Darwinian Perspectives on the Nature of Women* (Oxford University Press, 2013)

Fuentes, Agustin, *Race, Monogamy and Other Lies They Told You: Busting Myths about Human Nature* (University of California Press, 2012)

Gould, Stephen Jay, *The Flamingo's Smile: Reflections in Natural History* (W. W. Norton & Co., 1985)

Gowaty, Patricia (ed.), *Feminism and Evolutionary Biology: Boundaries, Intersections and Frontiers* (Springer, 1997)

Haraway, Donna J., *Primate Visions: Gender, Race, and Nature in the World of Modern Science* (Routledge, 1989)

Hayssen, Virginia and Teri J. Orr, *Reproduction in Mammals: The Female Perspective* (Johns Hopkins University Press, 2017)

Hoquet, Thierry (ed.), *Current Perspectives on Sexual Selection: What's Left After Darwin?* (Springer, 2015)

Hrdy, Sarah Blaffer, *The Langurs of Abu: Female and Male Strategies of Reproduction* (Harvard University Press, 1980)

Hrdy, Sarah Blaffer, *The Woman That Never Evolved* (Harvard University Press, 1981; second edition, 1999)

Hrdy, Sarah Blaffer, *Mother Nature: Maternal Instincts and How They Shape the Human Species* (Ballantine Books, 1999)

Hrdy, Sarah Blaffer, *Mothers and Others: The Evolutionary Origins of Mutual Understanding* (Harvard University Press, 2009)

Jolly, Alison, *Lemur Behaviour: A Madagascar Field Study* (University of Chicago Press, 1966)

Jolly, Alison, *Lords and Lemurs: Mad Scientists, Kings with Spears, and the Survival of Diversity in Madagascar* (Houghton Mifflin Company, 2004)

Kaiser, David and W. Patrick McCray (eds), *Groovy Science: Knowledge, Innovation, and American Counterculture* (University of Chicago Press, 2016)

Lancaster, Roger, *The Trouble with Nature: Sex in Science and Popular Culture* (University of California Press, 2003)

Leonard, Janet (ed.), *Transitions Between Sexual Systems: Understanding the Mechanisms of, and Pathways Between, Dioecy, Hermaphroditism and Other Sexual Systems* (Springer, 2018)

Margonelli, Lisa, *Underbug: An Obsessive Tale of Termites and Technology* (Scientific American, 2018)

Marzluff, John and Russell Balda, *The Pinyon Jay: Behavioral Ecology of a Colonial and Cooperative Corvid* (T. and A. D. Poyser, 1992)

Maynard Smith, John, *The Evolution of Sex* (Cambridge University Press, 1978)

Milam, Erika Lorraine, *Looking for a Few Good Males: Female Choice in Evolutionary Biology* (Johns Hopkins University Press, 2010)

Morris, Desmond, *The Naked Ape* (Jonathan Cape, 1967)

Mundy, Rachel, *Animal Musicalities: Birds, Beasts, and Evolutionary Listening* (Wesleyan University Press, 2018)

Oldroyd, D. R. and K. Langham (eds), *The Wider Domain of Evolutionary Thought* (D. Reidel Publishing Company, 1983)

Poiani, Aldo, *Animal Homosexuality: A Biosocial Perspective* (Cambridge University Press, 2010)

Prum, Richard O., *The Evolution of Beauty: How Darwin's Forgotten Theory of Mate Choice Shapes the Animal World Around Us* (Anchor Books, 2017)

Rees, Amanda, *The Infanticide Controversy: Primatology and the Art of Field Science* (University of Chicago Press, 2009)

Rice, W. and S. Gavrilets (eds), *The Genetics and Biology of Sexual Conflict* (Cold Spring Harbor Laboratory Press, 2015)

Rosenthal, Gil G., *Mate Choice: The Evolution of Sexual Decision Making from Microbes to Humans* (Princeton University Press, 2017)

Roughgarden, Joan, *Evolution's Rainbow: Diversity, Gender, and Sexuality in Nature and People* (University of California Press, 2004)

Russett, Cynthia, *Sexual Science: The Victorian Construction of Womanhood* (Harvard University Press, 1991)

Ryan, Michael J., *A Taste for the Beautiful: The Evolution of Attraction* (Princeton University Press, 2018)

Saini, Angela, *Inferior: How Science Got Women Wrong – and the New Research That's Rewriting the Story* (Fourth Estate, 2017)

Schilthuizen, Menno, *Nature's Nether Regions: What the Sex Lives of Bugs, Birds and Beasts Tell Us About Evolution, Biodiversity and Ourselves* (Viking, 2014)

Schutt, Bill, *Eat Me: A Natural and Unnatural History of Cannibalism* (Profile Books, 2017)

Smuts, Barbara B., *Sex and Friendship in Baboons* (Aldine Publishing Co., 1986)

Sommer, Volker and Paul F. Vasey (eds), *Homosexual Behaviour in Animals: An Evolutionary Perspective* (Cambridge University Press, 2004)

Symons, Donald, *The Evolution of Human Sexuality* (Oxford University Press, 1979)

Travis, Cheryl Brown (ed.), *Evolution, Gender, and Rape* (MIT Press, 2003)

Travis, Cheryl Brown and Jacquelyn W. White (eds), *APA Handbook of the Psychology of Women: History, Theory, and Battlegrounds* (American Psychological Association, 2018)

Tutin, Caroline, *Sexual Behaviour and Mating Patterns in a Community of Wild Chimpanzees* (University of Edinburgh, 1975)

Viloria, Hilda and Maria Nieto, *The Spectrum of Sex: The Science of Male, Female and Intersex* (Jessica Kingsley Publishers, 2020)

Wallace, Alfred Russel, *Darwinism: An Exposition of the Theory of Natural Selection with Some of its Applications* (Macmillan & Co., 1889)

Wasser, Samuel K., *Social Behaviour of Female Vertebrates* (Academic Press, 1983)

West-Eberhard, Mary Jane, *Developmental Plasticity and Evolution* (Oxford University Press, 2003)

Whewell, William, *The Philosophy of the Inductive Sciences: Founded Upon Their History* (J. W. Parker, 1847)

Willingham, Emily, *Phallacy: Life Lessons from the Animal Penis* (Avery, 2020)

Wilson, E. O., *Sociobiology: The New Synthesis* (Harvard University Press, 1975; twenty-fifth-anniversary edition 2000)

Wrangham, Richard and Dale Peterson, *Demonic Males* (Houghton Mifflin, 1996)

Yamagiwa, Juichi and Leszek Karczmarski, *Primates and Cetaceans: Field Research and Conservation of Complex Mammalian Societies* (Springer, 2014)

Zuk, Marlene, *Sexual Selections: What We Can and Can't Learn about Sex from Animals* (University of California Press, 2002)

Zuk, Marlene and Leigh W. Simmons, *Sexual Selection: A Very Short Introduction* (Oxford University Press, 2018)

# 译后记

这本书以多种雌性动物的故事为切入点，讲述了科学研究的发展，尤其是对雌性动物的研究结果如何揭示社会对女性的传统偏见，以及科学界的女性如何破除这些偏见的过程。不论是女性，还是各种雌性动物，在两性关系中都远非传统观念所认为的那般思想忠贞、行为被动，她们既不天性纯良，也不只被动接受。相反，雌性动物一直都通过多种方式，掌握着繁殖行为和后代父权的主动性。除了大量科学研究案例，这本书的一大部分重要内容是女性主义等社会学概念。不仅书中的研究对象是雌性，作者所关注的这些雌性动物的研究人员也都是女性。女性科学家与她们所研究的雌性动物，共同谱写了这本自然与社会科学紧密结合的科普书；将本书介绍给广大中国读者的编辑、译者也是女性，颇有一种"girls help girls"（女性帮助女性）的既视感。但我们希望，这本书的读者不仅仅是女性。

在面对雌性动物独特的繁殖和生存策略时，似乎女科学家能够更敏锐地捕捉到其中的细节。也许有人会说，这是因为女性天生细腻的性格，但读完这本书你就会知道，这只不过是身处类似境遇、有着类似遭遇所带来的观察视角罢了。像身高、长相、肤色一样，性别只不过是一种特征，既不是二元分裂的，也不是永恒不变的。在我们的传统认识中，不同性别之间似乎截然不同，在身体上、行为上以及思想上都是如此。但随着我们关于自然界的认识得到拓展，这种差异开始变得模糊，有时候，就连生物学家也无法为界定两性提供完全可靠的依据。

但这种特征所带来的影响又是客观存在的，对于动物是如此，对于我们自身也是如此。这种特征无疑会带来一些生存竞争中的差异，迫使雌性动物放弃某些资源。但生命总会寻找到出路，雌性动物总是可以利用自身的另一些特征，在竞争中获取一定的优势，而不是被所谓的性别标签所困，被外界定义自己应当如何存在。也许我们可以从这些雌性动物身上看到，如何全面认识自我的存在，利用自身独有的特征，掌握生活的主动，缔造美妙的生命，创造生活的价值。眇目始知盲道险，跛足方显石阶难。在共情同性之外，显而易见的是，其他性别的个体也在面对独有的困难与挑战，亦值得关注与同情。

三生万物，和而不同。愿你我目之所及，是丰富多彩的繁荣。

吴倩

中信出版·鹦鹉螺既往出版的相关图书

**《美的进化》**

ISBN：9787508694788

作者：[美]理查德 · O. 普鲁姆（Richard O. Prum）

译者：任烨

审校：刘阳

被遗忘的达尔文配偶选择理论，如何塑造了动物世界以及我们

**《森林之歌》**

ISBN：9787521742510

作者：[加] 苏珊娜 · 西马德（Suzanne Simard）

译者：胡小锐

审校：刘红霞

一位女科学家的独特人生旅程，探寻足以疗愈人心的自然智慧